"十三五"职业教育国家规划教材

"1+X"建筑信息模型（BIM）职业技能等级证书配套系列教材

"1+X"建筑信息模型(BIM)职业技能等级证书

建筑设备 BIM 技术应用

廊坊市中科建筑产业化创新研究中心职业教育培训评价组织　组织编写

主　编　彭红圃　王　伟

副主编　丘光宏　边凌涛　周业梅

编　委　（排名不分先后）

史耿伟　田海涛　张立杰　张娅玲

董洪柱　浮尔立　彭建林　宫恩龙

李东升　李　宁　王洲杰

高等教育出版社·北京

内容提要

本书是“十三五”职业教育国家规划教材，也是“1 + X”建筑信息模型（BIM）职业技能等级证书配套系列教材。本书以建筑设备 BIM 为核心，系统性介绍了工程建设行业中建筑设备 BIM 技术应用内容及方法。

本书共分四个模块，模块一为基础知识，主要介绍建筑设备知识和建筑设备专业 BIM 应用流程；模块二为模型创建，主要介绍 BIM 软件操作环境设置与创建准备、参数化构件的制作、建筑设备各专业 BIM 模型创建；模块三为模型应用，主要介绍 BIM 技术在建筑设备深化设计阶段、预制装配式建筑、仿真模拟与虚拟建造中的应用；模块四为成果输出，主要介绍利用 BIM 技术进行明细表统计和施工图出图的方法。

本书可作为工程建设领域中职、高职及应用型本科相关专业教学用书，也可作为工程建设行业技术人员的参考用书。

授课教师如需本书配套的教学课件资源，可发送邮件至邮箱 gztj@ pub. hep. cn 索取。

图书在版编目（CIP）数据

建筑设备 BIM 技术应用 / 廊坊市中科建筑产业化创新研究中心组织编写；彭红圃，王伟主编．--北京：高等教育出版社，2020.3（2021.11重印）

ISBN 978 - 7 - 04 - 053413 - 9

Ⅰ．①建… Ⅱ．①廊… ②彭… ③王… Ⅲ．①房屋建筑设备 - 建筑设计 - 计算机辅助设计 - 应用软件 - 高等职业教育 - 教材 Ⅳ．①TU8 - 39

中国版本图书馆 CIP 数据核字（2020）第 011996 号

建筑设备 BIM 技术应用

JIANZHU SHEBEI BIM JISHU YINGYONG

策划编辑 温鹏飞　　责任编辑 温鹏飞　　特约编辑 李 立　　封面设计 赵 阳

版式设计 于 婕　　插图绘制 于 博　　责任校对 刘娟娟　　责任印制 赵 振

出版发行 高等教育出版社

社　　址 北京市西城区德外大街 4 号

邮政编码 100120

印　　刷 高教社（天津）印务有限公司

开　　本 787mm × 1092mm 1/16

印　　张 15. 25

字　　数 360 千字

购书热线 010 - 58581118

咨询电话 400 - 810 - 0598

网　　址 http://www. hep. edu. cn

　　　　 http://www. hep. com. cn

网上订购 http://www. hepmall. com. cn

　　　　 http://www. hepmall. com

　　　　 http://www. hepmall. cn

版　　次 2020 年 3 月第 1 版

印　　次 2021 年 11 月第 3 次印刷

定　　价 43. 80 元

物 料 号 53413 - A0

“1+X”建筑信息模型(BIM)职业技能等级证书系列教材编审委员会

（排名不分先后）

刘　杰　王凤君　程　鸿　路　明　李竹成　吴　泽　王　静　徐家斌
沈士德　吴　昆　景海河　王　斌　宫恩龙　惠乐怡　金　睿

“1+X”建筑信息模型(BIM)职业技能等级证书系列教材编写委员会

主 任 委 员：胡晓光

副主任委员：王广斌　王　伟　张建奇　赵　彬

委　　　员：（排名不分先后）

黄文胜　彭红圃　谭　丹　王成军　王　静　王君峰　王　茹　王旭育
魏　静　周　佶　曾旭东　边凌涛　陈　瑜　高　路　郭志峰　霍光辉
李　杰　刘　芳　麻文娜　丘光宏　史　波　史瑞英　王景阳　王　琳
杨小玉　袁韶华　张　蓓　张　雷　张学钢　周业梅　朱　敏

联合建设院校：（排名不分先后）

北京交通运输职业学院
重庆大学
重庆电子工程职业学院
重庆工商职业学院
重庆建筑工程职业学院
东南大学
福建工程学院
福州职业技术学院
广东建设职业技术学院
广东科学技术职业学院
广西建设职业技术学院
广州番禺职业技术学院
贵州建设职业技术学院
国家开放大学
河北工业职业技术学院
黑龙江建筑职业技术学院
湖北城市建设职业技术学院
吉林建筑大学
济南工程职业技术学院
济宁职业技术学院
江苏城乡建设职业学院
江苏建筑职业技术学院
辽宁建筑职业学院
南昌航空大学
内蒙古建筑职业技术学院
青岛酒店管理职业技术学院
青海建筑职业技术学院
日照职业技术学院
山东城市建设职业学院
山东建筑大学

陕西工业职业技术学院
陕西铁路工程职业技术学院
上海城建职业学院
上海大学
上海济光职业技术学院
深圳职业技术学院
四川建筑职业技术学院
苏州建设交通高等职业技术学校
太原城市职业技术学院
同济大学
武汉城市职业学院
西安建筑科技大学
西安欧亚学院
盐城工学院
浙江建设职业技术学院

联合建设企业：（排名不分先后）

北京东洲际技术咨询有限公司
北京盈建科软件股份有限公司
福建省晨曦信息科技股份有限公司
广联达科技股份有限公司
杭州品茗安控信息技术有限公司
上海宾孚建设工程顾问有限公司
上海建工集团
上海建科工程咨询有限公司
上海鲁班软件股份有限公司
深圳市广厦科技有限公司
深圳市斯维尔科技股份有限公司
四川省建筑科学研究院有限公司
同济大学建筑设计研究院（集团）有限公司
西安三好软件技术股份有限公司
香港图软亚洲有限公司北京代表处
以见科技（上海）有限公司
英标管理体系认证（北京）有限公司
浙江同仁建筑设计有限公司
中国电子系统工程第二建设有限公司
中机中联工程有限公司
中建安装集团有限公司
中建三局安装工程有限公司
中信国安建工集团有限公司
中亿丰建设集团股份有限公司
重庆大学建筑规划设计研究总院有限公司
重庆路先峰科技有限公司
重庆筑信云智建筑科技有限公司
筑信（广州）建筑信息咨询服务有限公司

前言

在信息化技术快速发展的今天，工程建设行业广泛推进建筑信息模型（BIM）技术的应用，相关人才培养显得尤为紧迫。2019 年，教育部推出职业教育改革“1+X”制度，在首批试点中，将建筑信息模型（BIM）列为工程建设领域的“1+X”教育改革试点。

本书共分四个模块，12 个学习情境。学习情境 1 主要介绍建筑设备的基本概念、建筑设备的各系统、建筑设备的 BIM 应用概况；学习情境 2 主要介绍项目 BIM 总体实施流程及保障措施、模型创建及输出流程、深化设计应用流程；学习情境 3 主要介绍 BIM 软件操作环境设置、建筑设备模型创建准备；学习情境 4 主要介绍 BIM 构件的概念和分类、构件的创建方法、构件连接件的创建方法；学习情境 5 主要介绍建筑给排水 BIM 模型的管道设置、系统建模、模型标注的方法；学习情境 6 主要介绍建筑暖通空调 BIM 模型的风管及空调水管设置、系统建模、模型标注的方法；学习情境 7 主要介绍建筑电气 BIM 模型的桥架及线管设置、系统建模、模型标注的方法；学习情境 8 主要介绍 BIM 深化设计分析及管线综合优化的方法；学习情境 9 主要介绍预制装配式 BIM 应用中设备机房水管预制加工和通风系统风管预制加工的方法；学习情境 10 主要介绍 BIM 模型浏览、施工进度模拟、施工工艺模拟、模型渲染的方法；学习情境 11 主要介绍应用 BIM 创建明细表、编辑明细表、导出明细表的方法；学习情境 12 主要介绍应用 BIM 完成施工图出图的方法。

本书在编写过程中，整合了各大高校及工程企业的力量。本书由广西建设职业技术学院彭红圃、江苏城乡建设职业学院王伟担任主编；广西建设职业技术学院丘光宏、重庆电子工程职业学院边凌涛、武汉城市职业学院周业梅担任副主编；中国电子系统工程第二建设有限公司史耿伟、广西建设职业技术学院田海涛、深圳市斯维尔科技股份有限公司张立杰、江苏城乡建设职业学院张娅玲、济宁职业技术学院董洪柱、北京东洲际技术咨询有限公司浮尔立、福州职业技术学院彭建林参与了编写工作。

本书学习情境 1、学习情境 2 由彭红圃、丘光宏、田海涛共同编写，学习情境 3、学习情境 4 由丘光宏、田海涛共同编写，学习情境 5 由边凌涛、张娅玲、彭建林共同编写，学习情境 6 由彭红圃、丘光宏、边凌涛共同编写，学习情境 7 由周业梅、张立杰共同编写，学习情境 8 由史耿伟、丘光宏共同编写，学习情境 9 由浮尔立、董洪柱共同编写，学习情境 10 由丘光宏、董洪柱共同编写，学习情境 11、学习情境 12 由边凌涛、丘光宏共同编写。全书统稿及审稿由彭红圃、王伟负责。

感谢编委会各位成员在本书编写期间的辛勤付出及各位同仁的大力支持。本书在编写过程中，得到廊坊市中科建筑产业化创新研究中心及高等教育出版社各位领导的指导与支持，在此一并感谢。

由于编者水平有限，加之时间仓促，书中不妥之处在所难免，恳请广大读者批评指正。

编者
2019 年 10 月

目　录

模块一　基础知识

模块二 模型创建

模块三 模 型 应 用

模块一

基础知识

学习情境 1 建筑设备概述

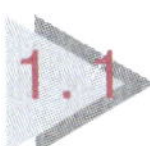

1.1 学习情境描述

1.1.1 学习目标

1. 了解建筑设备的基本概念；
2. 熟悉建筑设备的系统组成与作用；
3. 掌握建筑设备工程在设计、施工阶段的 BIM 应用内容。

1.1.2 学习任务

序号	学习任务	任务驱动
1	建筑设备的基本概念	1. 了解建筑设备的内涵； 2. 了解建筑设备的专业特点； 3. 了解建筑设备与其他专业的协作关系
2	建筑设备的系统	1. 熟悉建筑给排水系统的组成与作用； 2. 熟悉建筑暖通空调系统的组成与作用； 3. 熟悉建筑电气系统组成与作用
3	建筑设备的 BIM 应用	1. 掌握建筑设备设计 BIM 应用内容； 2. 掌握建筑设备施工 BIM 应用内容

1.2 任务 1：建筑设备的基本概念

建筑设备在整个建筑工程中占有非常重要的地位，其设置的完善程度和技术水平，已成为社会生产、房屋建筑和物质生活水平的重要标志。建筑物现代化程度越高，功能越完善，建筑设备系统就越复杂，建筑设备所占的投资比例就越大。从建筑物的使用成本角度来看，建筑设备的设计性能优劣、耗能指标是直接影响经济效益的重要因素。

1.2.1 建筑设备的内涵

现代建筑工程一般由建筑工程、结构工程、建筑设备工程和建筑装饰工程等几大部分组成。为提供卫生、舒适、方便、安全的工作生活和生产环境，需在建筑物内设置完善的给水、排水、热水、供暖、通风、空调、供电、照明、通信、建筑自动化等系统设施，这些设备系统总称为建筑设备。

1.2.2 建筑设备的专业特点

建筑设备通常包含三类系统：建筑给排水系统、建筑暖通空调系统、建筑电气系统。

建筑给排水是以合理利用与节约水资源、系统布置合理、外形美观实用和注重节能及环境保护为约束条件，实现生活给水、消防给水、生活排水、屋面雨水排水、热水供应等功能的综合性系统。

建筑暖通空调是为创造适宜的生活或工作条件，用人工方式将室内空气质量、温湿度或洁净度等保持在一定状态的专业技术，以满足卫生标准和生产工艺的要求，包括采暖、通风及空气调节三方面的建筑环境控制系统。

建筑电气是以电能、电气设备、电气技术以及工程技术为手段，创造、维持与改善建筑环境来实现建筑的某些功能的综合性系统。

1.2.3 建筑设备与其他专业的协作

建筑设备系统只有与建筑、结构、装饰及生产工艺设备等相互协调才能有效发挥整体的使用效益。综合考虑建筑设备系统在建筑设计、施工时，与其他专业的密切配合使建筑物达到适用、经济、卫生及舒适的要求，发挥建筑物应有的功能，提高建筑物的使用质量，避免环境污染，提升建筑物的价值。

同时，建筑设备工程的建筑给排水、建筑暖通空调、建筑电气专业也需协调作业和交叉配合，进行设备管线协调工作。设备管线协调是指在建筑结构的限制条件下合理设置设备以及排布管线，这项工作直接影响到建筑空间的合理利用与内部功能的正常运行。随着现代建筑空间日趋复杂，功能要求不断提升，日趋庞大的设备管线系统给协调工作带来了巨大的挑战。传统管线设计及图纸会审容易存在疏漏，利用 BIM 技术能够高效地协调设备管线系统，极大地降低施工过程中因设计不当造成返工的可能性，有效保证工程进度，排除安全隐患，使工程质量得到有力保障。

1.3 任务 2：建筑设备的系统

建筑给排水系统主要包括以下系统：生活给水系统、室外消火栓系统、室内消火栓系统、自动喷水灭火系统（或“喷淋系统”）、生活排水系统、屋面雨水排水系统、热水供应系统。

建筑暖通空调系统主要包括以下系统：采暖系统、通风系统、建筑防排烟系统、空气调节系统。

建筑电气系统主要包括以下系统：建筑供配电系统、建筑电气动力配电系统、建筑电气照明系统、建筑智能化系统、防雷接地系统。

1.3.1 建筑给排水系统

1. 生活给水系统

生活给水系统是将城镇给水管网(或自备水源给水管网)中的水引入一幢建筑或一个建筑群体,供人们在不同场合的日常生活用水,并满足各类用水对水质、水量和水压要求的冷水供应系统。其主要组件包括:

(1) 供水管道;

(2) 附件:阀门、仪表、过滤器、配水水龙头;

(3) 供水设备:水泵、高位生活水箱、生活水池。

2. 室外消火栓系统

室外消火栓系统是通过设置在建筑物外面消防管网上的室外消火栓供消防车取水扑灭火灾的系统。其主要组件包括:

(1) 供水管道;

(2) 附件:阀门、仪表、过滤器;

(3) 消防设备:室外消火栓。

3. 室内消火栓系统

室内消火栓系统是通过设置在建筑物内消防管网的室内消火栓连接消防水龙带、消防水枪出水以控制和扑灭火灾的系统。其主要组件包括:

(1) 供水管道;

(2) 附件:阀门、仪表、过滤器;

(3) 消防设备:水泵、室内消火栓、高位消防水箱、消防水池、消防增压稳压设备、消防水泵接合器。

4. 自动喷水灭火系统

自动喷水灭火系统是一种在发生火灾时,能自动打开洒水喷头喷水灭火并同时给出火警信号的消防灭火系统。其主要组件包括:

(1) 供水管道;

(2) 附件:阀门、仪表、过滤器;

(3) 消防设备:水泵、高位消防水箱、消防水池、消防增压稳压设备、消防水泵接合器、洒水喷头、报警阀组、水流报警装置、末端试水装置。

5. 生活排水系统

生活排水系统是将建筑物内便溺器具、盥洗器具、淋浴器具、洗涤器具等卫生器具的排水收集起来排至室外排水管网、处理构筑物或水体的系统。其主要组件包括:

(1) 管道:排水管道、通气管道;

(2) 附件:存水弯、清扫口、检查口、通气帽;

(3) 卫浴装置:大便器、小便器、洗脸盆、淋浴器、洗涤盆;

(4) 排水装置:地漏;

(5) 其他装置:化粪池、隔油池、提升泵。

6. 屋面雨水排水系统

屋面雨水排水系统是将降落在建筑物屋面的雨、雪水排至室外排水管网或水体的系统。

其主要组件包括：

（1）排水管道；

（2）附件：清扫口、检查口；

（3）排水装置：雨水沟、雨水斗。

7. 热水供应系统

热水供应系统是保证用户能按时得到符合设计要求的水量、水温、水压和水质的热水的供水系统。其主要组件包括：

（1）管道：热给水管、热回水管、热媒管道；

（2）附件：阀门、仪表、过滤器；

（3）机械设备：加热设备、水泵、水箱。

1.3.2　建筑暖通空调系统

1. 采暖系统

采暖也叫供暖，按需向建筑物供给热量，系统主要由热源、热媒输配和散热设备三个部分组成。根据供暖系统散热方式不同，主要分为散热器供暖系统、热风供暖系统、低温热水地板辐射供暖系统。其主要组件包括：

（1）管道：热给水管、热回水管、热媒管道；

（2）附件：阀门、仪表；

（3）机械设备：锅炉、散热设备、水泵、膨胀水箱。

2. 通风系统

通风系统主要是为保持室内空气环境满足卫生标准和生产工艺的要求，把室内被污染的空气直接或经净化后排至室外，同时将室外新鲜空气或经净化后的空气补充进来。常见通风系统包括自然通风、机械送风、机械排风。其主要组件包括：

（1）管道：排风管、送风管、风井；

（2）附件：风阀、风口；

（3）机械设备：通风机、除尘设备、净化设备。

3. 建筑防排烟系统

建筑防排烟系统用于控制建筑物火灾时烟气的流动，为人们的安全疏散和消防扑救创造有利条件。分为防烟系统和排烟系统。防烟系统是保证防烟楼梯间、前室等安全疏散通道和封闭避难场所等的气压高于烟气区，使其空间不受到烟气的污染。排烟系统则是将火灾产生或流入的烟气排出稀释，保证人所在空间烟气含量在允许含量之下，防止烟气可能产生的危害。其主要组件包括：

（1）管道：排烟管、排烟井、送风管、加压送风井；

（2）附件：风阀、排烟口、送风口；

（3）机械设备：排烟风机、管道风机。

4. 空气调节系统

空气调节系统是对房间或空间内的温度、湿度、洁净度和空气流动速度进行调节的建筑环境控制系统，系统由冷热源设备、冷热介质输配系统、空调末端设备及自动控制系统组成。其主要组件包括：

(1) 管道:送风管、新风管、回风管、冷冻水管、冷却水管、冷凝水管;
(2) 附件:阀门、风口、分集水器、消声器;
(3) 机械设备:制冷机组、空气处理设备、冷却塔、水泵。

1.3.3 建筑电气系统

1. 建筑供配电系统

在民用建筑中,一般从市网获取高压 10 kV 或低压 0.38 kV/0.22 kV(常称为市电)作为电源供电,将电能按一定方式分配给用户使用。用各种设备和各种材料、元器件将电源和负荷连接起来,即组成了建筑供配电系统。其主要组件包括:

(1) 连接组件:供电线缆、母线、桥架、线管;
(2) 连接配件:线缆连接件、线管连接件、桥架连接件;
(3) 电气设备:变压器、高压开关柜、低压配电柜、应急电源。

2. 建筑电气动力配电系统

建筑电气动力配电系统的主要功能是为建筑中的水暖设备(如水泵、通风机)、电气机械设备(如电动卷帘门)及专用设备(如炊事、制冷、医疗设备)等系统提供电能,并可控制其电机运行的状态。其主要组件包括:

(1) 连接组件:供电线缆、控制线缆、桥架、线管、线槽;
(2) 连接配件:线缆连接件、线管连接件、桥架连接件;
(3) 电气设备:动力配电箱、设备控制箱。

3. 建筑电气照明系统

建筑电气照明系统是在建筑物中将电能转化为光能,为人们提供视觉工作必要的光环境的系统。其主要组件包括:

(1) 连接组件:供电线缆、控制线缆、桥架;
(2) 连接配件:线缆连接件、线管连接件、线槽连接件、桥架连接件;
(3) 设备:光源、灯具、照明配电箱、开关、插座。

4. 建筑智能化系统

建筑智能化系统是集计算机网络、通信、声像处理、数据处理、自动控制于一体的智能化综合管理系统。通常包括五大系统,即通信自动化系统、楼宇自动化系统、办公自动化系统、消防自动化系统、保安自动化系统。五大系统下分计算机网络系统、综合布线系统、计算机管理系统、楼宇设备自控系统、保安监控及防盗报警系统、智能卡系统、通信系统、卫星及公用电视系统、停车场管理系统、广播系统、会议系统、视频点播系统、智能小区综合物业管理系统、电子巡查系统、大屏幕示系统、智能灯光及音响控制系统、火灾自动报警及联动控制系统等子系统。其主要组件包括:

(1) 连接组件:供电线缆、通信线缆、桥架、线槽;
(2) 连接配件:线缆连接件、线管连接件、线槽连接件、桥架连接件;
(3) 智能化设备:各系统主机、各系统输入设备、各系统输出设备。

5. 防雷接地系统

建筑防雷装置能将雷电引泄入地,使建筑物免遭雷击。另外,从安全考虑,建筑物内用电设备的不应带电的金属部分都需要接地,因此要有统一的接地装置。其主要组件包括:

（1）接地装置：接地体、接地线、等电位联结装置；

（2）连接配件：防雷接地装置支持配件、防雷接地装置连接配件；

（3）防雷装置：接闪器、引下线、电涌保护器。

1.4 任务3：建筑设备的BIM应用

随着BIM技术应用的发展，BIM技术在建筑工程中的应用不仅包括可视化技术交底、深化设计、综合协调、施工模拟、施工方案优化等应用，还涉及前期场地平整、主体施工、设备安装工程、工程管理等应用。经过不断的实践和发展，在设备施工过程中BIM技术与各类硬件设备的集成应用发挥着重要作用，如三维激光扫描仪器、测量机器人、VR（虚拟现实）设备、AR（增强现实）设备等在施工管理过程中得到较多的应用。随着BIM技术的不断发展，各类BIM相关应用软件的不断开发和完善，BIM技术在项目的设计、施工过程中已经起到关键作用，在今后的工程实施应用中所占的比重也越来越大。

1.4.1　建筑设备设计BIM应用

建筑设备设计BIM应用是基于BIM的建筑设备“水、暖、电”各专业系统设计。在设计过程中，专业内部、专业间基于不断深化的BIM模型进行信息交换共享，减少了专业内、专业间因设计变化导致的协调修改和碰撞，避免了设计信息的丢失错漏。通过数据模型的参数化特性，可基于模型进行水量计算、水力计算、冷热负荷计算、照度防雷计算等工作，同时运用信息化工具完成部分模型的自动建立及设计成果自动校验等。

建筑设备设计BIM应用的工作流程包括设计建模、设计校审、专业协调、二维视图生成及调整、交付及归档。与传统的工作流程相比，主要发生了以下变化：

（1）在专业分析环节，通过信息交换，可以用BIM模型生成各类分析模型，避免了重复输出和错误；

（2）在专业校审环节，通过可视化手段，完成关键设备、复杂管路等检查；

（3）在专业协调环节，通过将设备模型与其他模型综合，减少了错、漏、碰、缺等现象，提升专业协调的效率和质量；

（4）在图纸生成和交付环节，在准确的BIM模型基础上，通过模型剖切及模型转换，可快速准确生成建筑设备各专业的平、立、剖二维视图。

1.4.2　建筑设备施工BIM应用

建筑设备施工BIM技术应用从设计阶段延续至施工阶段，大致分为深化设计、施工工艺模拟、预制装配式、施工进度管理、施工质量管理、施工造价管理等应用。

1. 建筑设备深化设计BIM应用

建筑设备深化设计BIM应用是由专业设计师利用三维建模软件综合完成特定区场的所有管线综合深化任务，统一考虑各专业系统（建筑、结构、建筑设备及装饰等专业）的合理排布及优化，同时遵循设计、施工规范及施工要求。

建筑设备深化设计BIM应用的基本流程是基于建筑、结构、建筑设备及装饰各专业的设计文件和施工图，创建建筑设备深化设计模型，并进行模型综合、碰撞检查、模型校审、工程量统计，依据输出的碰撞检查分析报告、深化设计模型、工程量清单等，最终形成建筑设备管线综合图和建筑设备专业施工深化图，用于指导施工。

建筑设备深化设计工作可分两步实施：第一步以配合满足项目土建预留预埋工作为主，进行建筑设备主管线与一次结构相关内容的深化设计工作；第二步是在满足精装修要求的情况下，进行建筑设备末端的深化设计工作。同时需要跟踪图纸变更、修改，确保二维、三维设计文件同步以及 BIM 模型准确，并对 BIM 模型定期进行更新及维护，以支持建筑设备施工现场各项技术和管理要求。

2. 建筑设备施工工艺模拟 BIM 应用

建筑设备施工工艺模拟 BIM 应用是基于 BIM 综合模型对施工工艺进行三维可视化的模拟展示或探讨验证。模拟主要施工工序，协助各施工方合理组织施工并进行施工交底，从而进行有效的施工管理；对大型建筑设备运输方案进行方案模拟，分析确定运输方案是否可行，验证施工方案、材料设备选型的合理性，协助施工人员充分理解和执行方案的要求。

建筑设备施工工艺模拟 BIM 应用的基本流程是基于施工组织模型和施工图创建施工工艺模型，并将施工工艺信息与模型关联，输出资源配置计划、施工进度计划等，指导模型创建、视频制作、文档编制和方案交底。

建筑设备施工工艺模拟内容通常有大型设备运输及复杂构件安装模拟及重、难点施工方案及复杂节点施工工艺模拟。

3. 建筑设备预制装配式 BIM 应用

建筑设备预制装配式 BIM 应用是通过产品工序化管理，将以批次为单位的图纸、模型信息、材料信息和进度信息转化为以工序为单位的数字化加工信息，借助先进的数据采集手段，以预制构件 BIM 模型和模块化 BIM 模型作为信息交流的平台，通过施工过程信息的实施添加和补充完善，进行可视化的展现，实现建筑设备构件的预制加工和装配式施工。

建筑设备预制装配式 BIM 应用的基本流程是基于深化设计模型和加工确认函、设计变更单、施工核定单、设计文件创建建筑设备产品加工模型，基于专项加工方案和技术标准完成模型细部处理，基于材料采购计划提取模型工程量，基于工厂设备加工能力、排产计划及工期和资源计划完成预制加工模型的批次划分，基于工艺指导书等资料编制工艺文件，在构件生产和质量验收阶段形成构件生产的进度信息、成本信息和质量追溯信息，最终实现建筑设备工业化加工 BIM 应用过程，保证模块化产品的质量，为后续产品的安装施工精度提供保障。

建筑设备预制装配式 BIM 应用包含了模块准备、模块加工、模块检验入库等环节。在整个制造过程中，得益于施工模型数据的即时采集、传递、处理，并与 BIM 进行集成、分析、展现和存储等，使整个建筑设备工业化加工制造过程达到较高的精确度。

4. 建筑设备施工进度管理 BIM 应用

建筑设备施工进度管理 BIM 应用是通过将进度计划管理软件编制而成的施工进度计划与 BIM 模型相结合，直观地将 BIM 模型与施工进度计划关联起来，自动生成虚拟建造过程。对虚拟建造过程进行分析，合理调整施工进度，更好地控制现场施工与生产。

建筑设备施工进度管理 BIM 应用的基本流程是确定建筑设备施工项目工作分解结构，对项目的范围和工作，自上而下有规则地分解，产生工作清单。预估每项工作所需的时间和费用，决定各项工作之间的逻辑关系。将编制的进度计划与 BIM 模型相关联，形成 4D 进度管理模型。通过动画的方式表现进度安排情况，对项目工作面的分配、交叉以及工序搭接之间的合理性进行直观检查和分析，利用进度模拟的成果对项目进度计划进行优化更新，形成施工过程演示模型和最终的进度计划，对施工进度进行管理。

基于 BIM 技术进行建筑设备施工进度管理，在三维模型的基础上加上进度时间轴形成 4D 模型，形象直观地表达进度计划，能更快处理变更、快速进行方案检查、快速规划、分析建造过程以及快速匹配估算工程量、施工持续时间、施工成本等数据。

5. 建筑设备施工质量管理 BIM 应用

建筑设备施工质量管理 BIM 应用是利用 BIM 模型辅助进行图纸质量的把控，提前发现图纸问题，减少现场修改及返工现象，提高工程质量。在面对复杂节点或复杂工艺的施工及检查时，利用模型或施工模拟动画可给现场管理人员提供帮助，提高工程质量的预判及监督能力。

建筑设备施工质量管理 BIM 应用的基本流程是基于深化设计模型或预制加工模型创建质量管理模型，基于质量验收标准和施工资料标准确定质量验收计划，进行质量验收、质量问题处理、质量问题分析工作。

基于 BIM 技术的建筑设备施工质量管理，能实现复杂建筑设备工程安装过程的高效质量管理，提高建筑设备工程安装过程的质量管理水平，实现对建筑设备工程施工现场质量信息的实时获取和质量信息的高效管理。

6. 建筑设备施工造价管理 BIM 应用

建筑设备施工造价管理 BIM 应用是利用 BIM 技术进行施工图预算中的工程量清单项目确定、工程量计算、分部分项计价、工程总造价计算等工作。

建筑设备施工造价管理 BIM 应用的基本流程是基于深化设计模型和预制加工模型创建成本管理模型，基于清单规范和定额规范确定成本计划，进行合同预算成本计算、进度信息集成、成本核算、成本分析的工作。

基于 BIM 技术的建筑设备施工造价管理，能够在工程设计阶段进行方案的优选，防止出现后期施工过程中造价损失；在施工过程中，可以优化施工组织设计和工程变更进而实现实时成本动态管理。将 BIM 技术应用于建筑设备施工造价管理之中，可以科学合理地控制工程造价，从而最大限度地减少工程成本支出，提高企业经济效益。

7. 其他应用领域

基于 BIM 的建筑设备施工管理还包括材料管理、安全管理、竣工验收等应用领域。

建筑设备施工材料管理 BIM 应用是将从深化设计模型中获取的材料清单经过处理形成材料采购信息，进入实际生产施工环节。在这个过程中，利用信息模型进行采购计划编制、材料仓储管理、材料使用管理、信息追溯管理等工作。

建筑设备施工安全管理 BIM 应用主要进行现场安全信息模型的布置，使用 BIM 模型进行安全路线的提前规划、危险源的提前识别、可视化安全交底、与视频监控结合管理等工作，现场利用 BIM 模型进行检查，提高项目安全管理水平。

建筑设备施工竣工验收 BIM 应用要求项目的各参与方根据施工现场的实际情况将工程信息实时输入 BIM 模型中。在施工过程中，分部分项工程的质量验收资料、设计变更单、工程洽商等都要以数据的形式存储并关联到 BIM 模型中。

学习情境2 建筑设备专业 BIM 应用流程

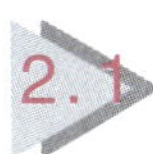

2.1 学习情境描述

2.1.1 学习目标

1. 掌握项目 BIM 总体实施流程及保障措施；
2. 掌握模型创建及输出流程；
3. 掌握深化设计应用流程。

2.1.2 学习任务

序号	学习任务	任务驱动
1	项目 BIM 总体实施流程及保障措施	1. 掌握项目 BIM 总体实施流程； 2. 掌握项目 BIM 实施保障措施
2	模型创建及输出流程	掌握模型创建及输出流程各阶段之间的操作顺序和相互关系
3	深化设计应用流程	掌握深化设计应用的流程各阶段之间的操作顺序和相互关系

2.2 任务1：项目 BIM 总体实施流程及保障措施

任务信息

启动建筑设备工程项目 BIM 应用实施前应明确应用的价值与目标及项目实施的技术保障环境。项目团队宜事先根据企业和项目特点、合约要求、建筑设备工程专业特点、相关各方 BIM 应用水平等因素制订全面和详细的实施计划。BIM 实施计划应与具体业务紧密结合，明确各参与方的责任和义务，将 BIM 应用整合到相关工作流程中，并提出具体的实施和监控措施。经相关各方确认后遵照实施计划完成 BIM 应用过程管理,从而保障 BIM 专业应用达到设定的应用目标效果。

BIM 项目相关各方应事先制定 BIM 应用策划,BIM 策划应与项目整体计划协调一致,经相关各方确认后方可实施,各方应遵照策划完成 BIM 设计、施工管理应用。BIM 项目应用宜由牵头单位负责,相关各方应服从牵头单位的统一安排和管理,按照约定的标准及要求完成各自承担的建模、深化与应用等任务。BIM 应用宜明确 BIM 应用基础条件,建立与 BIM 应用配套的人员组织结构和软硬件环境。

BIM 设计模型应具有可传递性和可深化性,宜将 BIM 设计模型信息传递到施工阶段,满足继续深化和施工后续应用的要求。可利用本地化的 BIM 平台,围绕项目部门的工作流程,提高三维设计效率。BIM 软件需具备数据(设计、施工、成本)同源、图形与模型一致、一体化(设计施工)和可动态管理等特定条件。

任务实施

2.2.1 项目 BIM 总体实施流程

BIM 应用流程编制宜分为整体和分项两个层次。整体流程应描述不同 BIM 应用之间的逻辑关系、信息交换要求及责任主体等。分项流程应描述 BIM 应用的详细工作顺序、参考资料、信息交换要求及每项任务的责任主体等。

制定施工 BIM 应用策划可按下列步骤进行:

(1) 确定 BIM 应用的范围和内容;

(2) 以 BIM 应用流程图等形式明确 BIM 应用过程;

(3) 规定 BIM 应用过程中的信息交换要求;

(4) 确定 BIM 应用的基础条件,包括沟通途径以及技术和质量保障措施等。

施工 BIM 应用策划及其调整应分发给工程项目相关方。工程项目相关方应将 BIM 应用纳入工作计划。

项目 BIM 总体实施流程如图 2-1 所示。

2.2.2 保障措施

技术保障不完善可能带来 BIM 技术应用额外的实施风险,如导致建模投入增加、因信息缺失导致的工程延误、BIM 应用效益不显著等问题。详细和全面的 BIM 应用实施计划可使项目参与者清楚地认识到各自责任和义务。项目团队能据此顺利地将 BIM 整合到相关的工流程中,并正确实施和监控,为工程项目带来效益。在工程进入运维阶段后,有价值的 BIM 模型还可用于物业运维,为建筑全生命期提升可控性和效益。

BIM 应用的保障措施包括:建立软硬件系统运行保障体系、编制 BIM 应用实施工作计划、建立系统运行例会制度、建立计划运行检查机制。

1. 一般要求

BIM 应用的目标和范围应根据项目特点、合约要求及工程项目相关方 BIM 应用水平等综合确定。施工 BIM 应用宜覆盖包括工程项目深化设计、施工实施、竣工验收等的施工全过程,也可根据工程项目实际需要应用于某些环节或任务。

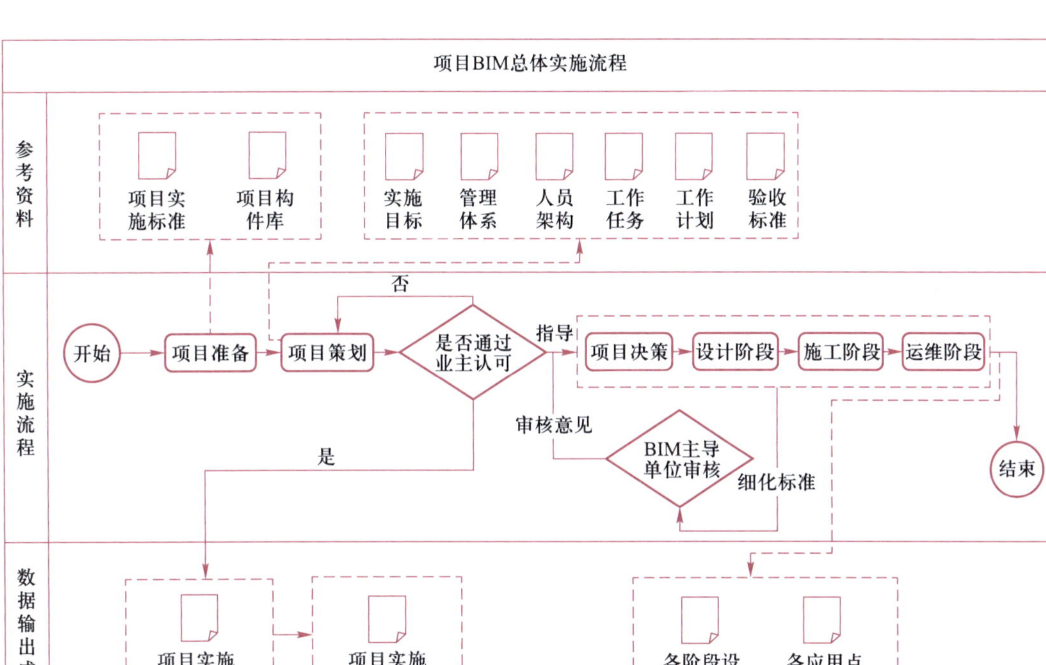

图 2－1

施工 BIM 应用应事先制定施工 BIM 应用策划，并遵照策划进行 BIM 应用的过程管理。

施工模型宜在施工图设计模型基础上创建，也可根据施工图等已有工程项目文件进行创建。

工程项目相关方在施工 BIM 应用中应采取协议约定等措施确定施工模型数据共享和协同工作的方式。

工程项目相关方应根据 BIM 应用目标和范围选用具有相应功能的 BIM 软件。

BIM 软件应具备下列基本功能：

（1）模型输入、输出；

（2）模型浏览或漫游；

（3）模型信息处理；

（4）相应的专业应用；

（5）应用成果处理和输出；

（6）支持开放的数据交换标准。

BIM 软件宜具有与物联网、移动通信、地理信息系统等技术集成或融合的能力。

2. 建模要求

为保障 BIM 模型能实现 BIM 策划中的应用目标，应编写项目的建模要求文件。建模规则应满足国家相应的 BIM 标准要求，并包括一般的建模要求及模型创建的规则（命名规则、拆分规则、模型细度等），确定模型信息共享的方式。

3. 协同管理

在工程项目建设的生命周期中，项目参与方较多，项目信息内容多样、数量庞大。在工程项目协同管理过程中，经常出现项目信息数据模糊、信息流失与失真等现象，导致项目信息不能充分有效地传递与共享,极大地降低了项目 BIM 的应用效率,影响了工程项目的正常运转。

基于 BIM 的协同管理是以 BIM 软件和环境为基础,按照项目建设各方管理流程和职责,以项目工程进度、质量、成本、安全等信息数据为驱动的项目协同管理过程,取代或部分取代了传统设计模式下低效的人工协同工作,打破传统信息传递的壁垒,实现信息数据的一致性与共享性,提高工作效率,减少工作错误,为 BIM 应用提供可靠保障。

BIM 协同中协同方式通常使用中心文件协同方式、文件链接协同方式、轻量化模型集成协同方式。不同的协同方式可单独使用,也可组合使用,不同的协同方式各有特点。

(1) 中心文件协同方式

中心文件协同方式就是多人共用一个模型文件方式(也称工作共享),即在一个模型文件中,根据项目、专业和团队成员情况,划分成若干个工作集,每个团队成员被分配到工作集中各自独立完成 BIM 设计,并将成果适时同步至中心文件。同时,各参与人也可通过更新本地文件查看其他参与人的工作进度与成果。

这种多专业共同使用同一 BIM 中心文件工作的方式,对模型进行集中储存、数据交换的及时性强,对服务器及工作站的配置要求较高,且仅适用于相关设计人员使用同一个软件进行 BIM 设计的情况,对团队的整体协同能力有较高要求。中心文件协同的方式是较复杂的协同方式,它允许用户实时查看和编辑当前项目中的任何变化,但参与的用户越多,管理越复杂。

(2) 文件链接协同方式

文件链接协同方式也称为外部参照或代理文件,它是最常用的协同方式。文件链接是最简单的数据级协同方式,仅需将已有文件数据链接至当前模型即可。使用者可以依据需要随时加载(参照)链接若干个外部模型文件,也可链接多种常用格式的数据文件,可通过管理链接命令对这些格式的文件进行相关的操作。各模型文件之间的修改相对独立,尤其是对于大型模型在协同工作时,性能表现较好。但使用此方式,模型数据相对分散,协作的时效性稍差,整体的修改编辑效率较低。

(3) 轻量化模型集成协同方式

轻量化模型集成协同方式通常采用插件或集成工具软件或上传到局域网服务器及互联网服务器,将不同的模型数据转换成轻量化文件格式,之后利用集成工具软件或“云端”平台进行模型整合,形成统一集成的项目模型。这种集成方式的优势在于数据轻量级,便于集成大数据,并且支持同时整合多种不同格式的模型数据,便于多种数据之间的检查。但一般的集成工具都不提供对模型数据的编辑功能,所有模型数据的修改都需要回到原始的模型文件中去进行。协同主要体现在模型综合检查和浏览,通常用于设计评审、模型浏览与审核、管线综合碰撞检查、施工交底与指导等项目管理应用中。

任务拓展

国家相关技术标准对 BIM 技术与数据信息管理进行了相关的规定,以下为已发布的国家标准,需熟悉标准的要求和对技术保障的作用。

《建筑信息模型应用统一标准》(GB/T 51212—2016)。

《建筑信息模型分类和编码标准》(GB/T 51269—2017)。

《建筑信息模型施工应用标准》(GB/T 51235—2017)。

《建筑信息模型设计交付标准》(GB/T 51301—2018)。

《建筑工程设计信息模型制图标准》(JGJ/T 448—2018)。

2.3 任务 2：模型创建及输出流程

任务信息

模型创建不同阶段应注意以下要点。

1. 准备阶段

准备阶段一般需收集项目资料、其他专业模型或 CAD 图纸。专业模型细化与专业设计宜在土建条件模型上细化本专业设计模型，进行专业设计及分析计算。

2. 模型创建阶段

协同设计、提资与设计优化：宜在统一的协作模型上完成设计资料互相提资、碰撞检查、设计优化等工作，实现专业之间的沟通、讨论、决策。

3. 成果输出阶段

各专业施工图设计文件编制：设计文件成果包括图纸、说明书、计算书等，宜基于设计模型和数据信息编制施工图相关文件。

任务实施

一般项目的模型创建实施流程如图 2-2 所示。

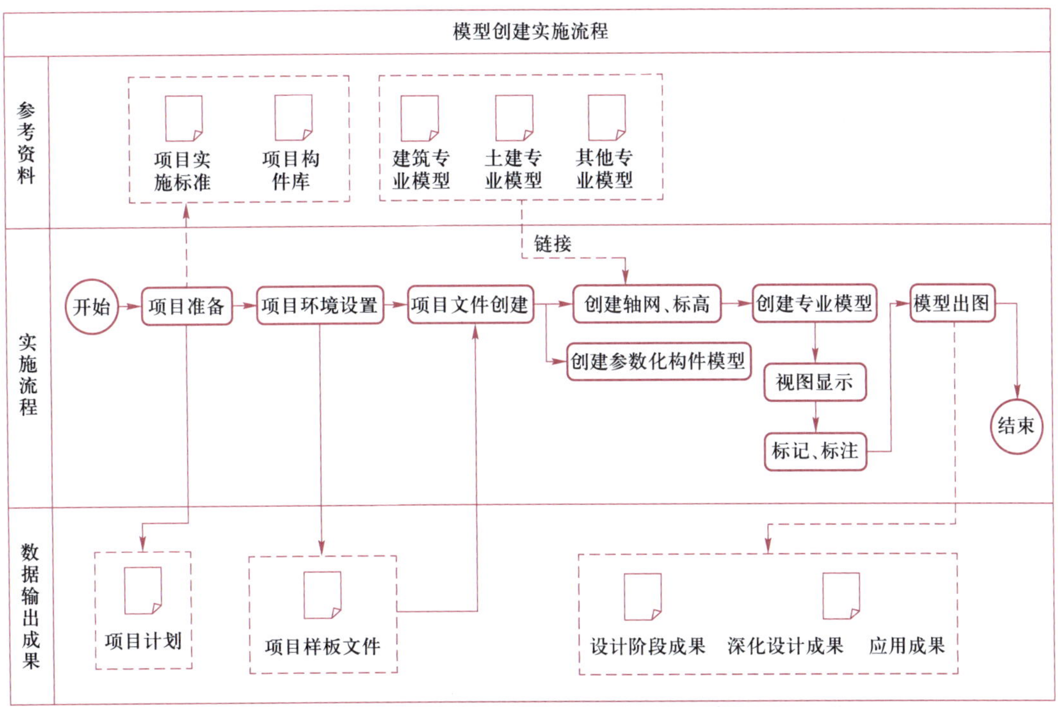

图 2-2

一般项目的模型创建实施流程分为准备阶段、创建阶段、成果输出阶段。流程图清晰表达了阶段之间的操作顺序和相互关系。

2.4 任务3：深化设计应用流程

任务信息

在深化设计阶段，由于建筑物功能逐渐增多，室内的管线也随之增多，建筑设备各专业之间的管线错综复杂、空间占用大，为保证运维空间、提升设计的可施工性、可实用性、可维护性等，需进行建筑设备的深化设计。

在建筑设备深化设计BIM应用中，宜基于施工图设计模型创建深化设计模型，进行管线综合、预留洞与埋件、设备构件拆分、支吊架等设计，生成深化设计图纸，统计工程量，指导设备产品加工，制作施工安装文件。

任务实施

深化设计应用流程如图2-3所示。

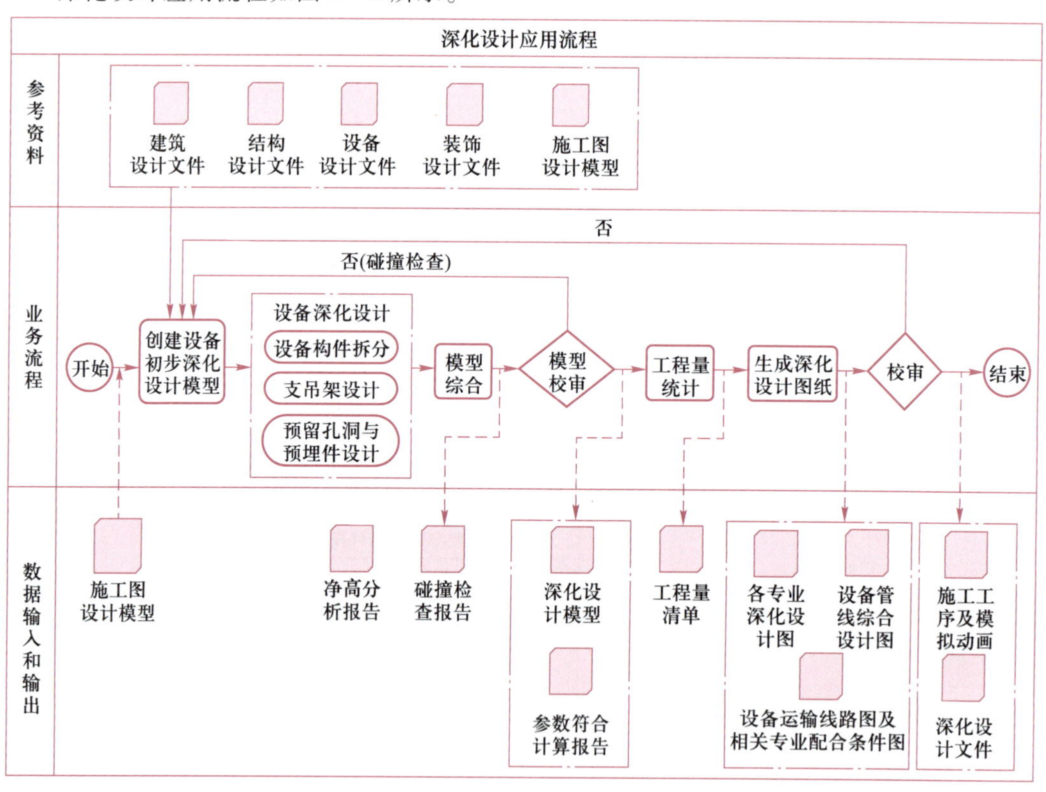

图2-3

深化设计流程中包含了前期模型准备和技术分析，结合分析成果进一步深化设计与信息输入，直至输出的成果能用于现场技术交底和安装施工及指导预制加工。

模块二

模型创建

学习情境3　操作环境设置与创建准备

3.1 学习情境描述

3.1.1 学习目标

1. 掌握 BIM 软件操作环境设置的方法；
2. 掌握 BIM 软件建筑设备模型创建准备的方法。

3.1.2 学习任务

序号	学习任务	任务驱动
1	操作环境设置	1. 掌握项目样板的创建及设置操作； 2. 掌握构件库的设置内容； 3. 掌握材质库的设置内容
2	建筑设备模型创建准备	1. 掌握项目文件创建的操作； 2. 掌握将建筑模型链接到新建项目文件中的操作； 3. 掌握标高、轴网的设置操作； 4. 掌握提取建筑模型相关信息后创建楼层平面的操作； 5. 掌握将二维建筑设备设计图链接到新建项目文件中的操作

3.2 任务1：操作环境设置

3.2.1 子任务1：项目样板

任务信息

样板文件是重要的标准化设置内容，用于建立统一 BIM 应用环境。标准样板文件建立包括样板文件分类、创建视图样板、设置项目浏览器结构、设置图纸出图视图等。

样板文件的设置应根据专业模型和设计应用特点，分类创建工作视图、将各项基础设置固化保存成视图样板，并预先添加常用的构件元素、图例、明细表、图纸目录等，形成各类样板文件。

样板文件可按如下标准进行分类。

(1) 通用制图样板。符合国家及行业规范的标准制图样板，例如：中国施工图样板、方案设计样板、深化设计样板、运维模型样板等。

(2) 通用专业设计样板。按照设计规范和惯例制定的样板，例如：建筑专业样板、结构专业样板、机电专业样板（水、暖、电）、总图样板、景观样板等样板；其中根据链接和工作集等不同协同方式，且便于各参与人员的协调，可划分为建筑结构样板、设备综合样板和全专业样板。

(3) 专项应用样板。例如：PC 构件加工样板、机电管线加工样板、节能样板等。

(4) 行业样板。特殊建筑工程应用的样板，其中包含该行业特殊的建模、出图要求和加载该行业构件类别，例如：轨道交通、住宅建筑、医疗建筑、电力设施等样板。

任务实施

1. 样板设置

可以通过“管理”选项卡对样板参数进行设置，具体参数如下。

(1) 地理位置与高程

地理位置与高程是具体工程项目的重要信息，直接影响建筑性能模拟分析的结果，在建模之前应首先完成其相关设置内容。

① 地点设置：包括位置、天气、场地信息设置，建模之前应对有关数据进行校核。

② 坐标设置：用于各相关链接模型的坐标管理，包括获取坐标、发布坐标、在点上指定坐标、报告共享坐标设置。

③ 位置设置：指定模型的地理位置（用于特定位置分析），并根据需要更改“项目北”和“正北”，调整方向设置。

(2) 项目单位

根据国家相关设计和计量规范，对所有专业或规程的法定计量单位设置进行检查，对不符合国家标准要求的单位进行调整。

(3) 线样式

应根据国家制图规范和主管部门审图要求，对线样式进行设置，包括线型、线宽及线型图案等，确保生成的二维图纸符合制图规范的要求。

(4) 填充样式

应根据国家制图规范和主管部门审图要求，对图例填充图案进行设置，确保生成的二维图纸符合制图规范的要求。

(5) 对象样式

应根据国家制图规范和主管部门审图要求，对对象样式进行设置，包括模型对象、注释对象、分析模型对象、导入对象等，其中“模型对象”和“注释对象”为重点设置项。

（6）文字、尺寸与标记样式

① 文字：应根据国家制图规范和主管部门审图要求，对文字、标记等样式进行设置，常用字体包括长仿宋、仿宋、黑体、Simplex 等文字样式，设置包括字体、文字大小、宽度系数等。

② 尺寸标注：应根据国家制图规范和主管部门审图要求，对尺寸标注样式进行设置，包括字体、文字大小、宽度系数、尺寸标注线延长、界线长度等。

③ 标高：应根据国家制图规范和主管部门审图要求，对标高进行设置，包括创建标高标头构件和设置层高标记。

④ 剖面标记：应根据国家制图规范和主管部门审图要求，对剖面标记进行设置，包括创建剖面标头和设置剖面标记。

⑤ 索引标记：应根据国家制图规范和主管部门审图要求，对索引标记进行设置，包括创建详图索引标头和设置详图索引。

（7）专业样式设置

应根据国家制图规范和主管部门审图要求，对各专业样式进行设置，包括结构设置、MEP（给排水、暖通、电气）设置、建筑/空间类型设置等。

2. 视图样板创建

视图有多种属性，例如视图比例、规程、详细程度和可见性设置等，对当前视图属性的修改仅对当前视图起作用，如果要统一修改多个视图或使一类视图保持一致性，应使用“视图样板”功能。视图样板是视图属性的集合，视图比例、规程、详细程度等一系列的视图属性都包含在视图样板中，统一配置和应用“视图样板”，有利于统一项目视图标准、提高设计效率和实现文档标准化。

进入“视图”选项卡，选择“视图样板”选项，其下拉列表中的三个选项分别为“将样板属性应用于当前视图”“从当前视图创建样板”“管理视图样板”，如图 3－1 所示。

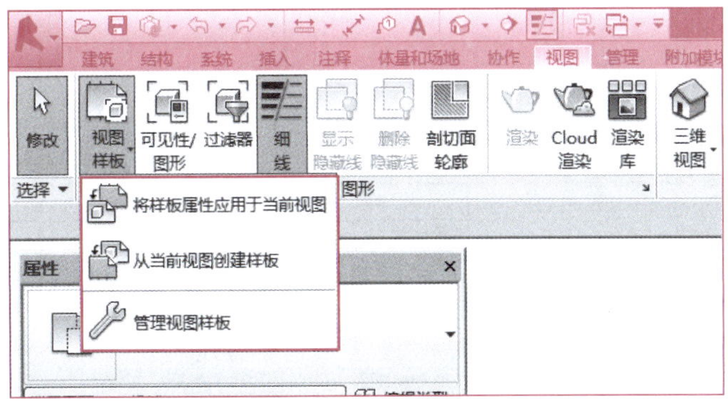

图 3－1

（1）将样板属性应用于当前视图

进入“视图”选项卡，选择“视图样板”→“将样板属性应用于当前视图”选项，弹出“应用视图样板”对话框，在对话框左侧视图样板中选择所需的样板，完成后单击“确定”按钮，所选样板的属性即可应用于当前视图，如图 3－2 所示。

（2）从当前视图创建样板

进入“视图”选项卡，选择“视图样板”→“从当前视图创建样板”选项，弹出“新视图样

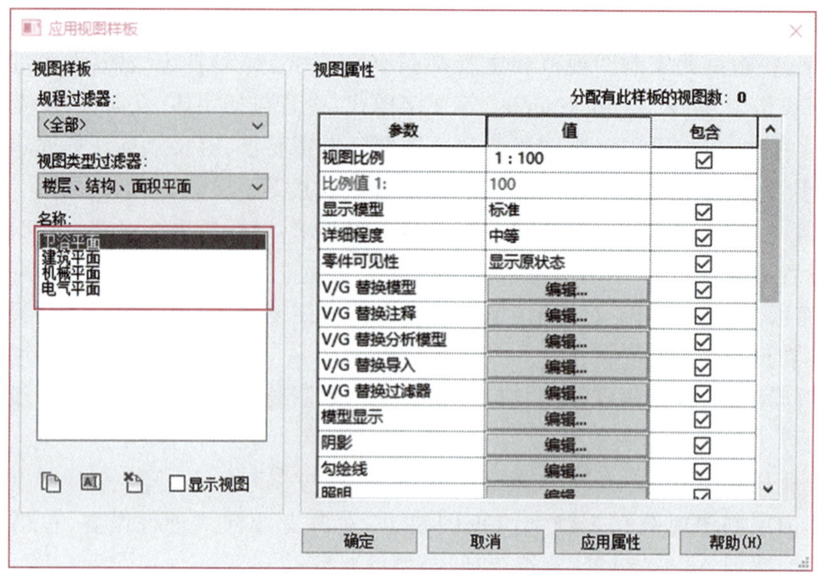

图 3－2

板"对话框，输入样板名称，完成后单击"确定"按钮，如图 3－3 所示。此时弹出"视图样板"对话框，根据需要设置属性值，完成后单击"确定"按钮，如图 3－4 所示。

图 3－3

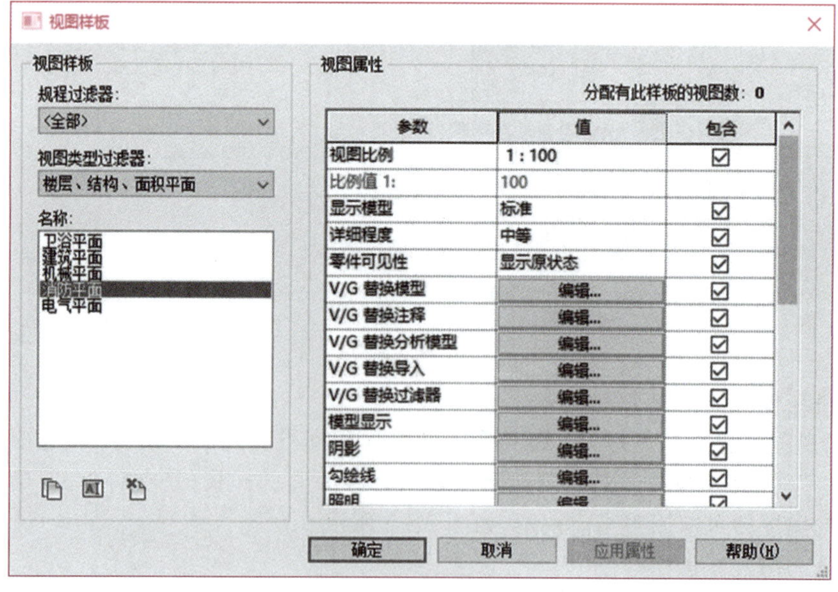

图 3－4

(3) 管理视图样板

进入“视图”选项卡,选择“视图样板”→“管理视图样板”选项,弹出“视图样板”对话框。

(4) 临时视图属性

使用“临时视图属性”功能可对当前视图进行临时的视图属性设置,即使当前视图已经应用于某一视图样板,也能启动临时视图属性,如图 3-5 所示。

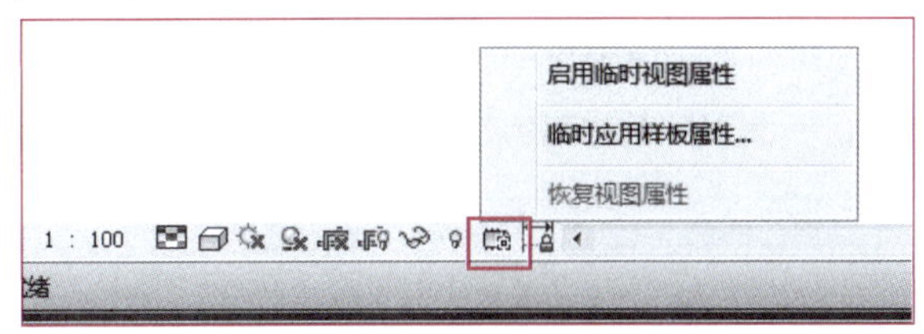

图 3-5

① 启用临时视图属性:选择该选项,进入临时视图模式。

② 临时应用样板属性:选择该选项,打开“临时应用样板属性”对话框,在其中可以应用、指定或创建视图样板。

③ 恢复视图属性:选择该选项,退出临时视图模式并恢复原视图属性。

(5) 视图范围

每个楼层平面和天花板平面视图都具有“视图范围”,该属性也称为可见范围。视图范围是可以控制视图中对象的可见性和外观的一组水平平面。

在“属性”选项板中单击“视图范围”选项中的“编辑”按钮,弹出“视图范围”对话框,如图 3-6 所示。

“视图范围”对话框中包含“主要范围”选项组中的“顶”“剖切面”“底”和“视图深度”选项组中的“标高”,如图 3-7 所示。

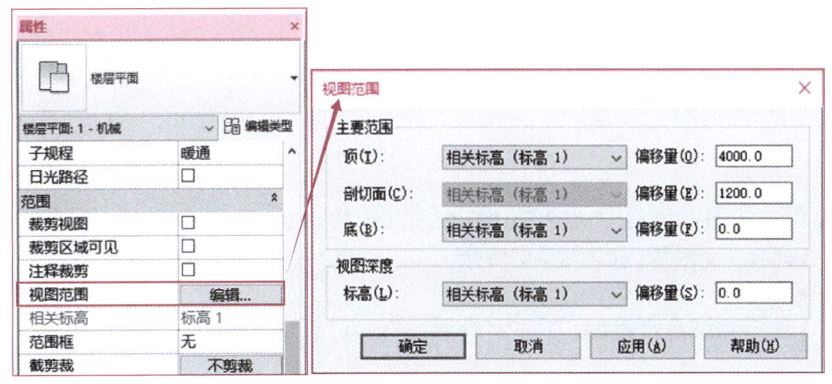

图 3-6

① 顶:设置主要范围的上边界标高。高于偏移值的图元不显示。

② 剖切面:设置平面视图中图元的剖切高度,使与该剖切面相交的构件显示为截面,而低于该剖切面的构件以投影显示。

③ 底:设置主要范围下边界的标高。如果将其设置为“相关标高”之下,则必须指定“偏移量”的值,且必须将“视图深度”设置为低于该值的标高。

④ 标高:“视图深度”是主要范围之外的附加平面。可以设置视图深度的标高,以显示

位于底裁剪平面下面的图元。默认情况下,该标高与"底"重合。

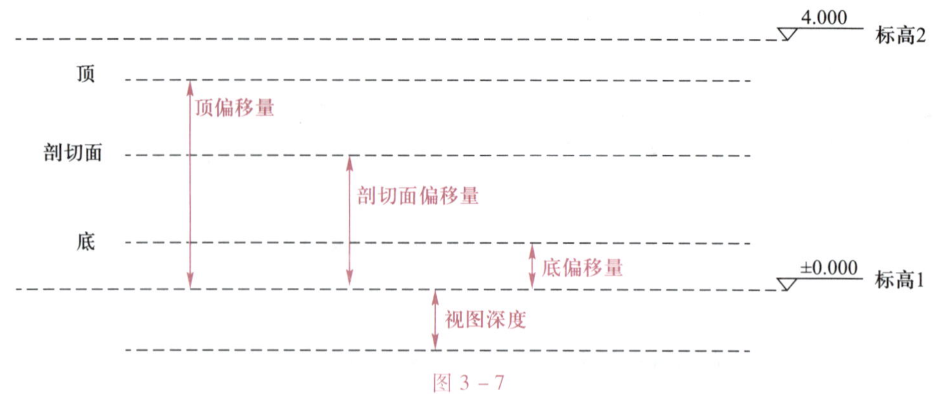

图 3-7

3. 项目浏览器视图设置

应根据专业样板特点,新建"项目浏览器"下拉列表窗口,并对其各项内容进行设置,主要包括视图、图例、明细表/数量、图纸、族等设置,如图 3-8 所示。

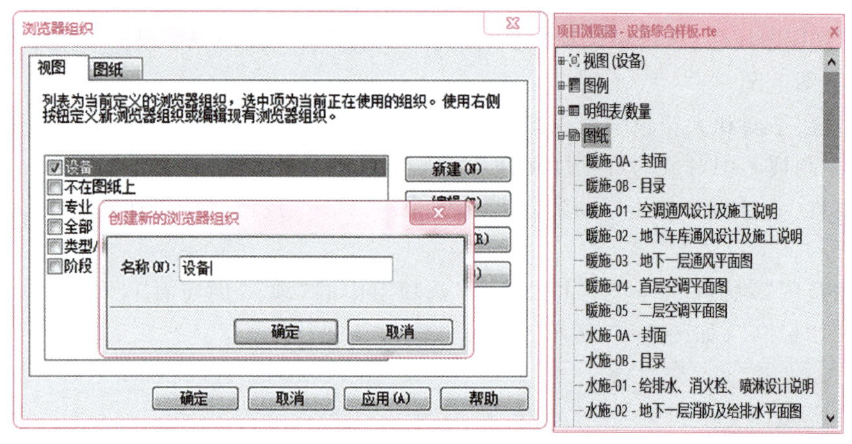

图 3-8 项目浏览器

(1) 视图设置

预先设置的视图可包括专业分类(建筑、结构、给排水、暖通空调、电气、设备综合等)、工作(出图或建模)视图等,如图 3-9 所示。

(2) 图例设置

预先加载的图例可包括设计说明、本专业图例等,如图 3-10 所示。

(3) 明细表/数量设置

预先加载的族可包括图纸目录和本专业基本或常用的明细表,如图 3-11 所示。

(4) 族选择

预先加载的族可包括注释符号和本专业基本或常用的族,如图 3-12 所示。

4. 规程与子规程

"属性"选项板中的"规程"用来确定图元在视图中的显示方式。系统自带"建筑""结构""协调""机械""卫浴"和"电气"六个规程,这六个规程用户不能新建以及删除。关于这六个规程的显示方式如下。

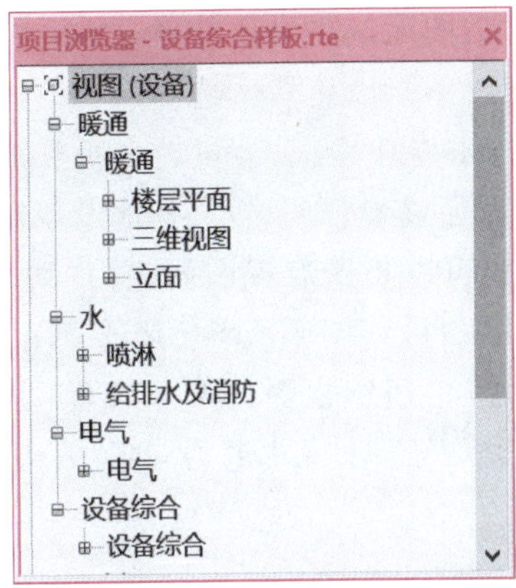

图 3－9　视图设置

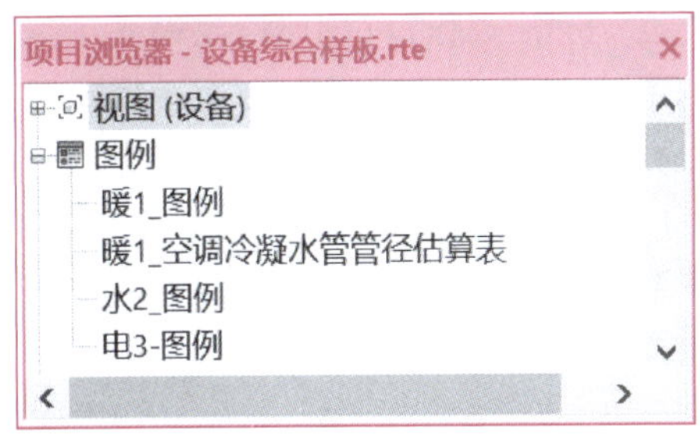

图 3－10　图例设置

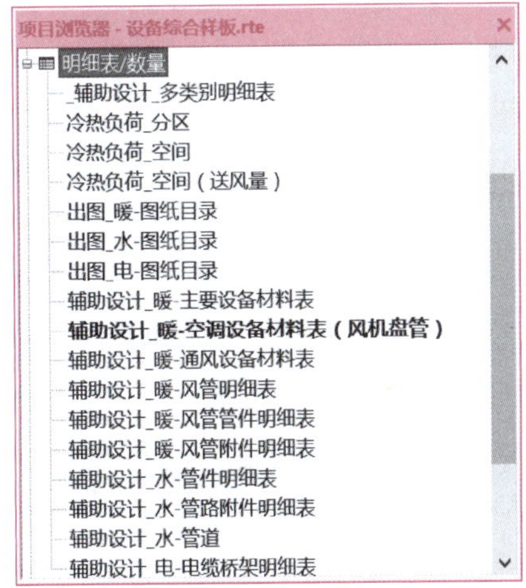

图 3－11　明细表

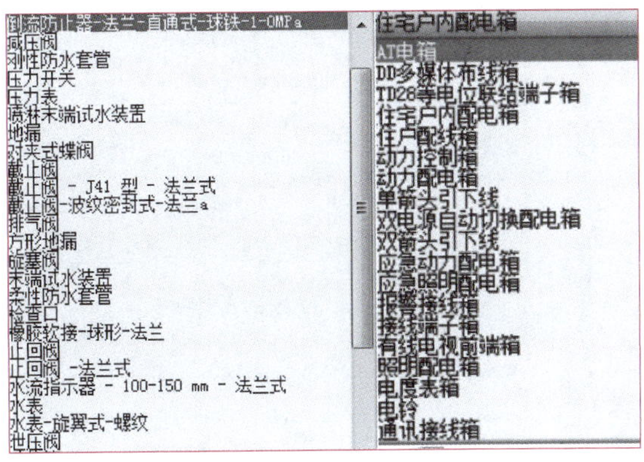

图 3－12　设备族选择

(1) 建筑:只显示建筑相关几何图形;

(2) 结构:在视图中隐藏非承重墙;

(3) 协调:显示所有规程中的所有模型几何图形;

(4) 机械:以半色调显示建筑图元,并在顶部显示机械图元以更易于选择;

（5）卫浴：以半色调显示建筑图元，并在顶部显示卫浴图元以更易于选择；

（6）电气：以半色调显示建筑图元，并在顶部显示电气图元以更易于选择。

例如系统自带的“Plumbing - DefaultCHSCHS. rte”给排水专业样板，会自动将所有视图自动归类至“卫浴”规程，在“卫浴”规程下，结构以及建筑模型会以半色调显示，其他设备专业的构件则不可见，这种情况下有可能会影响建模。这个时候可以将所有视图调整为“协调”规程，显示所有几何模型，然后再针对需要的专业构件进行可见性、线图形及半色调的显示。

“子规程”和“规程”一样，都可以用来在“项目浏览器”中组织视图，但“子规程”并不区分图形的显示方式。默认项目样板中定义了“卫浴”“暖通”“照明”和“电力”四个子规程选项。可新建和修改“子规程”。

5. 过滤器设置

对于当前视图上的图元，如果需要依据某些原则进行隐藏或者区别显示，可以使用“过滤器”功能。

过滤条件可以是系统自带的参数，也可以是创建项目参数或者是共享参数。

下面以创建消火栓系统过滤器为例具体介绍创建过滤器的步骤。

（1）进入“属性”选项板，单击“可见性/图像替换”选项中的“编辑”按钮，进入相应楼层的“可见性/图形替换”对话框。

（2）进入“过滤器”选项卡，单击“编辑/新建”按钮，弹出“过滤器”对话框，单击“新建”过滤器按钮，在“过滤器名称”对话框“名称”中命名为“消火栓系统”，完成后单击“确定”按钮，如图3-13所示。

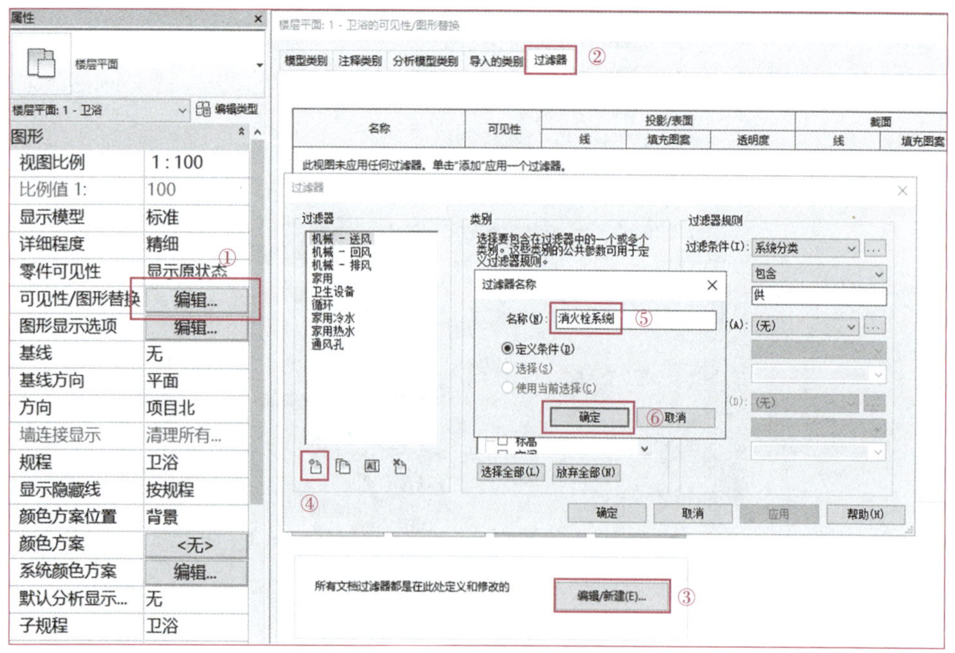

图3-13

（3）返回“过滤器”对话框，此时“消火栓系统”出现在左侧“过滤器”列表框中，“类别”选择“管件”“管道”“管道占位符”；“过滤条件”选择“系统类型”“等于”“消火栓系统”（需模型系统类型中已建有消火栓系统），如图3-14所示，完成后单击“确定”按钮。

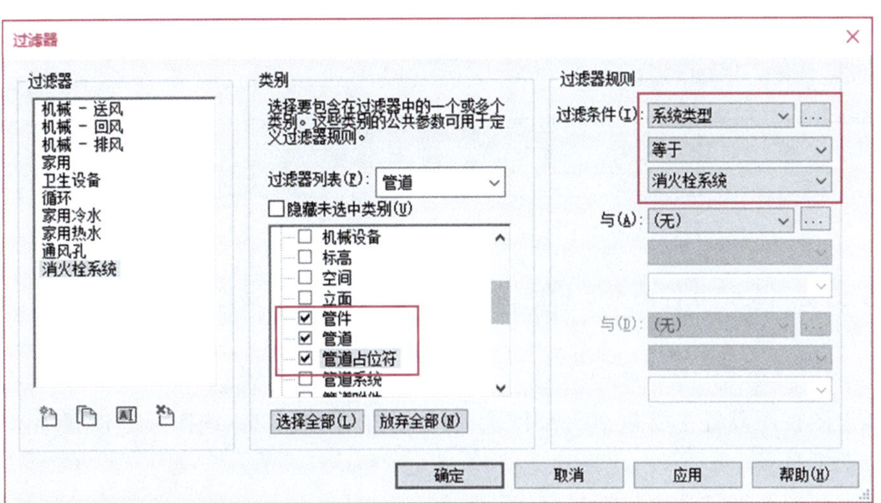

图 3－14

（4）返回“可见性/图形替换”对话框，进入“过滤器”选项卡，单击“添加”按钮，弹出“添加过滤器”对话框，选择刚才创建的“消火栓系统”，完成后单击“确定”按钮，如图 3－15 所示。

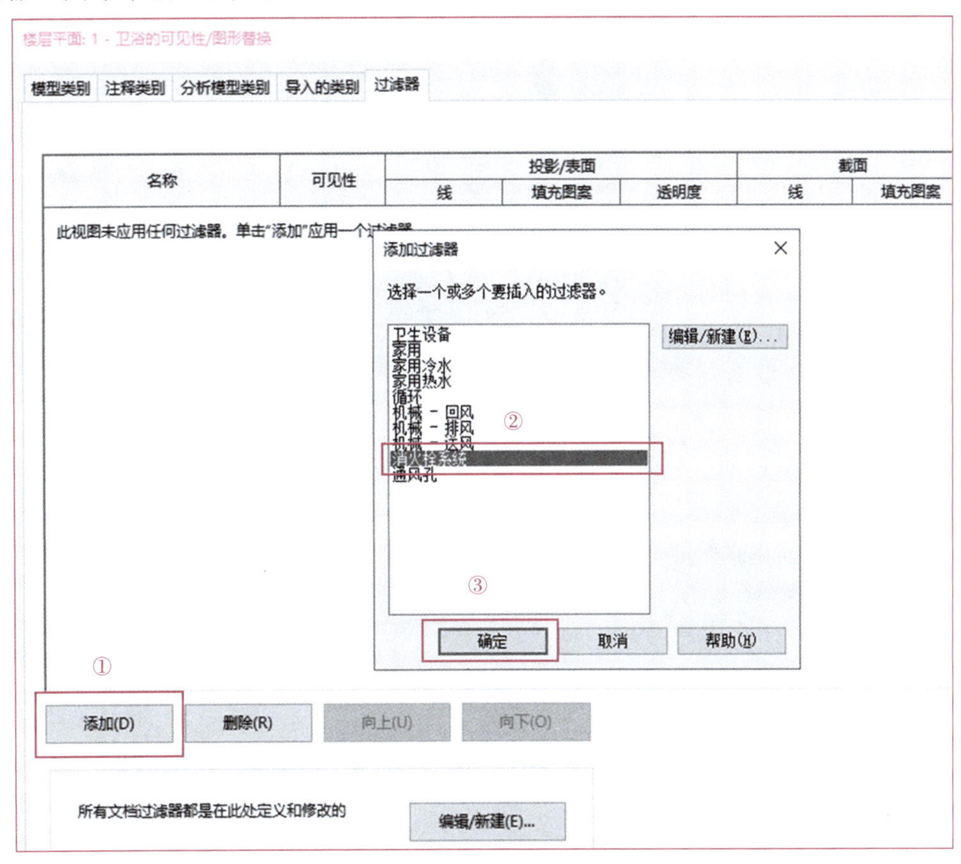

图 3－15

（5）此时当前视图已应用“消火栓系统”过滤器，如图 3－16 所示。根据用户的实际情况可对当前过滤器进行可见性、线图形及半色调等的编辑。

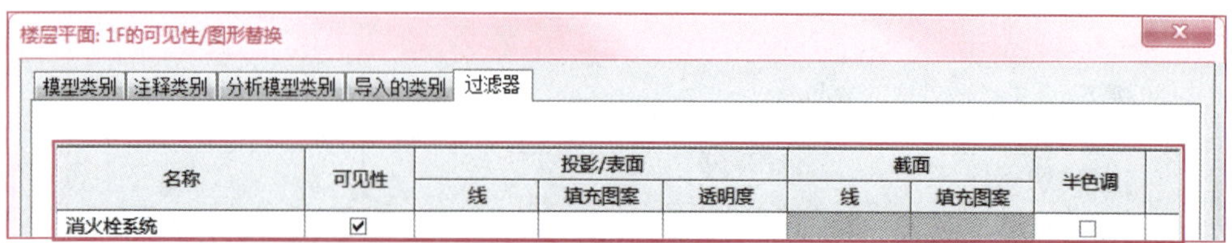

图 3 – 16

注意：过滤器是该软件的重要功能，熟练运用是提高建模速度、减少建模错误、自检及出图是否美观的关键。

6. 图纸出图视图设置

图纸出图视图设置主要包括图纸目录、图框添加、图纸信息、视图标题设置等。

(1) 图纸目录

预先加载的图纸目录可包括封面、目录、设计说明和本专业基本或常用的图纸，如楼层平面、详图图纸等，如图 3 – 17 所示。

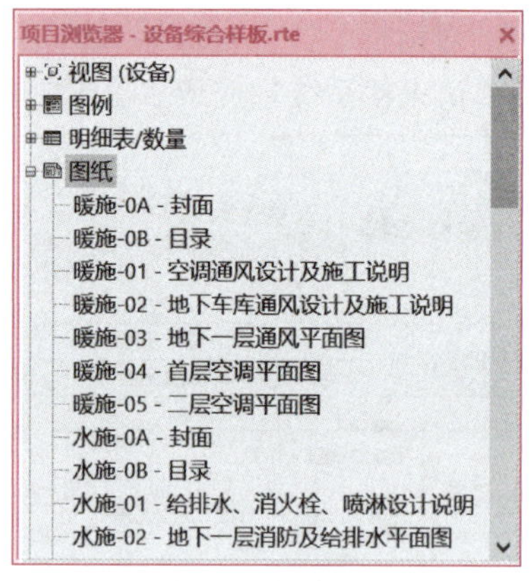

图 3 – 17　图纸设置

(2) 图框添加

预先制作和加载的图框(标题栏族)包括 A0、A1、A2、A3 及其他图框，如图 3 – 18 所示。

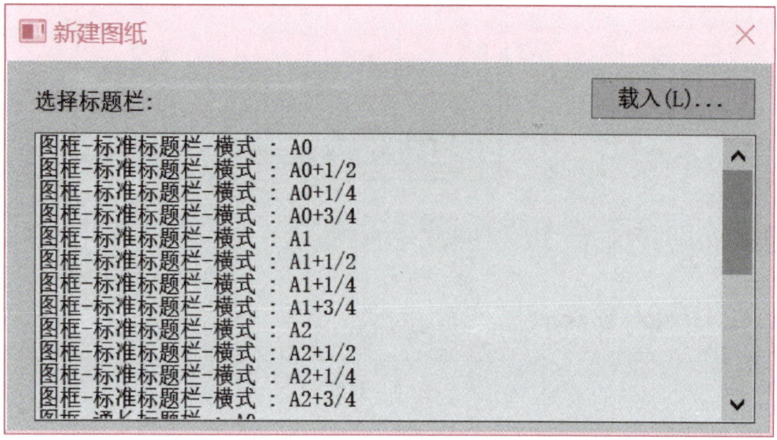

图 3 – 18　图框类型

3.2.2　子任务2：构件库设置

任务信息

标准构件库建立包括建立标准构件库、建立构件命名规则、建立构件共享参数(或数据库)。

标准构件库应对族进行分类,统一制作标准,同时实现施工图出图、国标清单算量和信息管理统一。

任务实施

1. BIM 标准化构件库创建

(1) BIM 标准化构件库建立流程。建立 BIM 标准化构件库主要包括以下步骤。

① 创建族样板及编制标准制作流程;

② 收集构件资源:收集以往项目或外部公共资源的构件;

③ 梳理构件:根据标准族样板及制作流程,对外部构件进行梳理方能入库;

④ 标准构件库发布:可利用基于云的"构件管理器"对构件库进行分类管理、发布、调用。

(2) 构件资源管理。构件库管理除软件自带的文件夹管理方式,宜利用构件管理软件或开发构件资源数据库,将分类标准编制成关键搜索字段(参数),通过数据库分类查找,形成多种构件库树状结构及构件库管理界面。

2. BIM 模型构件命名规则

考虑到构件的全生命周期的信息传递需求,贯穿设计到施工的各个阶段,因此构件命名宜结合《建筑信息模型分类和编码标准》(GB/T 51269—2017),兼顾专业习惯与国标清单的命名标准,结合分项项目特征,规范构件的命名,以便于设计、造价(算量)、施工各阶段的信息传递规则的建立,避免项目各阶段参与人员的重复工作,做好工作界面的划分,如表 3-1 所示。

表 3-1　BIM 模型构件命名规则

GB50500 清单信息			构件命名		计量单位
项目编码	项目名称	项目特征	构件命名标准	命名实例	
给排水管道(编码:031001)					
031001001	镀锌钢管	① 安装部位 ② 介质 ③ 规格、压力等级 ④ 连接形式 ⑤ 压力试验及吹、洗设计要求	系统-管道材质	KN 空调冷凝水_镀锌钢管	m
031001002	钢管			ZP 喷淋_钢管	
031001003	不锈钢管			J 给水_不锈钢管	
031001004	铜管			X 消防_铜管	

3. 构件的元素信息

构件元素信息包括几何信息和非几何信息。非几何信息包括构件编码体系、技术参数(设计和施工技术)、产品信息、建造信息等,应以共享参数或数据库手段分类创建和进行信息化管理。

4. 构件族的二维显示设置

三维构件的二维显示设置(简称平面符号)是能否由 BIM 模型直接生成二维图纸的关键。

3.2.3　子任务 3：材质库设置

任务信息

材质(材料)是模型及模型构件的基础，材质库建立应包括材质参数设置、材质库建立、填充图案库设置、贴图库设置等。材质库内容示意图如图 3 - 19 所示。

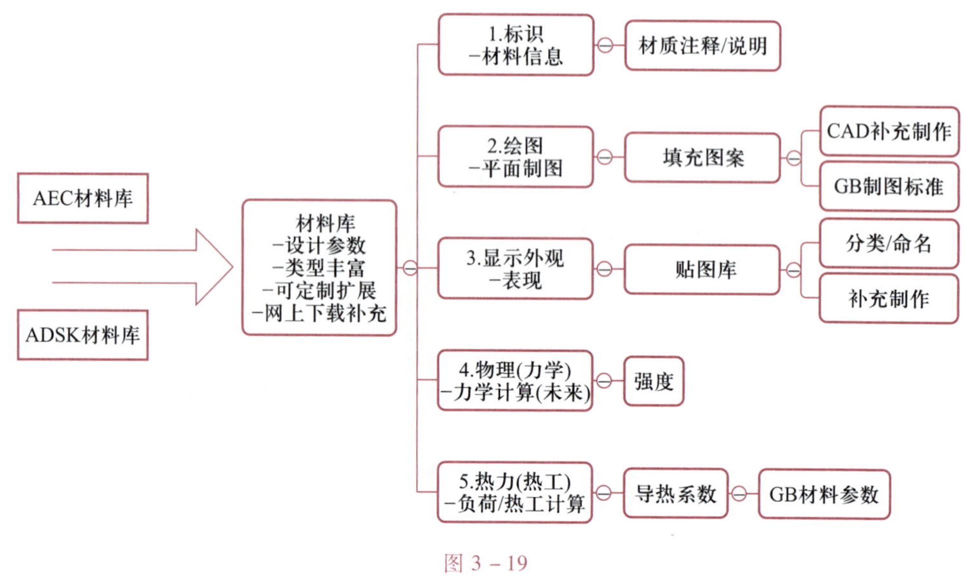

图 3 - 19

任务实施

1. BIM 材质参数设置

应根据国家建筑材质基本信息、设计规范、制图规范等对材质进行设置，包括以下内容。

(1) 标识设置：材质基本信息。

(2) 图形设置：制图中的填充图案设置，更多的填充图案可从“CAD 标准填充图案库(. pat)”中选取。

(3) 外观设置：材料的渲染表现设置，更多的贴图可从“标准贴图库(. jpeg 或 . bmp)”中选取。

(4) 物理参数：为基本热量、机械、强度等参数设置，应根据材料技术手册修改相关参数。

(5) 热度参数：为冷热负荷计算、能耗分析等参数设置，应根据暖通空调设计和材料技术手册修改相关参数。

以上设置内容如图 3 - 20、图 3 - 21 所示。

2. BIM 材质库建立

在软件自带的材质库基础上建立符合本地规范的材质库，完成材质参数、外观等上述材质设置后，宜保存并建立“标准材质库”。

(1) 创建材质库

创建的材质库可为独立的库文件(. adsklib)，例如设备材质库 . adsklib。

材质浏览器 - PVC-U
项目材质: 所有
名称
PE 100
PE 63
PVC-U
玻璃
玻璃，透明玻璃
不锈钢
分析板表面
分析楼板表面
Autodesk 材质
塑料
气体
石料
塑料
陶瓷
液体
织物
砖石
AEC 材质
乙缩醛树脂，黑色
乙缩醛树脂，白色
橡胶，天然
标识
图形
外观
物理
热度
名称 PVC-U
说明信息
说明 刚性聚氯乙烯 - 未增塑
类别 塑料
注释
关键字
产品信息
制造商
模型
成本
URL
Revit 注释信息
注释记号
标记
确定
取消
应用(A)

图 3－20

标识
图形
外观
物理
热度
平滑 - 白色
信息
塑料
类型 塑料(实体)
颜色 RGB 235 235 235
饰面 粗面
饰面凹凸
浮雕图案
染色
聚氯乙烯 - 刚性
信息
基本热量
热膨胀系数 0.00004 inv °C
机械
行为 各向同性
杨氏模量 709.0 MPa
泊松比 0.41
切变模量 600.0 MPa
密度 1,290.00 kg/m³
强度
屈服强度 40.0 MPa
拉伸强度 40.0 MPa
聚氯乙烯 - 刚性
信息
特性
透光
行为 各向同性
热传导率 0.2510 W/(m·K)
比热 1.0040 J/(g·°C)
密度 1,400.00 kg/m³
发射率 0.95
渗透性 0.0000 ng/(Pa·s·m²)
多孔性 0.01
反射率 0.00
电阻率 1.6000E+14 Ω·m
确定
取消
应用(A)

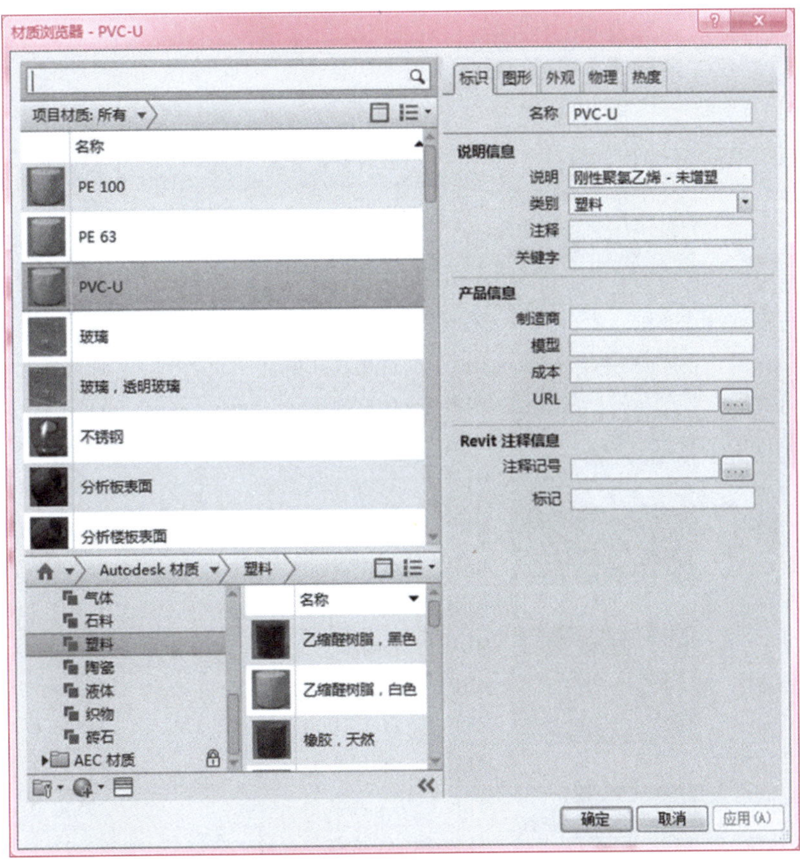

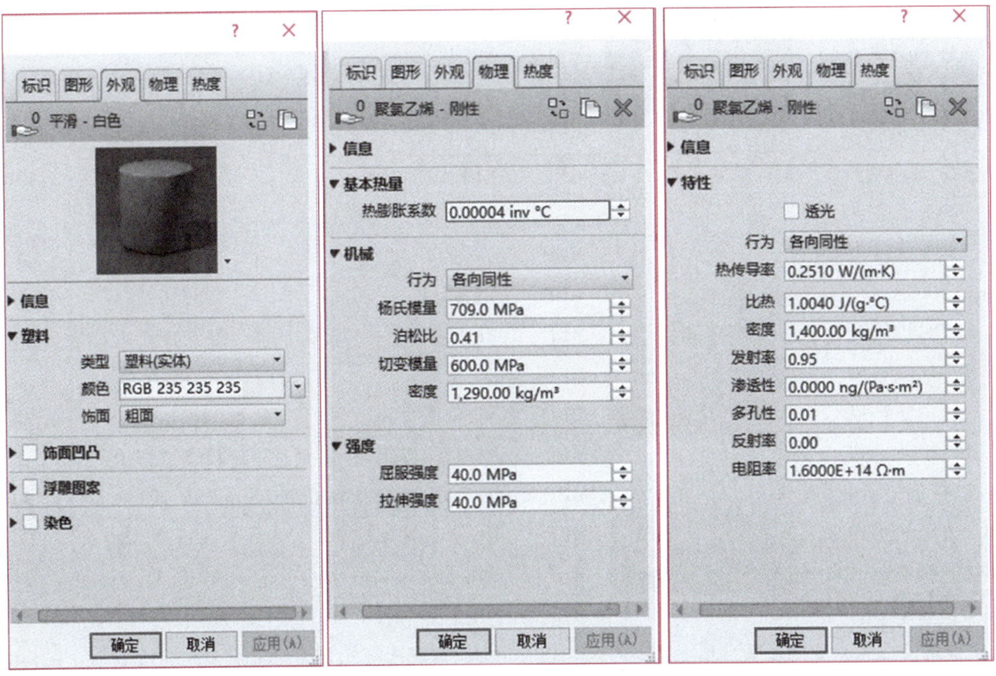

图 3－21

（2）设备材质库颜色方案

设备材质颜色方案如表3-2所示。

表3-2 设备材质颜色方案

系统名称	图例(彩色)	设备材质命名		GRB	颜色 ID
W 污水		MEP_	W 污水	255,199,0	40
T 通气		MEP_	T 通气	165,124,0	42
J1 低区给水		MEP_	J1 低区给水	63,255,0	80
J2 中区给水		MEP_	J2 中区给水	159,255,127	81
J3 中高区给水		MEP_	J3 中高区给水	41,165,0	82
J4 高区给水		MEP_	J4 高区给水	103,165,82	83
ZP 自动喷淋		MEP_	ZP 自动喷淋	255,0,255	210/6
RJ 热水给水		MEP_	RJ 热水给水	255,127,255	211
RH 热水回水		MEP_	RH 热水回水	124,0,165	202
ZJ 中水给水		MEP_	ZJ 中水给水	76,0,76	216
F 废水		MEP_	F 废水	191,255,127	71
Y 雨水		MEP_	Y 雨水	0,63,255	160
YY 压力雨水		MEP_	YY 压力雨水	127,159,255	161
YP 压力污水		MEP_	YP 压力污水	76,76,0	56
YF 压力废水		MEP_	YF 压力废水	223,255,127	61
GX 高区消火栓		MEP_	GX 高区消火栓	255,0,0	1
DX 低区消火栓		MEP_	DX 低区消火栓	255,127,127	11
LQG 空调冷却水供水		MEP_	LQG 空调冷却水供水	38,66,126	147
LQH 空调冷却水回水		MEP_	LQH 空调冷却水回水	0,31,127	164
RM 热媒供水		MEP_	RM 热媒供水	38,57,126	157
RMH 热媒回水		MEP_	RMH 热媒回水	0,0,165	172
KN 空调凝结水		MEP_	KN 空调凝结水	0,165,165	132
RFJ 人防给水		MEP_	RFJ 人防给水	0,255,255	130
XF 新风		MEP_	XF 新风	0,255,0	3
SF 送风		MEP_	SF 送风	0,255,255	4
HF 回风		MEP_	HF 回风	255,0,255	6
PF 排风		MEP_	PF 排风	255,159,127	21
ZY 加压送风		MEP_	ZY 加压送风	255,0,0	1
XB 消防补风		MEP_	XB 消防补风	127,63,0	34
PY 消防排烟		MEP_	PY 消防排烟	255,255,0	2
P(Y)排烟排风兼用		MEP_	P(Y)排烟排风兼用	255,191,0	40
RG 采暖热水供水		MEP_	RG 采暖热水供水	165,0,82	232
RH 采暖热水回水		MEP_	RH 采暖热水回水	127,31,0	24
DR 地热盘管		MEP_	DR 地热盘管	255,223,127	41
LDH 空调冷冻水回水		MEP_	LDH 空调冷冻水回水	0,191,255	140
LDG 空调冷冻水供水		MEP_	LDG 空调冷冻水供水	19,88,28	119

3. BIM 模型构件填充图案

应根据国家制图规范和主管部门审图要求，对填充图案（图例图案）进行设置。填充图案可在软件中完成创建并直接使用，也可通过 CAD 等专业制图软件制作，并保存到 . pat 文件，然后通过“导入”按钮进行使用，如图 3 - 22 所示。

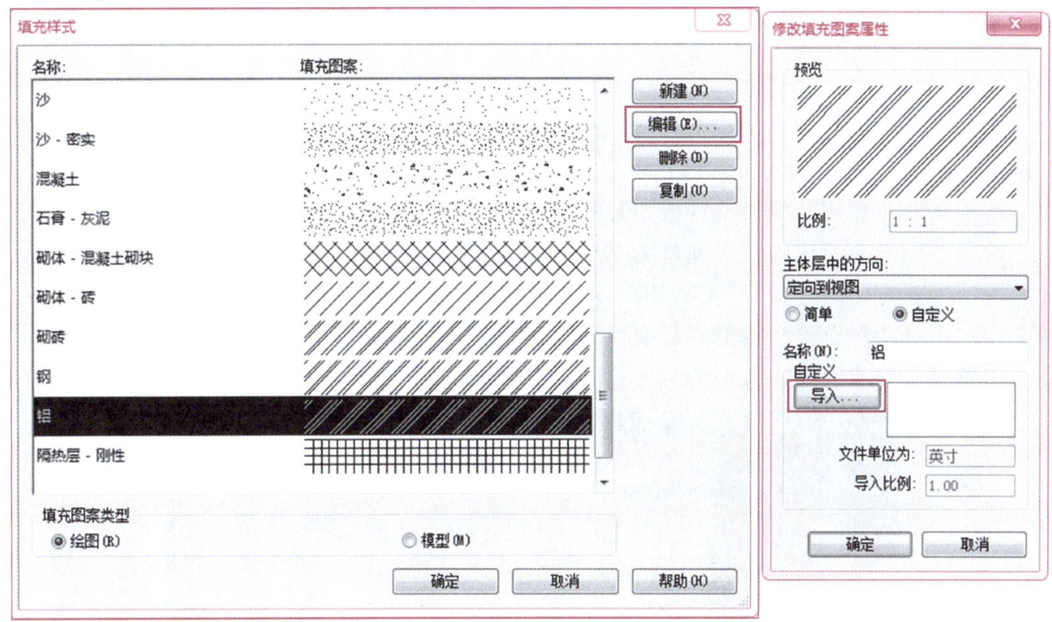

图 3 - 22

4. BIM 模型构件贴图库

材料贴图图案为图片格式，可以通过图形处理软件制作或利用其他建筑表现软件以丰富自身的贴图图库，如图 3 - 23 所示。

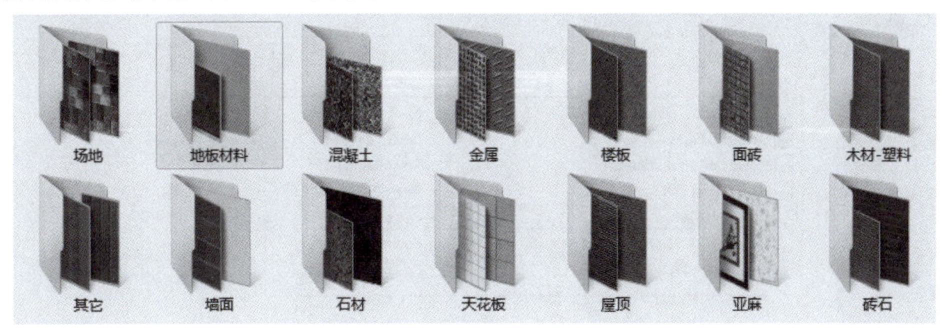

图 3 - 23

3.3 任务 2：建筑设备模型创建准备

任务信息

在进行建筑设备工程建模之前，需要进行一些准备工作，包括创建新的项目文件，将已有建筑模型链接到新的项目文件中，提取建筑模型中轴网、标高等相关信息，利用提取的标高信息创建楼层平面。如需利用已完成的建筑设备工程二维图纸进行建模，则要将建筑设备工程二维设计图链接到新的项目文件中。

任务实施

3.3.1 项目文件

启动 Revit 软件，单击初始界面中"新建"按钮，如图 3－24 所示。在弹出的"新建项目"对话框中单击"浏览"按钮可选择系统自带设备专业样板，如图 3－25 所示。

给排水专业专用的样板文件为"Plumbing－DefaultCHSCHS. rte"；

暖通空调专业专用的样板文件为"Mechanical－DefaultCHSCHS. rte"；

电气专业专用的样板文件为"Electrical－DefaultCHSCHS. rte"。

用户也可选择自己预设的样板文件创建项目文件。

以给排水专业的专用样板为例新建项目文件，如图 3－26 所示。

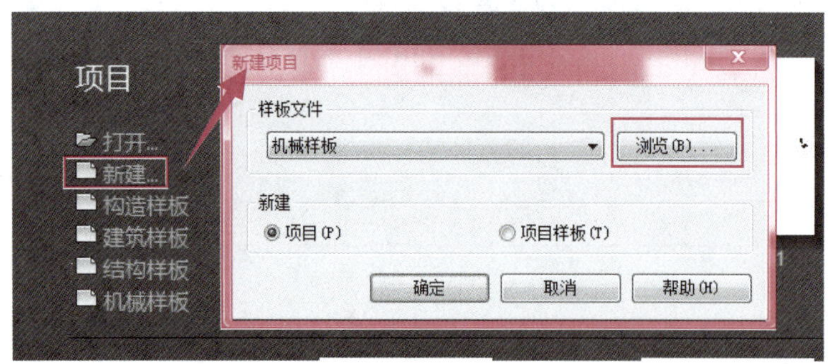

图 3－24

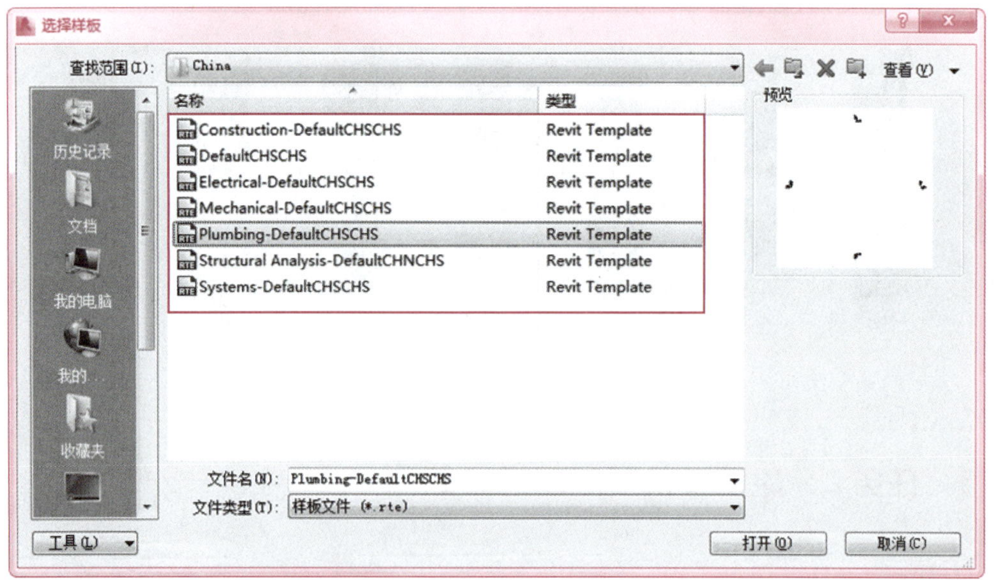

图 3－25

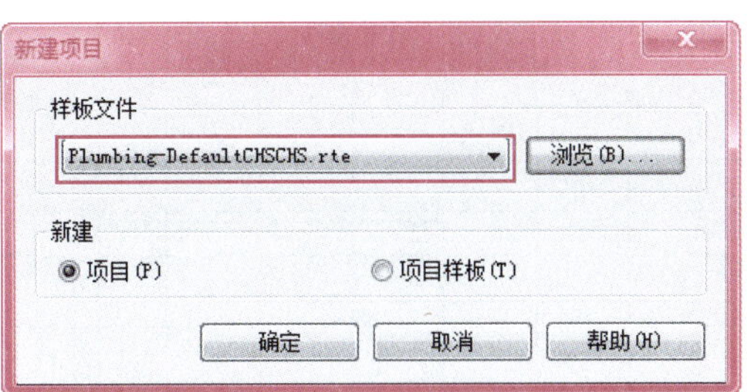

图 3－26

3.3.2　链接模型

(1) 进入“插入”选项卡，选择“链接 Revit”选项，如图 3－27 所示。弹出“导入/链接 RVT”对话框，选择需要链接模型的路径以及文件，“文件类型”默认选择“RVT 文件(＊.rvt)”，“定位”选择“自动—原点到原点”，完成后单击“打开”按钮，如图 3－28 所示。

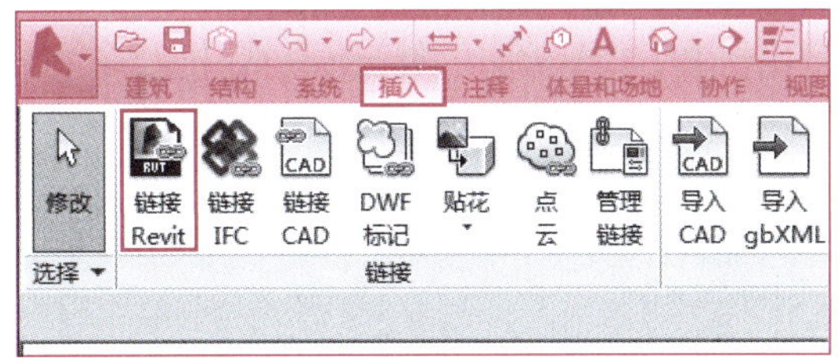

图 3－27

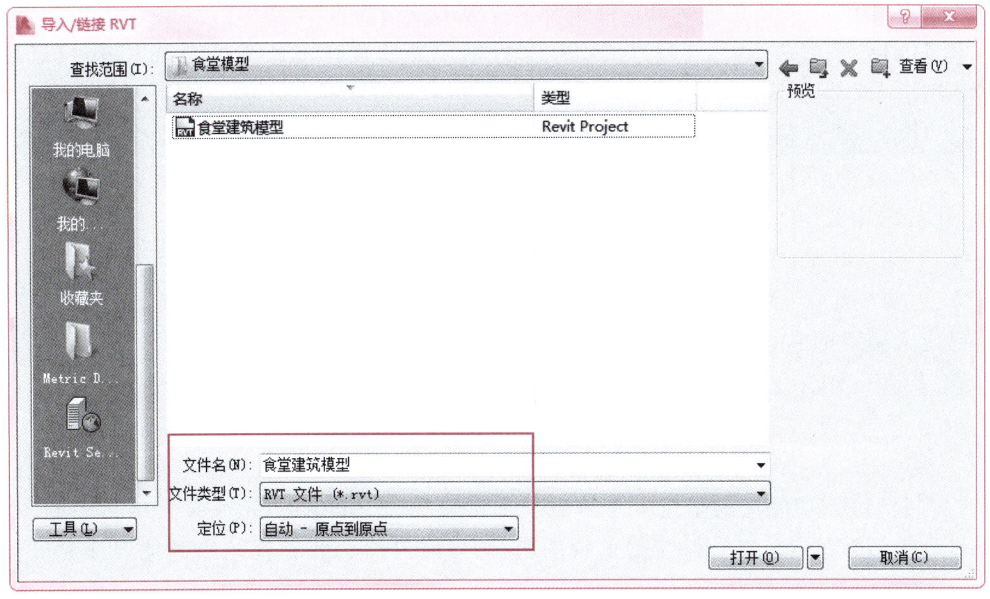

图 3－28

(2) 将建筑模型链接进当前项目后，分别将四个方位符号移动至模型周围，将模型包围起来，如图 3－29 所示。

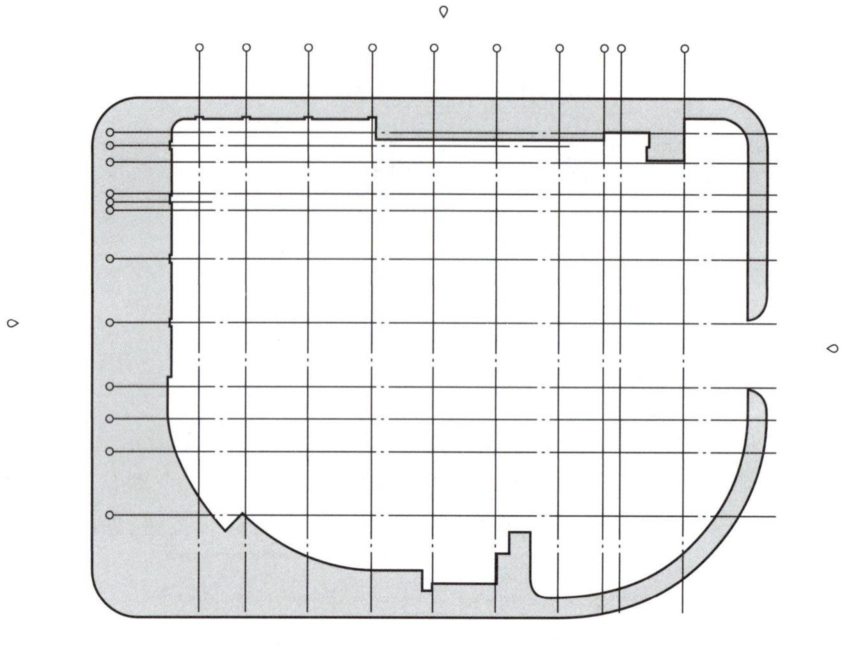

图 3-29

链接模型定位定义：

① 自动—中心到中心：将导入的链接文件的模型中心放置在主体文件的模型中心，模型的中心是通过查找模型周围边界框中心来计算的。

② 自动—原点到原点：将导入的链接文件的原点放置在主体文件原点上，用户进行文件导入时，一般都应该使用这种定义方式。

③ 自动—通过共享坐标：根据导入的模型相对于两个文件之间的共享坐标的位置，放置此导入的链接文件的模型。如果当前没有共享的坐标系，这个选项不起作用，系统会自动选择“中心—中心”的方式。该选项仅适用于 revit 文件。

④ 手动—原点：手动把链接文件的原点放置在主体文件的自定义位置。

⑤ 手动—基点：手动把链接文件的基点放置在主体文件的自定义位置，该选项只用于带有已定义基点的 AutoCAD 文件。

⑥ 手动—中心：手动把链接文件的模型中心放置到主体文件的自定义位置。

3.3.3 标高轴网

“复制/监视”功能指的是监视主体项目和链接模型之间的图元或某一项目中的图元，如果设计人员移动、修改、删除了受监视的图元，当前界面会收到提示或其他设计人员会收到通知。

这个功能可以提取建筑专业的轴网、标高及部分模型提供的卫生器具等构件。通过提取操作可以将这些图元或构件变为独立的个体，不受建筑模型链接影响，为本专业所用。

“复制/监视”功能是两种工具的合称，即“复制”工具和“监视”工具。这两种工具都可以在相同类别的两个图元之间建立关系并进行监视。

“复制”需要将链接模型中的图元复制到当前项目。

“监视”无须将链接模型中的图元复制到当前项目。

1. 轴网创建

进入“协作”选项卡，选择“复制/监视”→“选择链接”选项，如图3－30所示，将鼠标指针移至链接模型后会出现蓝色边框，在此状态下单击链接模型，结果如图3－31所示。

图3－30

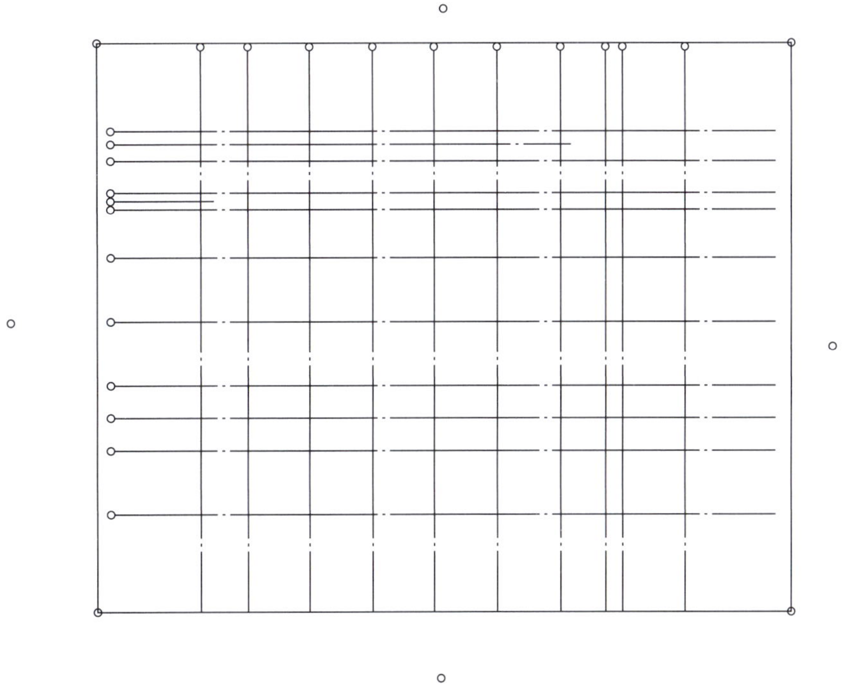

图3－31

此时激活“复制/监视”选项卡。选择“复制”选项激活选项栏，在选项栏中勾选“多个”复选框后框选整个项目。然后单击选项栏中“过滤器”按钮，弹出“过滤器”对话框，进行构件过滤，只勾选“轴网”复选框，完成后单击“确定”按钮，如图3－32所示。此时轴网处于一个被选中的状态，单击选项栏中的“完成”按钮。此时轴网周围出现“”符号，说明当前的监视行为已经形成。然后进入“复制/监视”选项卡，单击“完成”按钮，此时“复制/监视”行为才算真正完成。整个步骤操作顺序如图3－33所示。

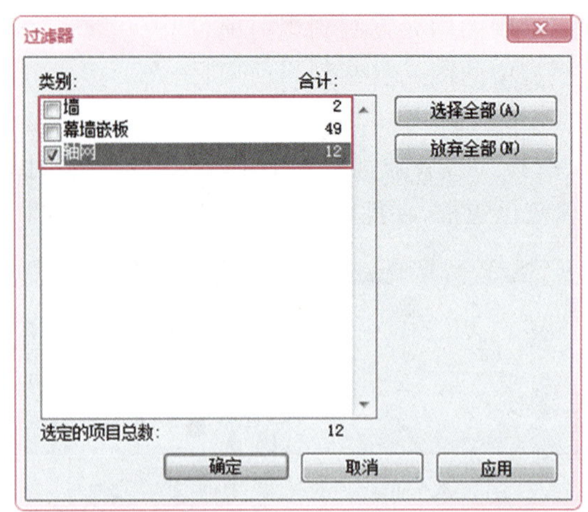

图 3－32

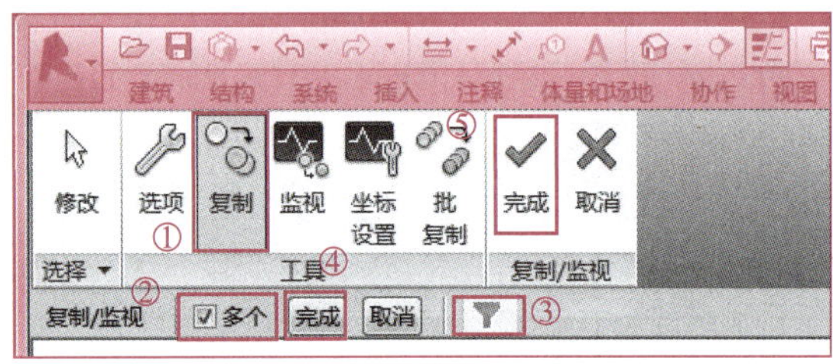

图 3－33

2. 标高创建

选择“项目浏览器”下拉列表窗口中“立面”下拉列表中“东—卫浴”视图，如图 3－34 所示。进入立面视图后，项目的标高创建方法与轴网创建的步骤相同，这里不再重复。

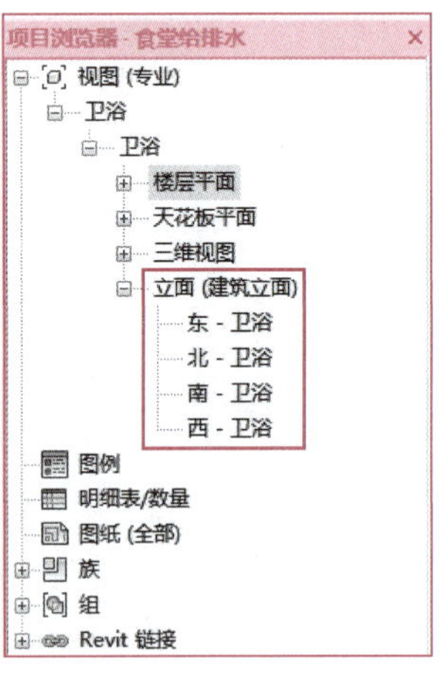

图 3－34

注意：标高创建完成后，可将表头进行移动，使其不与建筑模型的标高进行重合，避免标高无法辨别。

3.3.4 创建楼层平面

轴网以及标高使用“复制/监视”命令进行提取复制后，进入“视图”选项卡，选择“平面视图”→“楼层平面”选项，如图3-35所示。弹出“新建楼层平面”对话框，选择全部楼层，完成后单击“确定”按钮，如图3-36所示。此时可以在“项目浏览器”下拉列表窗口中“楼层平面”下拉列表中找到刚创建的楼层平面，如图3-37所示。此时可以将原来系统自带的“1—卫浴”和“2—卫浴”楼层平面视图使用鼠标右键进行“删除”。

图3-35

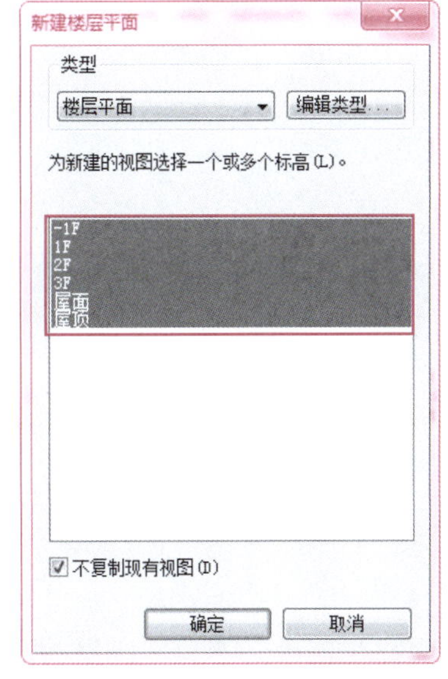

图3-36

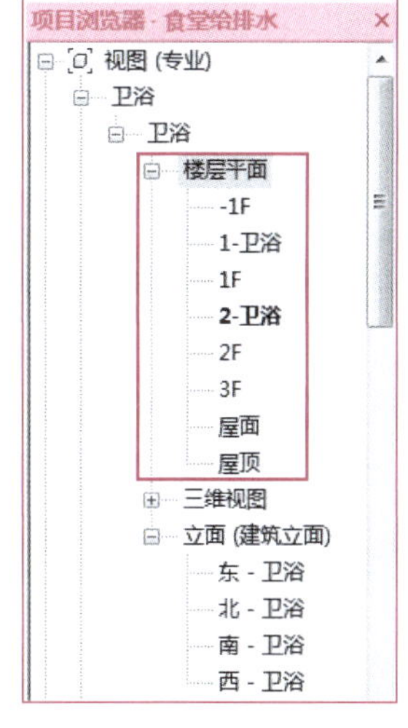

图3-37

3.3.5 链接CAD文件

假如当前是在设计阶段即可进行下一个步骤，如当前处于一个翻模阶段，则需要将相关的CAD底图插入对应的楼层平面视图之后再进行建模。

在“项目浏览器”下拉列表窗口中选择“楼层平面”下拉列表进入“1F”平面视图。进入“插入”选项卡，选择“链接CAD”选项，如图3-38所示。弹出“链接CAD格式”对话框，选择需要链接 CAD 底图的路径以及文件。其中“文件类型”按默认选择，勾选左下角处“仅当前视图”复选框；“颜色”选择“保留”；“导入单位”选择“毫米”；“定位”选择“自动—原点到原点”，如图 3－39 所示。完成后单击“打开”按钮。CAD 底图进入项目后，将底图移动至模型处与其轴网对齐。

注意：链接的 CAD 底图进入项目后，首先将 CAD 底图进行解锁再进行移动。

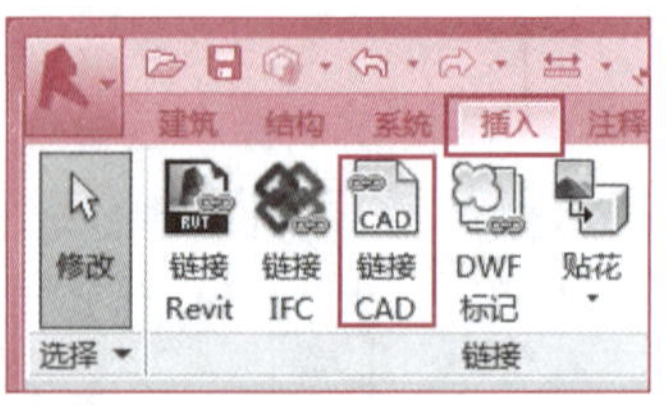

图 3－38

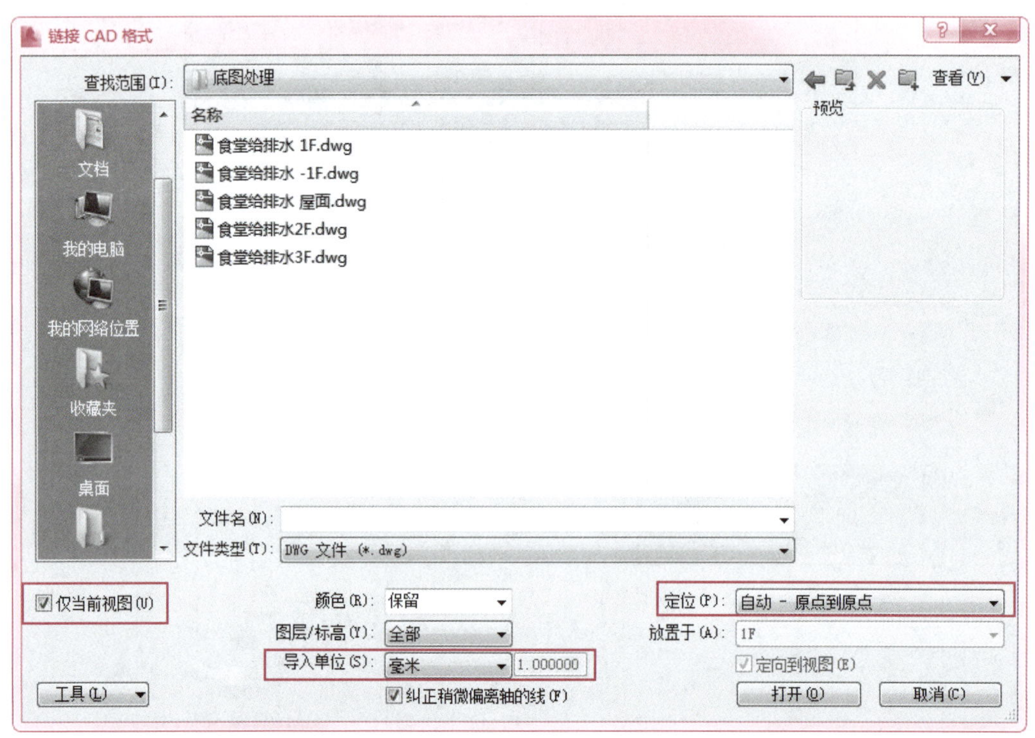

图 3－39

仅当前视图：勾选此复选框，则链接文件仅显示在当前视图中。不勾选此复选框，则链接文件将显示在所有相关视图中。

学习情境 4 参数化构件的制作

4.1 学习情境描述

4.1.1 学习目标

1. 掌握建筑设备构件的概念；
2. 掌握 BIM 软件中建筑设备构件的创建方法；
3. 掌握 BIM 软件中建筑设备构件连接件的创建方法。

4.1.2 学习任务

序号	学习任务	任务驱动
1	构件的概念和分类	根据不同构件的概念，掌握各专业构件的分类方法
2	构件的创建	1. 掌握构件样板的创建步骤； 2. 掌握构件的命名规则； 3. 掌握构件参数的设置内容； 4. 掌握通过 BIM 软件创建三维构件的方法； 5. 掌握通过 BIM 软件创建二维构件的方法
3	构件连接件	掌握通过 BIM 建模软件创建构件连接件的方法

4.2 任务 1：构件的概念和分类

4.2.1 构件概念

构件是可载入族的实例，并以其他图元（即系统族的实例）为主体。例如，消火栓箱以墙为主体，而诸如泵、锅炉等独立式构件以楼板或标高为主体。

在 Revit 中，建筑设备构件是通常需要现场交付和安装的建筑图元（如泵、消火栓箱、灯具等）。

4.2.2　构件分类

构件分类信息以“共享参数”的方式添加到构件族属性中，通过过滤、筛选、排序等数据库报表（明细表编辑）方式根据 BIM 模型应用需要分类统计。

在 BIM 建模软件中，构件库分类是根据应用特点按建模规程和命令模块进行的分类，如注释、卫生器具、采暖、照明等。

4.3　任务 2：构件的创建

任务信息

创建构件的族通常定义为可载入族：通常为安装在建筑内和建筑周围的系统构件，例如锅炉、热水器、空气处理设备和卫浴装置；常规自定义的一些注释图元，例如符号和标题栏。

由于它们具有高度可自定义的特征，因此可载入的族是在 Revit 中最经常创建和修改的族。对于包含许多类型的族，可以创建和使用类型目录，以便载入项目所需的类型。

创建可载入族时，首先使用软件中提供的样板，该样板要包含所要创建的构件族的相关信息。先绘制构件族的几何图形，使用参数建立构件族之间的关系，创建其包含的变体或族类型，确定其在不同视图中的可见性和详细程度。完成构件族后，先在示例项目中对其进行测试，然后使用它在项目中创建图元。

Revit 中包含一个内容库，可以用来访问软件提供的可载入族，并在其中保存创建族，也可以从网上的各种资源获得可载入族。

任务实施

4.3.1　构件样板

构件族样板建立包括以下内容：

（1）对构件族进行标准化命名；

（2）建立族共享参数信息；

（3）制定族样板编制规则，针对构件类型（族类型）建立标准的样板制作内容、流程及添加参数项、三维和二维出图显示设置等；

（4）创建各类族样板文件（.rfa）；

（5）保存到族库。

4.3.2　构件命名规则

（1）族命名规则：设备类型____功能。例如配电箱____照明。

（2）类型命名规则：安装方式。例如挂墙明装。

4.3.3　构件参数设置

建筑设备的电气系统中，配电箱属于构件。这里以明装照明配电箱为例进行详细的说明。

1. 设置说明

（1）插入点设置：插入点设置在箱体背面下边缘线中点，这样可以保证配电箱在布置时可以快速捕捉到墙体边界面，保持与墙体表面贴合，并准确设定箱体的安装高度，如表 4－1 所示。

（2）可见性设置：与电气类系统族（如线管）的可见性保持一致，即视图详细程度为粗略和中等时显示图例，精细程度下显示实体，如表 4－2 所示。

（3）连接件设置：电气连接件放置在箱体上部平面，电气连接件的属性参数需要按照工程实际进行设置并关联对应的族参数，如表 4－3 所示。

表 4－1　配电箱（挂墙明装，带导线连接件）插入点设置

族样板	零件类型	族插入点	图例是否随出图比例变化
公制电气设备	配电盘	平面视图插入点：箱体平面投影下边缘中点  前视图插入点：箱体前立面投影下边缘线中点 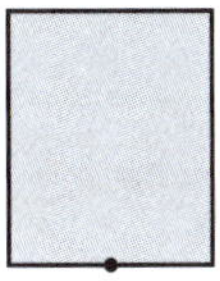	是（仅平面图例）

表 4－2　配电箱（挂墙明装，带导线连接件）可见性设置

视图图元	精细	中等	粗略	备注
平面图例	×	√	√	平面图例和系统图例相同
系统图例	×	√	√	
三维图元	√	×	×	
平面视图		 AW	 AW	
三维视图	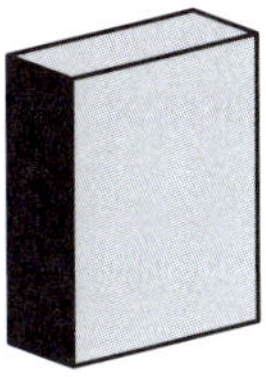	 AW	 AW	

表 4－3　配电箱（挂墙明装，带导线连接件）族电气连接件参数设置样例

连接件类型	系统类型	级数	负荷分类	电压	视在负荷	功率因数	连接件位置
电气连接件	电力—平衡	3	其他	380 V	0 V · A	普通/应急照明配电箱默认 0.9，动力配电箱/双电源互投箱默认 0.8	上部平面中心

2. 参数属性

（1）几何参数：宽度、高度、进深、安装高度，属于共享实例参数类型。

（2）非几何参数：共享实例参数有箱柜编号、材质、级数、功率因数等；类型参数有电压、功率、MCB 额定值、干线类型等；实例参数有配电盘名称、线路命名、配电系统等。

4.3.4　三维模型创建

（1）打开 Revit，新建“基于墙的公制常规模型”文件，如图 4－1 所示。

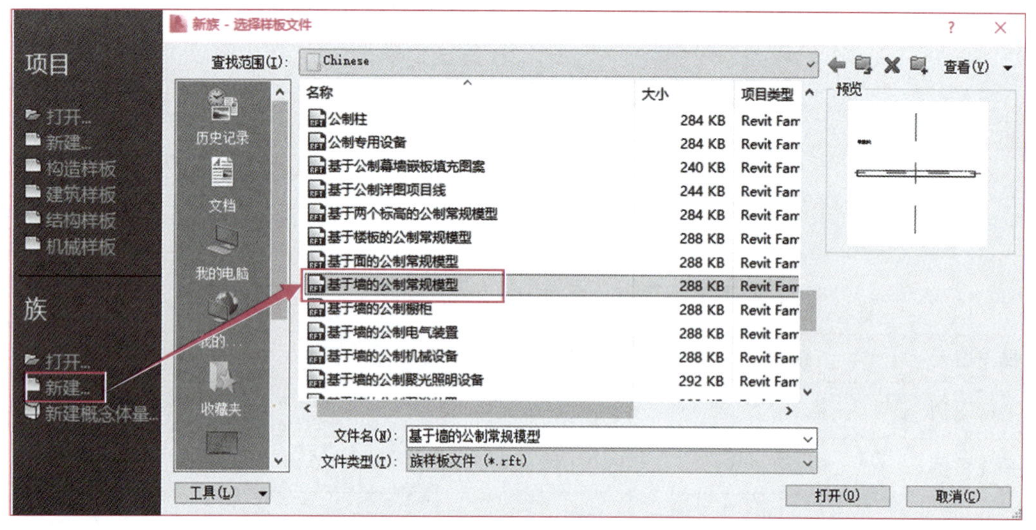

图 4－1

（2）此时“项目浏览器”下拉列表窗口中生成“参照标高”视图和“放置边”视图，如图 4－2所示。

（3）进入立面“放置边”视图，进入“创建”选项卡，选择“参照平面”选项，如图 4－3 所示；以参考基线为中心，在两侧各创建一个竖向参照平面，在“参照标高”以上创建两个横向参照平面，用于定位配电箱的位置及定义其尺寸，如图 4－4 所示。

（4）进入“注释”选项卡，选择“对齐”选项，如图 4－5 所示。添加竖向参照平面与参考基线之间的注释尺寸并进行等分（EQ），对两个竖向参照平面的间距、两个横向参照平面的间距、底横向参照平面与“参照标高”的间距进行尺寸标注，如图 4－6 所示。

（5）进入楼层平面的“参照标高”视图，在“放置边”一侧绘制横向参照平面，并对横向参照平面与墙的“放置边”一侧平面间距进行尺寸标注，如图 4－7 所示。

项目浏览器 - 族1
视图 (全部)
楼层平面
参照标高
天花板平面
三维视图
立面 (立面 1)
右
后
左
放置边
图纸 (全部)
族
组
Revit 链接

图 4－2

创建 插入 注释 视图 管理 附加模块 修改
修改
拉伸 融合 旋转 放样 放样融合 空心形状
模型线 构件 模型文字 洞口 模型组
控件
电气连接件 风管连接件 管道连接件 电缆桥架连接件 线管连接件
参照线 参照平面
选择 属性 形状 模型 控件 连接件 基准

图 4－3

参考基线
横向参照平面
竖向参照平面
横向参照平面
竖向参照平面
参照标高
0

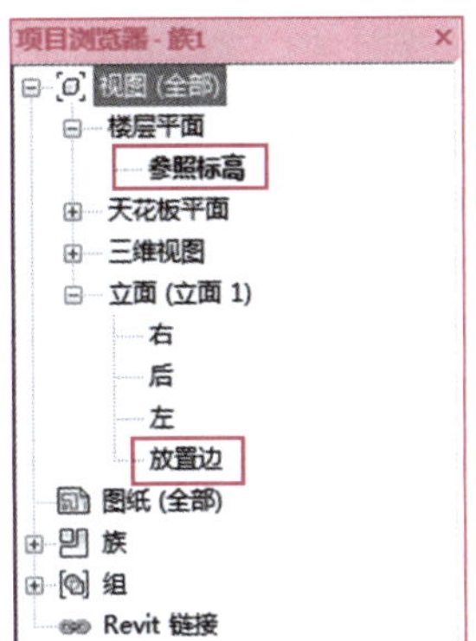

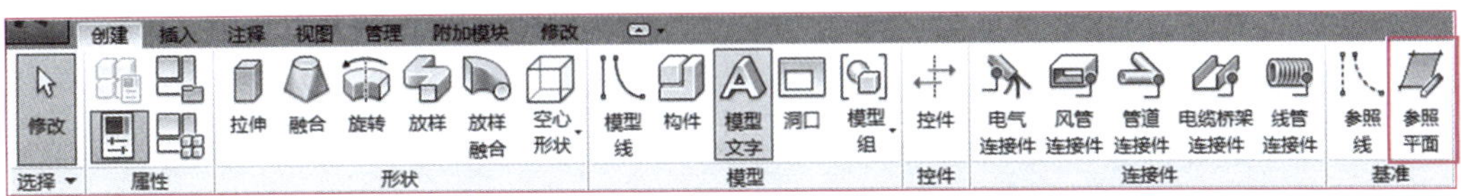

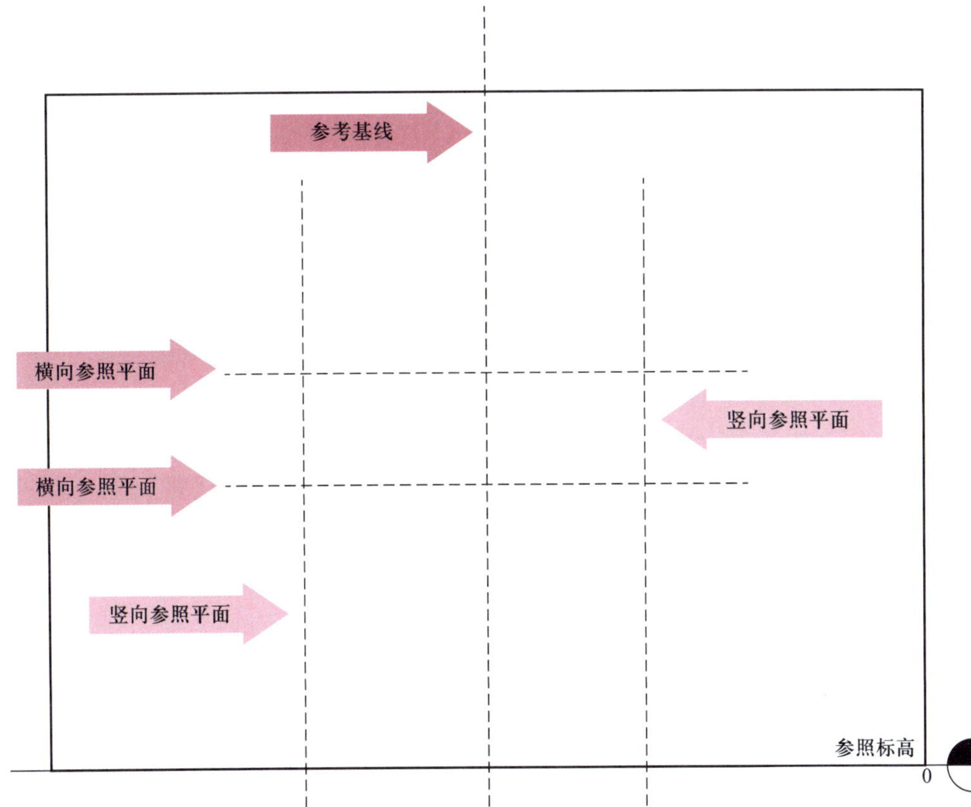

图 4－4

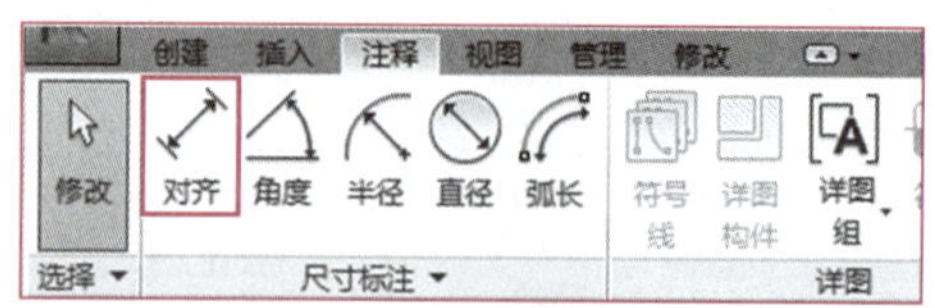

图 4-5

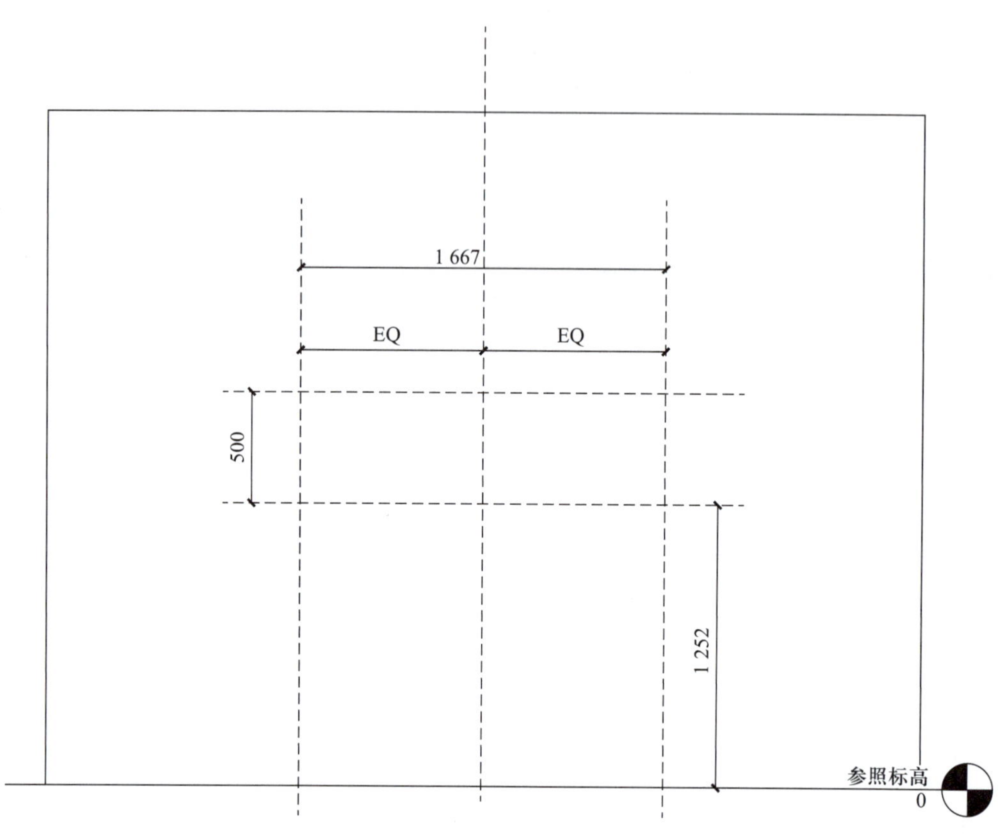

图 4-6

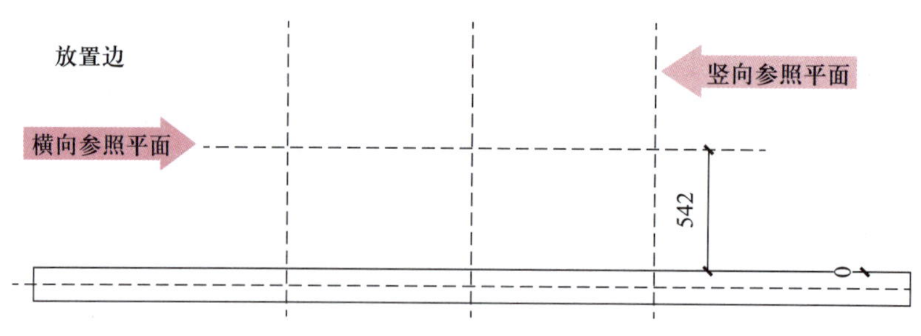

图 4-7

(6) 进入立面“放置边”视图，单击视图中的标注，在“修改｜尺寸标注”选项栏中，选择“标签”→“添加参数”选项，如图 4-8 所示。分别添加配电箱宽度、配电箱高度及配电箱安装高度的实例参数，如图 4-9 所示。配电箱进深的实例参数，需要进入楼层平面“参照标高”视图添加。双击已定义的标注，对其数值进行修改，例如，配电箱宽度为

600 mm，配电箱高度为 300 mm，配电箱安装高度为 1 300 mm，配电箱进深为 200 mm，如图 4－10 所示。

创建
插入
注释
视图
管理
附加模块
修改 | 尺寸标注
修改
粘贴
剪切
连接
编辑
尺寸界线
载入到
项目
载入到
项目并关闭
选择
属性
剪贴板
几何图形
修改
测量
创建
尺寸界线
族编辑器
修改 | 尺寸标注
引线
首选: 参照墙中心线
标签: <无>
实例参数
属性
<无>
<添加参数...>

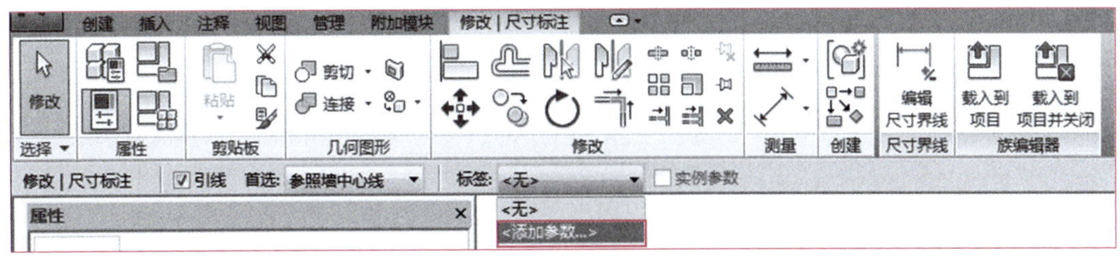

图 4－8

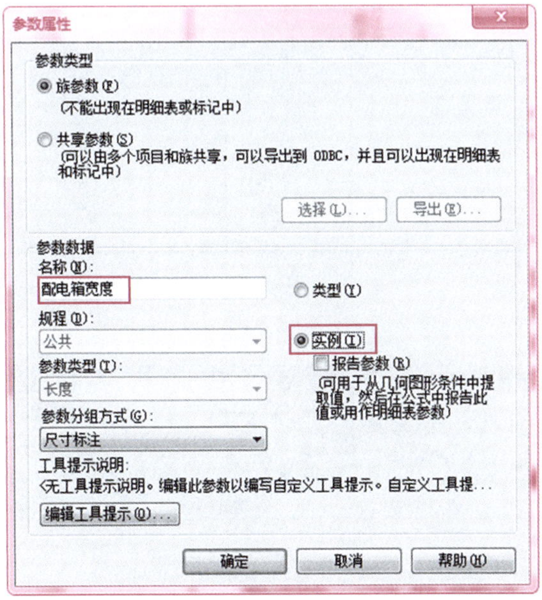

参数属性
参数类型
族参数(F)
(不能出现在明细表或标记中)
共享参数(S)
(可以由多个项目和族共享，可以导出到 ODBC，并且可以出现在明细表和标记中)
选择(L)...
导出(E)...
参数数据
名称(N):
配电箱宽度
类型(Y)
规程(D):
公共
实例(I)
报告参数(R)
(可用于从几何图形条件中提取值，然后在公式中报告此值或用作明细表参数)
参数类型(T):
长度
参数分组方式(G):
尺寸标注
工具提示说明:
<无工具提示说明。编辑此参数以编写自定义工具提示。自定义工具提...
编辑工具提示(O)...
确定
取消
帮助(H)

图 4－9

（7）开始绘制配电箱箱体。进入“创建”选项卡，选择“拉伸”选项，利用“绘制”工具栏中的“矩形”按钮绘制配电箱拉伸轮廓，并将轮廓线锁定到横向与竖向参照平面上，如图 4－11、图 4－12 所示。

（8）进入楼层平面“参照标高”视图，其拉伸尺寸即为配电箱进深，拉伸的上边界线锁定在横向参照平面上，拉伸的下边界线锁定在墙面“放置边”一侧上，完成配电箱箱体的绘制，如图 4－13 所示。

（9）进入“创建”选项卡，选择“线管连接件”选项，在“修改 | 放置线管连接件”选项栏中选中“表面连接件”单选按钮。在配电箱上表面布置一个可以连接多个线管且无须设置管径的连接件，如图 4－14 所示。

（10）单击“修改”选项卡中的“族类别和族参数”按钮，弹出“族类别和族参数”对话框，对该族进行归类，将明装照明配电箱归类在“电气”中的“电气设备”类别中，如图 4－15 所示。

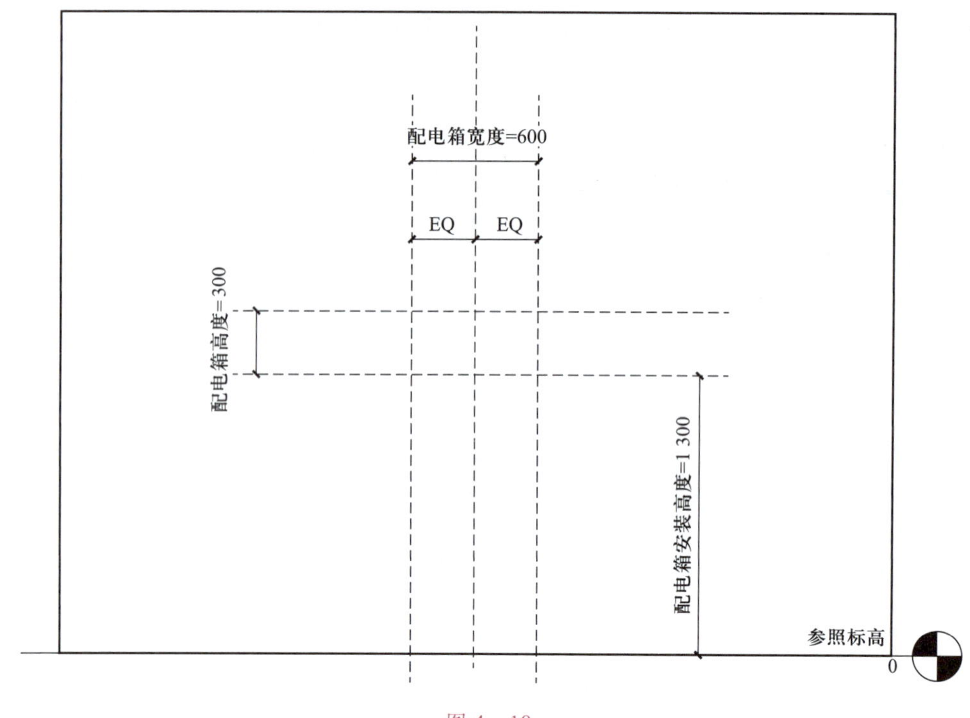

图 4－10

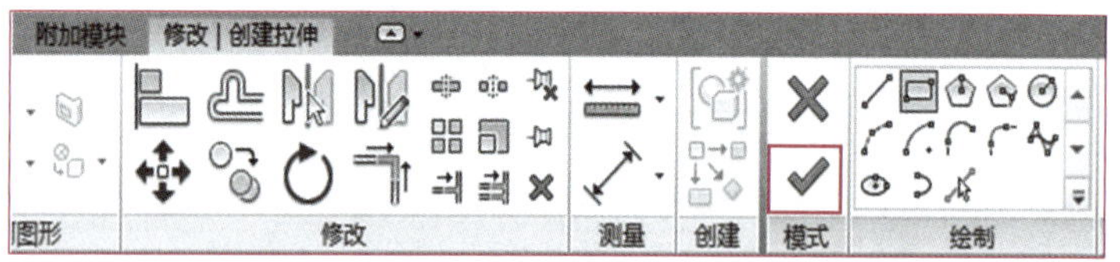

图 4－11

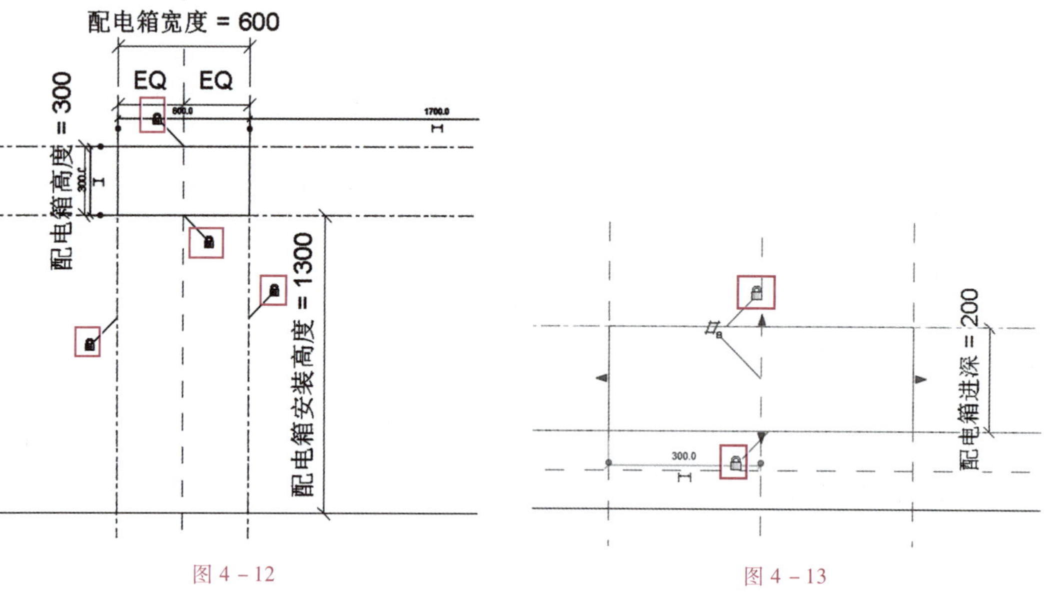

图 4－12

图 4－13

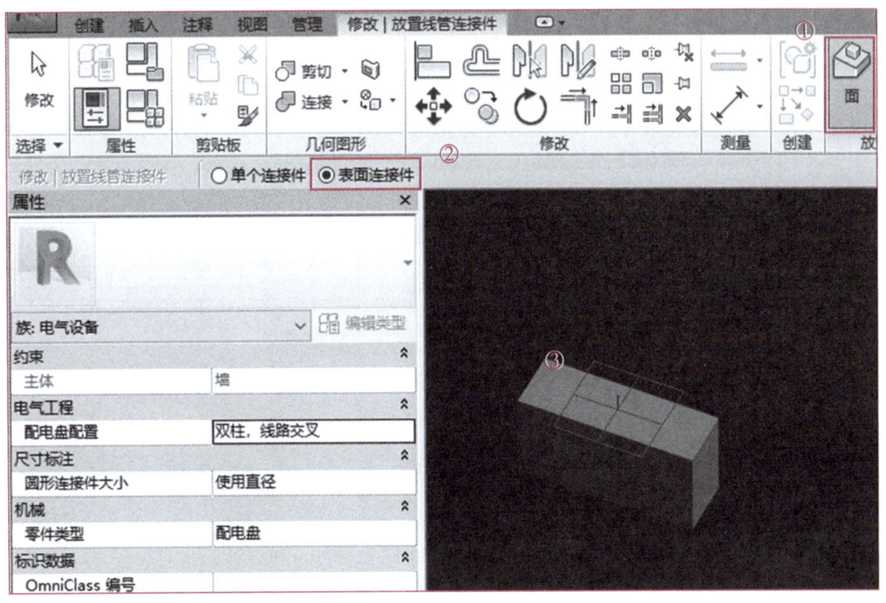

图 4 – 14

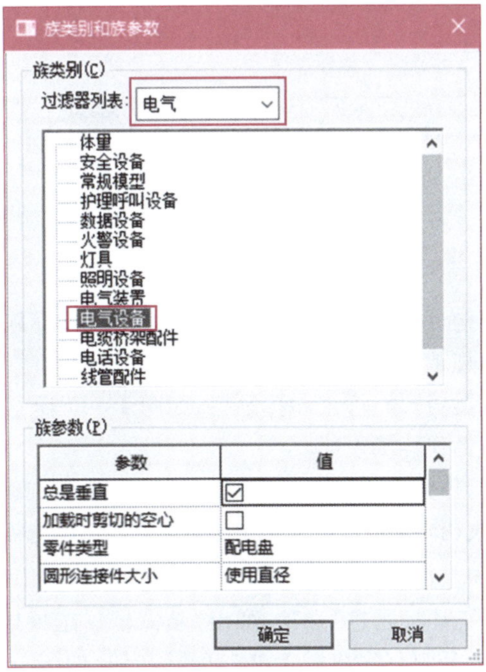

族类别和族参数

族类别(C)

过滤器列表: 电气

体量
安全设备
常规模型
护理呼叫设备
数据设备
火警设备
灯具
照明设备
电气装置
电气设备
电缆桥架配件
电话设备
线管配件

族参数(P)

参数	值
总是垂直	☑
加载时剪切的空心	☐
零件类型	配电盘
圆形连接件大小	使用直径

确定 取消

图 4 – 15

(11) 单击“修改”选项卡中的“族类型”按钮，弹出“族类型”对话框，可以看到配电箱的一些非几何参数，包括：“电气”分组下的电压、瓦特；“电气—线路”分组下的中性额定值、母线、干线类型等。若无所需参数，还可以通过单击“添加”按钮进行补充，如图 4 – 16 所示。

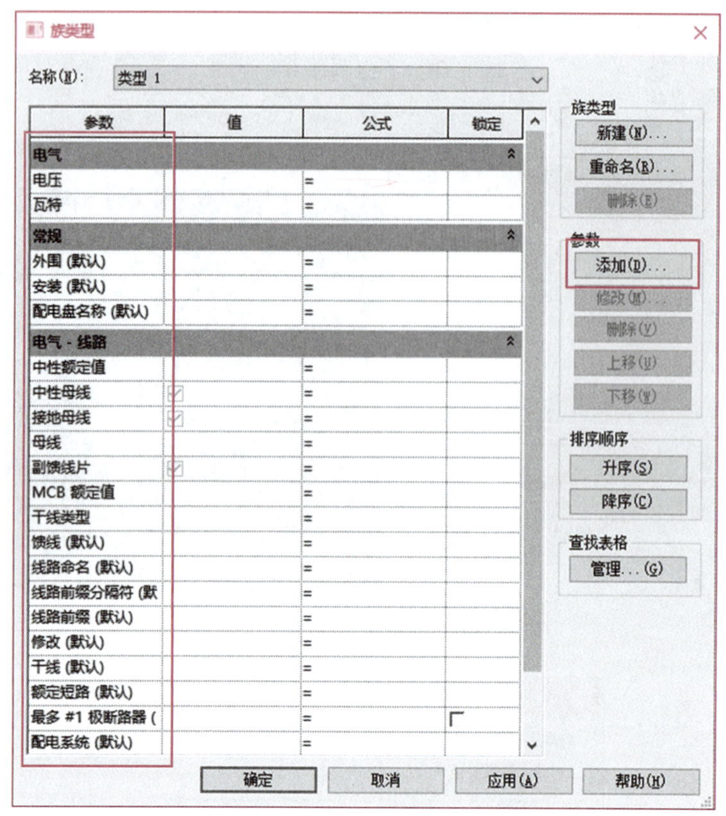

图 4 – 16

4.3.5 二维模型创建

族分类中主要有模型构件类和二维注释族类，其中二维注释族主要用于二维出图制作，制作要求应符合国家制图规范和地方主管部门审图要求。

二维注释族库主要分类：符号、标记和标题栏，如图 4 – 17 所示。

下面以图框的创建为例作详细说明。

图框即标题栏族文件，作为图纸的样板定义了图纸幅面和图纸标签。图纸标签包含标题栏、会签栏和修订明细表（图纸修订信息）。新建图纸时，首先需要确定图纸标题栏。步骤如下：

（1）选择→“新建”→“标题栏”选项，弹出“新图框 – 选择样板文件”对话框，选择需要新建的图框尺寸，如“A1 公制”，完成后单击“打开”按钮，如图 4 – 18 所示。

进入标题栏族绘图区域。进入“插入”选项卡，选择“导入 CAD”选项，在弹出的“导入 CAD 格式”对话框中选择需导入的 CAD 图框文件并将“定位”设置为“自动 – 中心到中心”，完成后单击“打开”按钮，如图 4 – 19 所示。

（2）CAD 文件导入后会自动与标题栏族对齐，取消勾选“属性”选项板中的“可见”复选框，如图 4 – 20 所示。

（3）单击选择 CAD 底图，选择“分解”→“完全分解”选项，如图 4 – 21 所示。

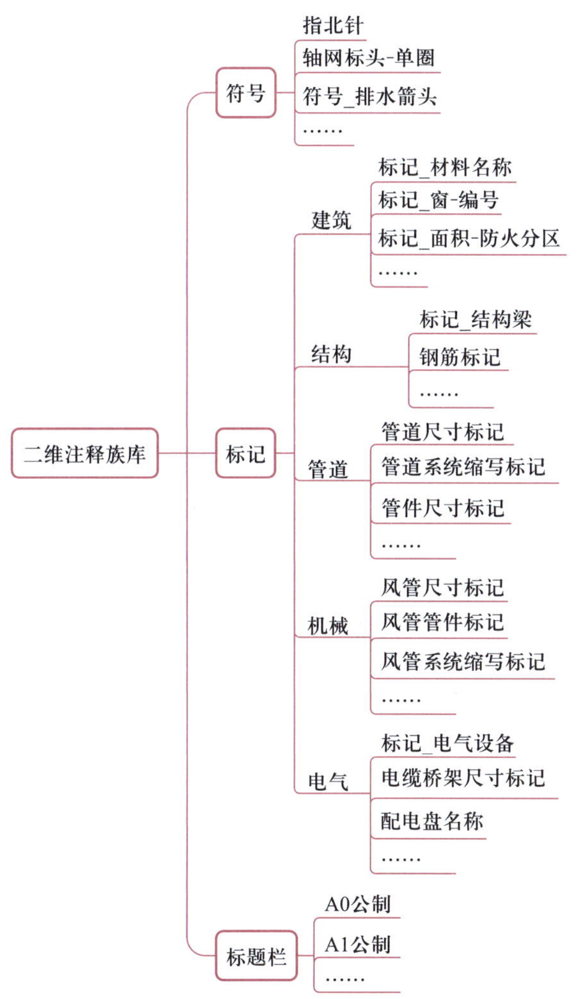

图 4－17　二维注释族分类

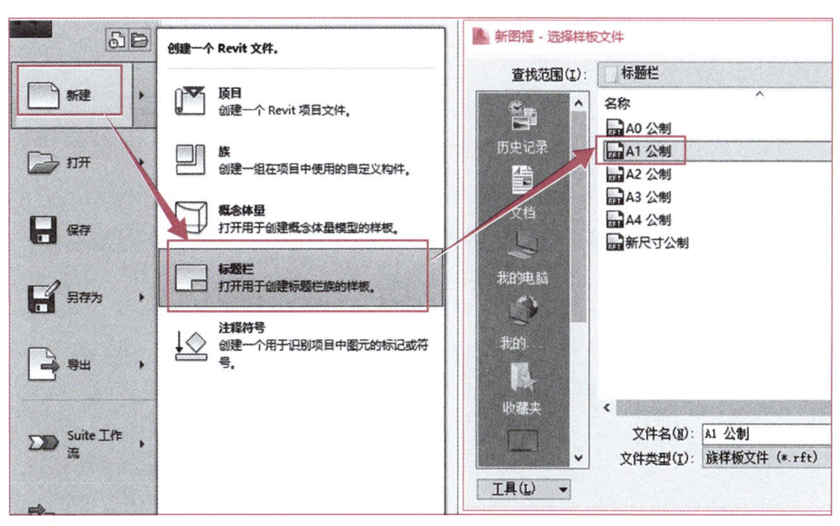

图 4－18

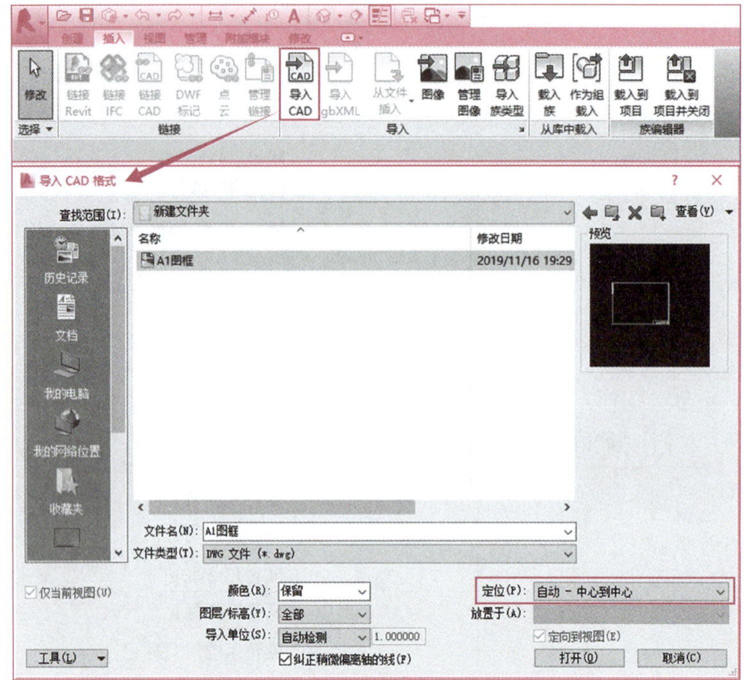
图 4－19

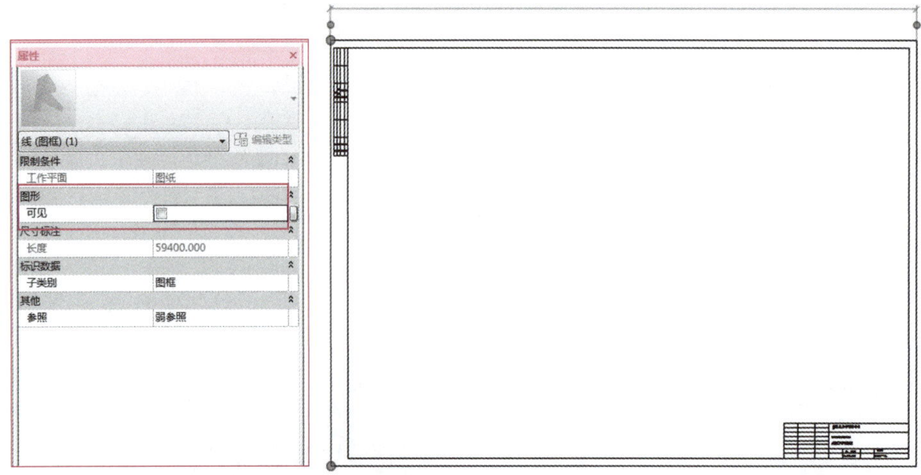
图 4－20

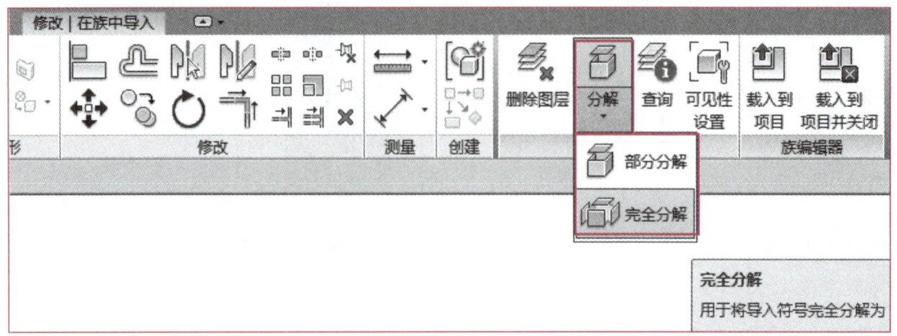
图 4－21

(4) 进入“视图”选项卡,选择“可见性/图形”选项,弹出“可见性/图形替换”对话框,单击“对象样式”按钮,如图 4 – 22 所示。进入“对象样式”对话框“注释对象”选项卡,选择其中一个线型类别,单击“新建”按钮,进入“新建子类别”对话框,分别输入“外边框”和“内边框”,并设置对应的内、外线框线宽,如图 4 – 23、图 4 – 24 所示。

注意:具体线宽根据出图标准确定。

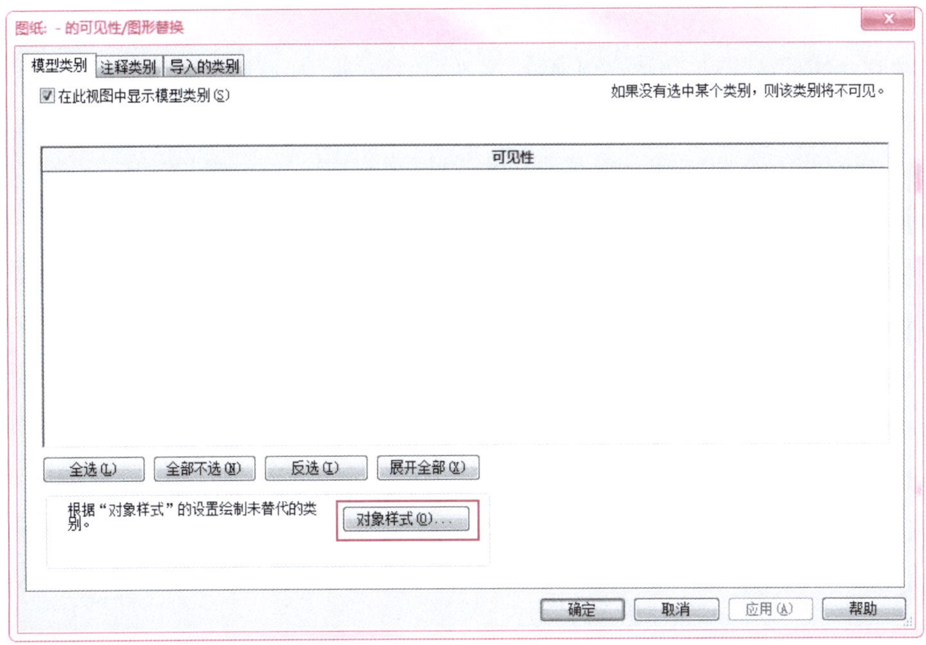

图 4 – 22

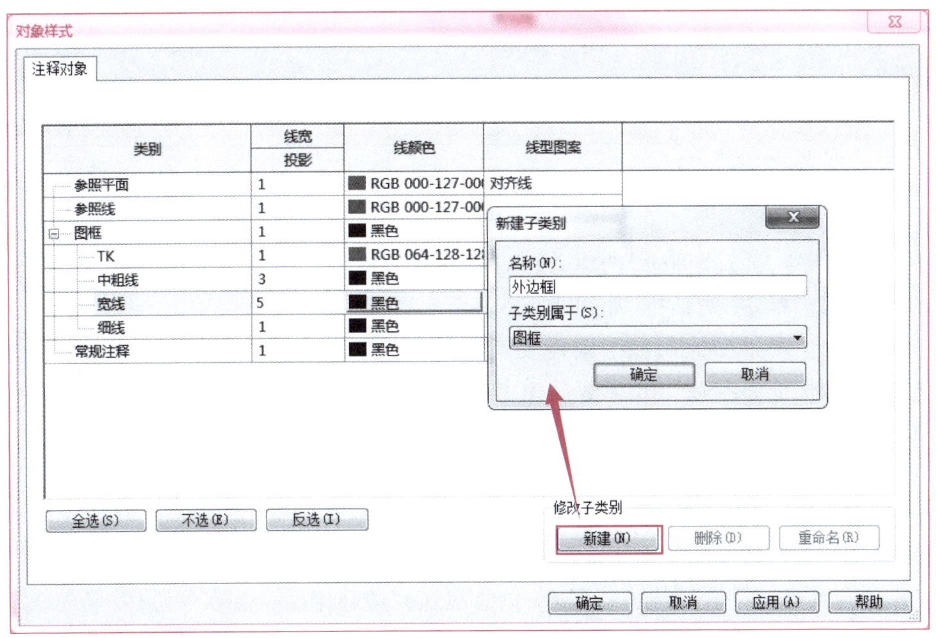

图 4 – 23

TK	1	RGB 064-128-12	实线
中粗线	3	黑色	
内边框	1	黑色	实线
外边框	3	黑色	实线
宽线	5	黑色	

图 4－24

完成后将图框的内、外边框分别通过“子类别”进行内、外边框选择，如图 4－25 所示。

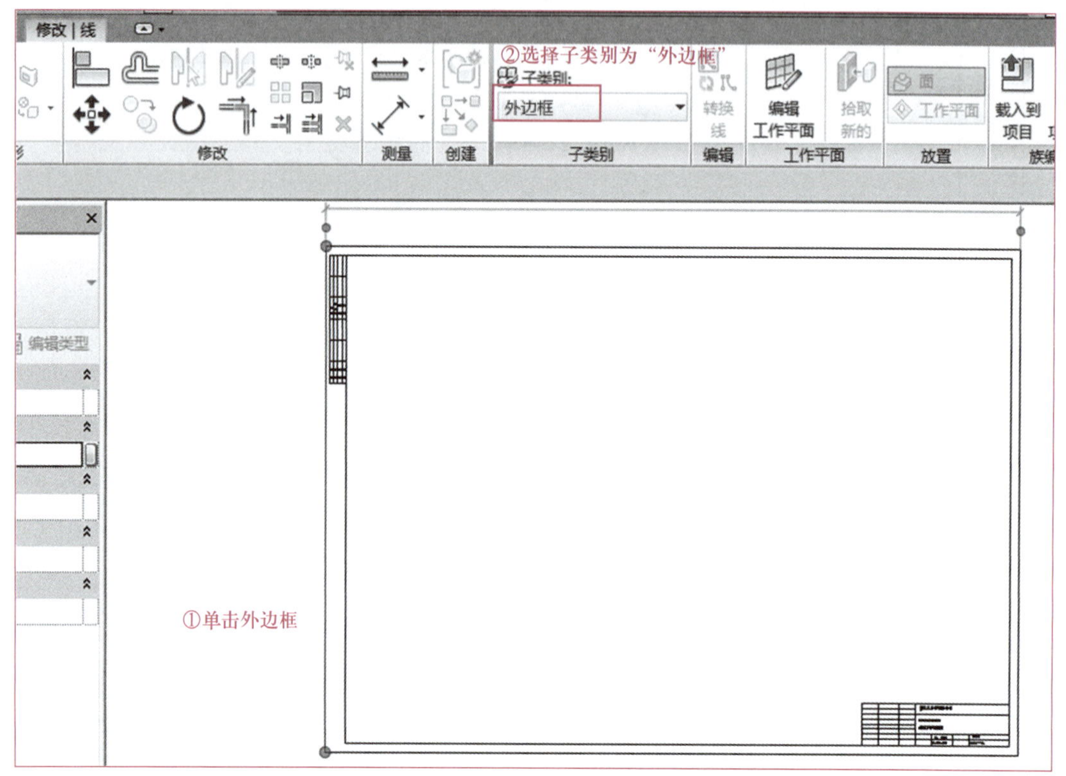

图 4－25

（5）创建标签，进入“创建”选项卡，选择“标签”选项，在需要填写名称信息的位置处单击后会弹出“编辑标签”对话框，如图 4－26 所示。

选择对应的“类别参数”，如当前需要填写的为“设计”信息，左侧列表选择“设计者”，将其添加至右侧“标签参数”中，完成后单击“确定”按钮，如图 4－27 所示。

添加完成后状态如图 4－28 所示。

（6）选择该标签，在“属性”选项板中选择“编辑类型”选项，进入“类型属性”对话框，复制一个新的类型，在“类型参数”中改变该文字的大小及字体，如图 4－29 所示。将文字调整至合适的位置，其他部分文字以此类推添加，完成后效果如图 4－30 所示。

（7）完成后将该标题栏族进行保存，然后载入到项目中。

专业负责	
设　　计	
制　　图	

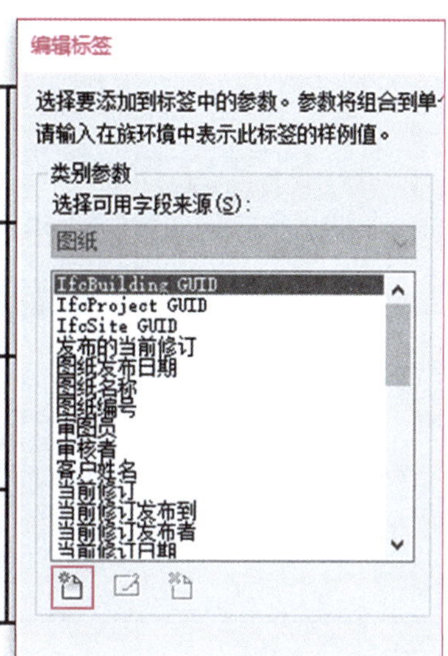

图 4－26

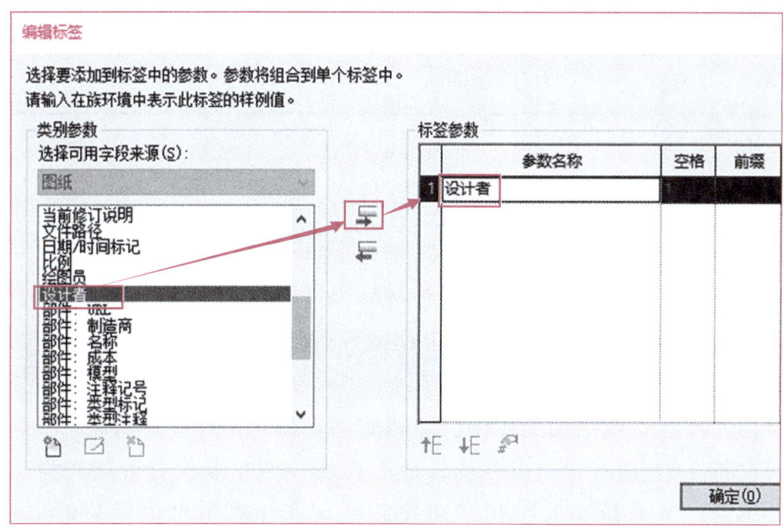

图 4－27

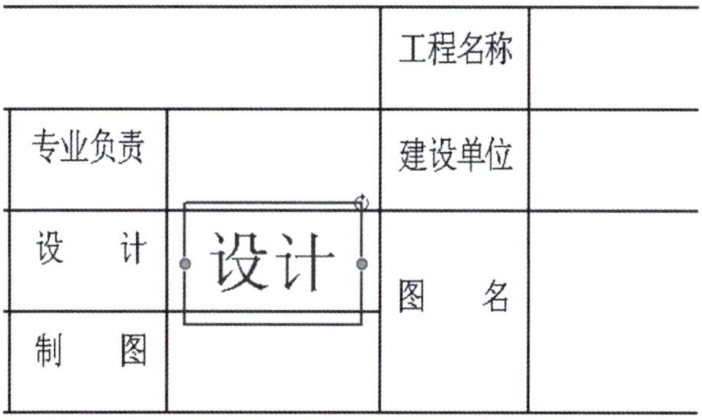

		工程名称	
专业负责		建设单位	
设　　计	设计	图　　名	
制　　图			

图 4－28

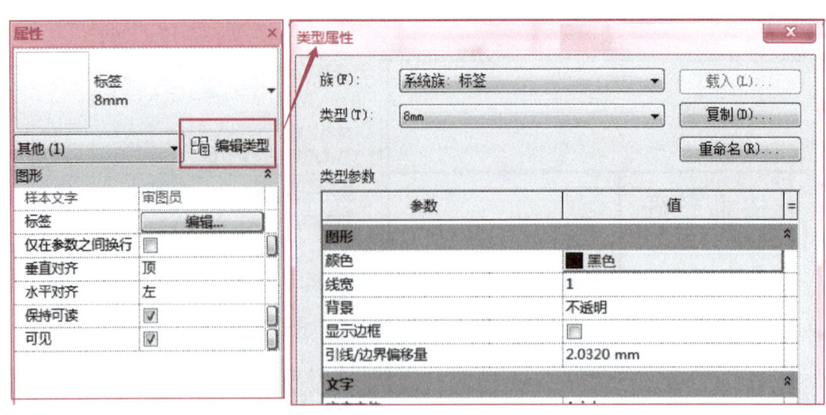

图 4－29

×××设计院				工程名称	工程名称
项目负责	项目负责	专业负责	专业负责	建设单位	建设单位
专业审定	专业审定	设　计	设计	图　名	图名
校　对	校对	制　图	制图		

图 4－30

4.4 任务3：构件连接件

任务信息

建筑设备构件与建筑或结构工程构件之间的主要差异是连接件的概念。

对于建筑设备系统，所有建筑设备构件都需要连接件才能执行智能行为。未使用连接件创建的构件不能加入系统拓扑结构。连接件是允许计算项目中负荷的主要逻辑实体。Revit 可维护与项目中空间有关的负荷的相关信息。在空间中放置装置和设备后，Revit 可根据负荷类型（HVAC、照明、电力及其他）来跟踪负荷。

将连接件添加到族时，需要选择连接件的规程。为连接件指定的规程决定了与之交互的系统的类型，以及它与其他系统构件交互的方式。可以指定下列规程之一：

（1）风管连接件：与管网、风管管件及作为暖通空调系统一部分的其他图元相关联。

（2）电气连接件：用于所有类型的电气连接，包括电力、电话、报警系统及其他。

（3）管道连接件：用于管道、管件及用来传输流体的其他构件。

（4）电缆桥架连接件：用于电缆桥架、电缆桥架配件以及用来配线的其他构件。

（5）线管连接件：用于线管、线管配件以及用来配线的其他构件。线管连接件可以是单个连接件，也可以是表面连接件。单个连接件用于连接唯一一个线管，表面连接件用于将多个线管连接到表面。

任务实施

在建筑暖通空调系统中，风管连接件属于构件连接件。这里以风管三通为例进行详细的说明。

4.4.1 构件参数设置

风管三通插入点设置如表 4－4 所示。风管三通可见性设置如表 4－5 所示。风管三通族连接件参数设置如表 4－6 所示。

表 4－4 风管三通插入点设置

族样板	零件类型	族插入点	图例是否随出图比例变化
公制风管 T 形三通	T 形三通	平面视图插入点：接口 1 连接件中心线与参照平面中心（左/右）的交点 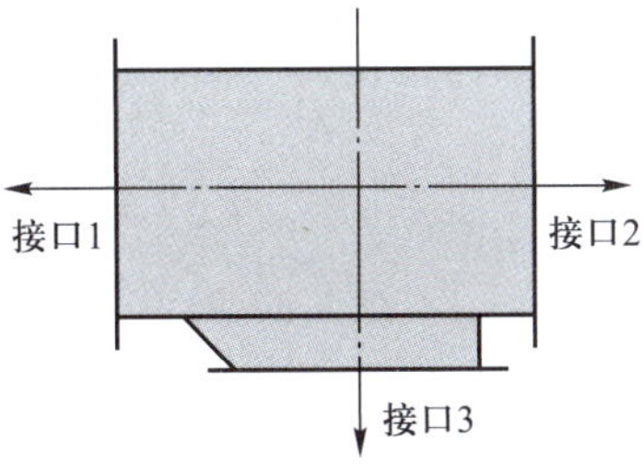 接口1 接口2 接口3 前视图插入点：接口 1 连接件中心线与参照平面中心（左/右）的交点	是（粗略状态，在项目中需选择“使用注释比例”选项）

表 4－5 风管三通可见性设置

视图图元	精细	中等	粗略	备注
平面图例	×	√	√	平面粗略与中等图例不同
系统图例	×	×	√	系统图例与平面粗略图例相同
三维图元	√	√	×	
平面视图	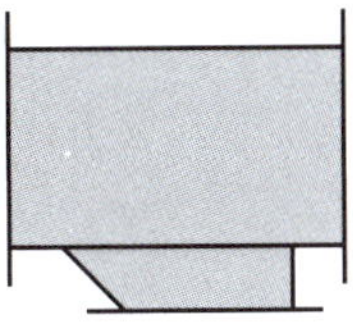	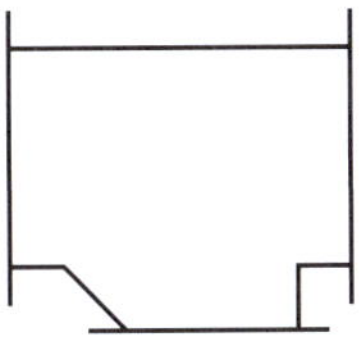		
三维视图	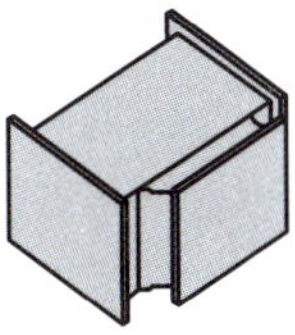	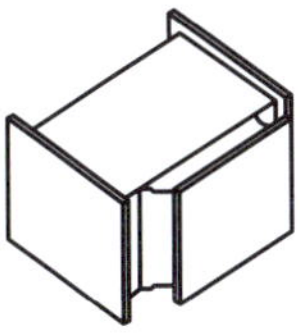		

表 4－6 风管三通族连接件参数设置

流量配置		流向	系统分类
接口 1	计算	双向	管件
接口 2	计算	双向	管件
接口 3	计算	双向	管件

风管三通参数设置有以下两种参数属性。

（1）几何参数：实例参数有内衬厚度、隔热层厚度、长度等。共享实例参数有风管宽度、风管高度、法兰出头长度、管件长度、角度等。

（2）非几何参数：共享实例参数有材质、局部阻力、局部系数、国际编码。实例参数是使用注释比例。

4.4.2 构件连接件创建

构件连接件的创建步骤和三维构件建模类似，见本学习情境任务 2。

学习情境 5　建筑给排水 BIM 模型创建

5.1 学习情境描述

5.1.1　学习目标

1. 掌握 BIM 软件中建筑给排水系统的管道设置方法；
2. 掌握 BIM 软件中建筑给排水系统的建模方法；
3. 掌握 BIM 软件中建筑给排水系统的模型标注方法。

5.1.2　学习任务

序号	学习任务	任务驱动
1	管道设置	1. 掌握管道类型创建的操作； 2. 掌握管道类型的设置内容； 3. 掌握管道系统创建的操作； 4. 掌握管道系统的设置内容
2	系统建模	1. 掌握管道绘制的方法； 2. 掌握管件、附件和设备的放置方法
3	模型标注	掌握管道各种标注的方法

5.2 任务 1：管道设置

管道设置工作包括两个部分，分别为管道类型创建及设置、管道系统创建及设置。

5.2.1　子任务 1：管道类型创建及设置

任务信息

在创建建筑给排水 BIM 模型之前，需要对管道的类型进行创建和设置。Revit 默认自带两种管道类型，即“PVC－U－排水”和“标准”，而工程中常用到的管道类型还应细分为PPR、PE、镀锌钢管、铸铁管、钢塑复合管、铝合金衬塑复合管等，因此需要根据实际工程创建各种管道类型并对其进行设置，设置内容包括管道材质和规格、管道尺寸、相应管件等。

任务实施

（1）在“项目浏览器”下拉列表窗口中选择“族”并单击“＋”符号展开下拉列表，选择“管道”→“管道类型”选项，系统自带管道类型包括“PVC—U—排水”以及“标准”，如图5－1所示。选择“标准”选项，使用鼠标右键复制创建“标准2”，选择“标准2”选项，使用鼠标右键单击“重命名”按钮，将“标准2”重命名为“铝合金衬塑复合管”。

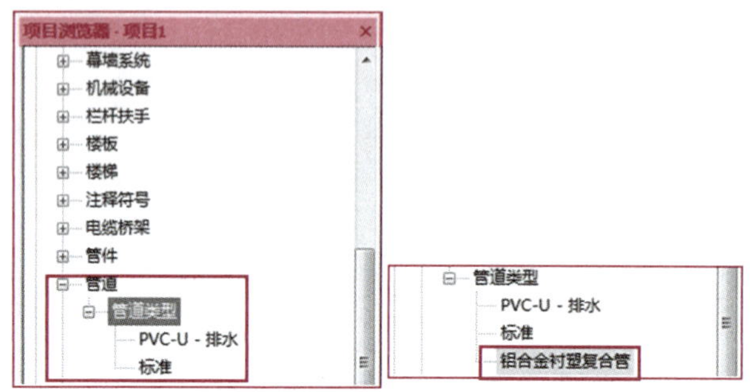

图5－1

（2）双击“铝合金衬塑复合管”进入“类型属性”对话框，单击“布管系统配置”中的“编辑”按钮。进入“布管系统配置”对话框，如图5－2所示。单击“管段和尺寸”按钮，进入“机械设置”对话框。系统自带16种管段类型供用户使用，如图5－3所示。

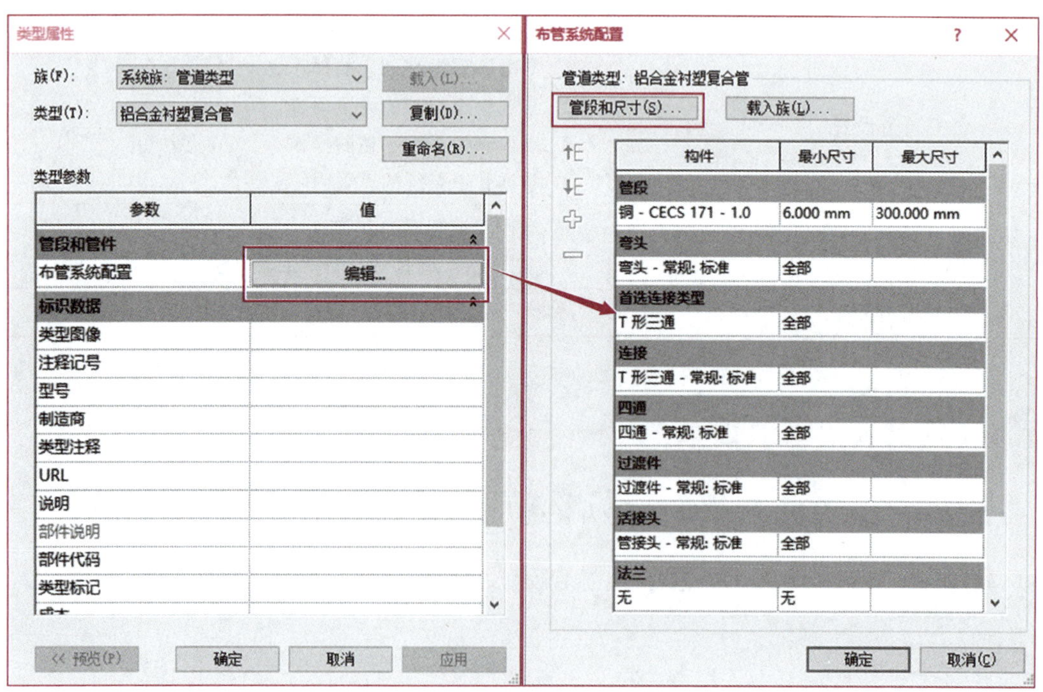

图5－2

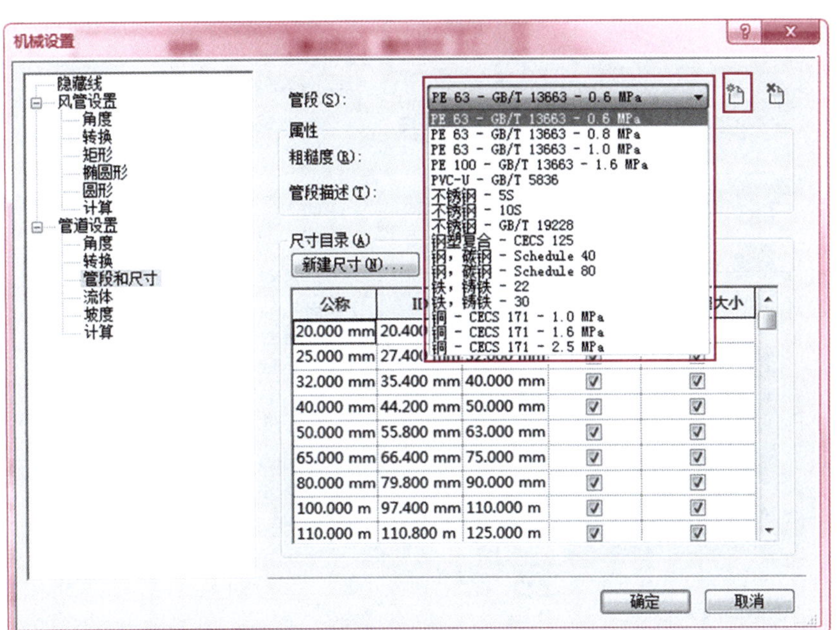

图 5-3

(3) 选择“管段”右边的“新建”按钮进入“新建管段”对话框。

单击“材质和规格/类型”单选按钮，选择“材质”右边的按钮，如图 5-4 所示。进入“材质浏览器”对话框。单击按钮选择“新建材质”选项，在项目材质库列表中自动添加“默认为新材质”，选择“默认为新材质”选项，并使用鼠标右键进行重命名，将之修改为“铝合金衬塑复合管”，完成后单击“确定”按钮，如图 5-5 所示。

注意：管道的材质不能手动输入。

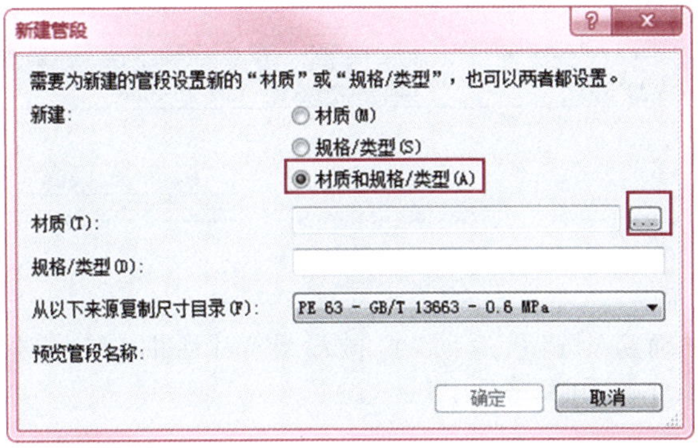

新建管段

需要为新建的管段设置新的“材质”或“规格/类型”，也可以两者都设置。

新建:
- 材质(M)
- 规格/类型(S)
- 材质和规格/类型(A)

材质(T):

规格/类型(D):

从以下来源复制尺寸目录(F): PE 63 - GB/T 13663 - 0.6 MPa

预览管段名称:

确定　取消

图 5-4

返回“新建管段”对话框，在“规格/类型”文本框中输入对应管道材质执行的国家标准，此处输入“CJ/T 321—2010”。

从“从以下来源复制尺寸目录”下拉列表中可选择和新建管段尺寸最接近的现有管段。

“材质”以及“规格/类型”信息的添加都可以通过“预览管段名称”进行预览。以上设置如图 5-6 所示。

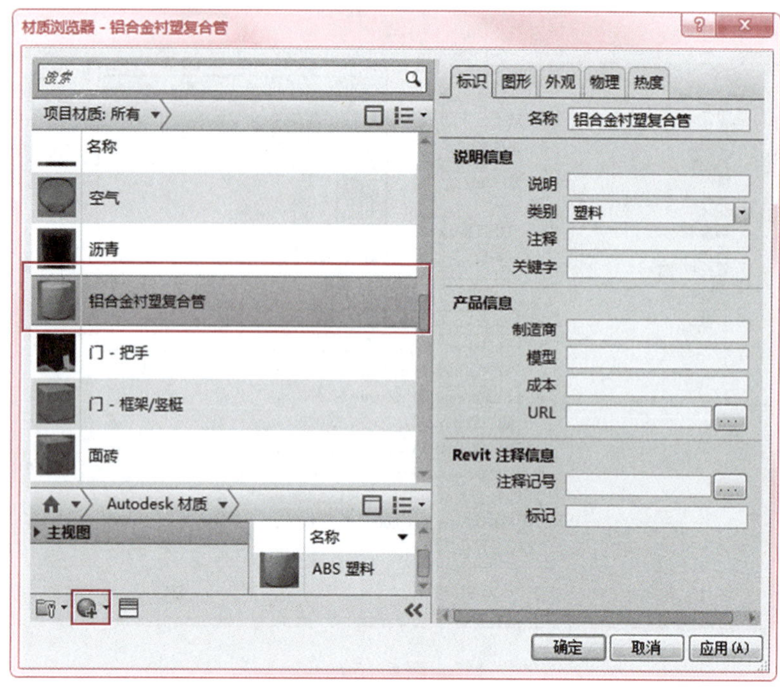

图 5－5

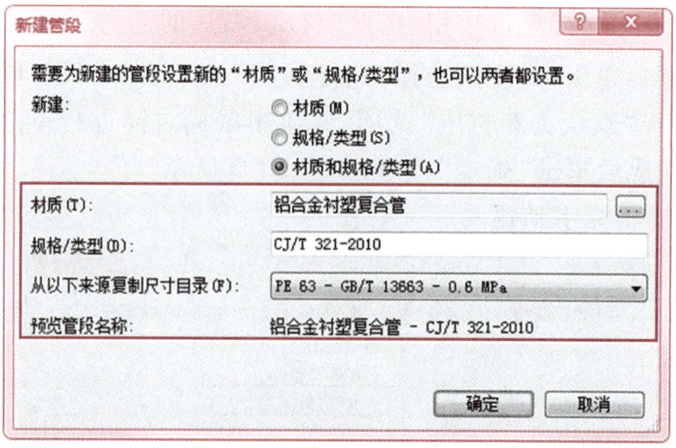

新建管段

需要为新建的管段设置新的“材质”或“规格/类型”，也可以两者都设置。

新建：
材质(M)
规格/类型(S)
材质和规格/类型(A)

材质(T)：铝合金衬塑复合管

规格/类型(D)：CJ/T 321-2010

从以下来源复制尺寸目录(F)：PE 63 - GB/T 13663 - 0.6 MPa

预览管段名称：铝合金衬塑复合管 - CJ/T 321-2010

确定 取消

图 5－6

(4) 完成后单击“确定”按钮，返回“机械设置”对话框，在“管段”中选择刚刚添加的“铝合金衬塑复合管—CJ/T 321—2010”。

在“铝合金衬塑复合管—CJ/T 321—2010”下修改“尺寸目录”。

注意：对应管道材质修改管道尺寸时，新建的公称直径和现有列表中的公称直径不允许重复，具体尺寸如图 5－7 所示。

注意：此处以“铝合金衬塑复合管”对应的管道尺寸为例，其他管道类型创建方法相同，具体的管道尺寸符合相关国家标准即可。

(5) 在“项目浏览器”下拉列表窗口中选择“族”并单击“＋”符号展开下拉列表，选择“管件”选项，当前系统自带两种类型的管件，即“PVC－U－排水”管道类型专用的管件以及“常规”管道类型专用的管件，如图 5－8 所示。

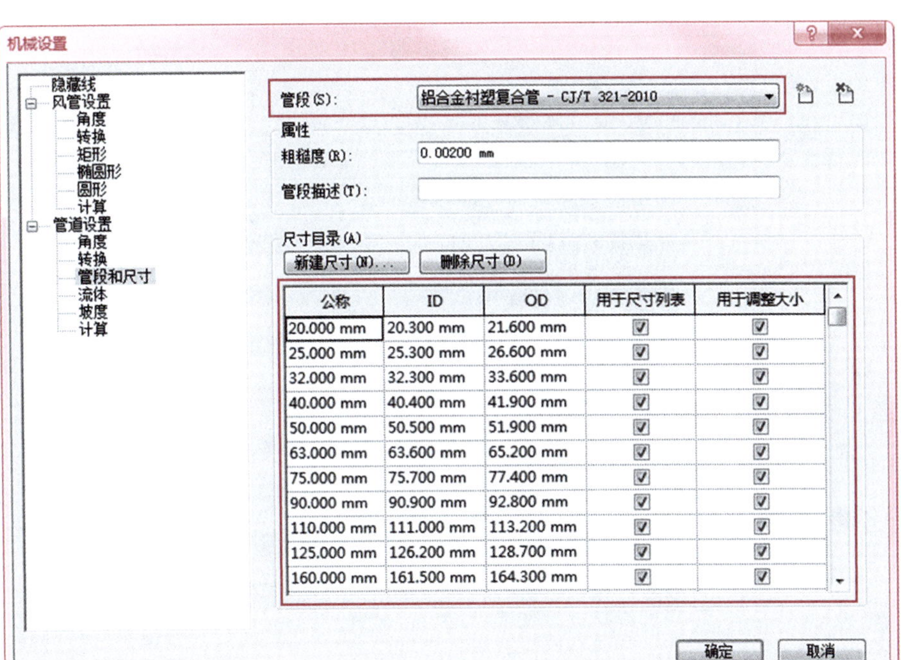

图 5－7

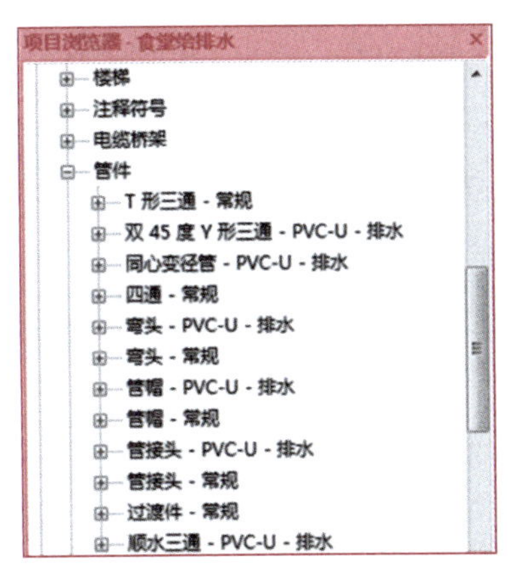

图 5－8

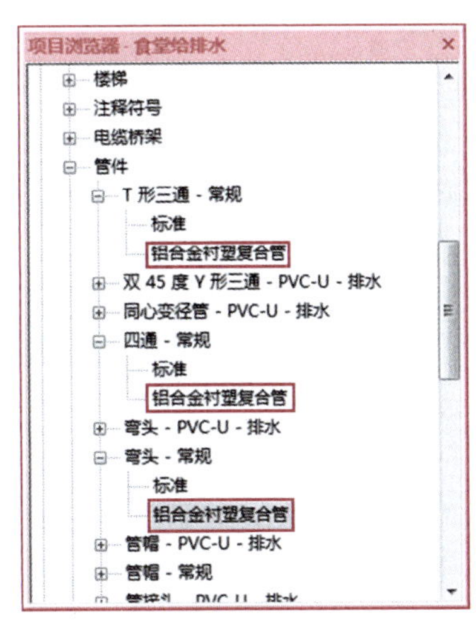

图 5－9

不同的管道类型需要对应不同材质的管件，可创建多个族类型达到构件区分效果，以便后期进行明细表统计。选择“T 形三通—常规”，按“ + ”符号可展开该族类型。当前只有一个“标准”类型，选择“标准”并使用鼠标右键进行复制，选择“标准 2”并用鼠标右键单击将之重命名为“铝合金衬塑复合管”，其余管件包括“四通—常规”“弯头—常规”“管接头—常规”“过渡件—常规”，以此类推进行修改，如图 5－9 所示。

(6) 修改完成后进入“布管系统配置”对话框。“管段”选择“铝合金衬塑复合管 CJ/T 321—2010”，选择管段的“最小尺寸”以及“最大尺寸”。“弯头”选择“弯头—常规：铝合金衬塑复合管”，其余管件如图 5－10 所示，完成后单击“确定”按钮。

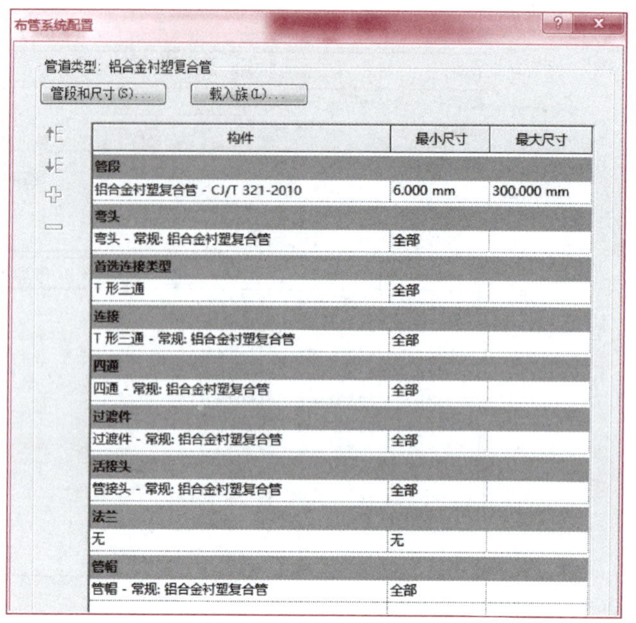

布管系统配置

管道类型：铝合金衬塑复合管

管段和尺寸(S)... 载入族(L)...

构件	最小尺寸	最大尺寸
管段		
铝合金衬塑复合管 - CJ/T 321-2010	6.000 mm	300.000 mm
弯头		
弯头 - 常规：铝合金衬塑复合管	全部	
首选连接类型		
T 形三通	全部	
连接		
T 形三通 - 常规：铝合金衬塑复合管	全部	
四通		
四通 - 常规：铝合金衬塑复合管	全部	
过渡件		
过渡件 - 常规：铝合金衬塑复合管	全部	
活接头		
管接头 - 常规：铝合金衬塑复合管	全部	
法兰		
无	无	
管帽		
管帽 - 常规：铝合金衬塑复合管	全部	

图 5－10

至此该管道类型创建完成。可根据此方法创建该项目其余管道类型，如内外热镀锌钢管、PPR 管等。

注意：消防管道一般情况下有两种连接方式，例如大于或等于 *DN*100 的管道为卡箍连接，小于 *DN*100 的管道为螺纹连接。可在管道的布管系统配置中为消防管道布置两种连接方式，根据管径大小来智能生成不同的连接件。选中“弯头”一栏，单击左侧绿色加号来新建并载入其他连接弯头，通过“最小尺寸”和“最大尺寸”来控制生成的弯头类型，如图 5－11 所示。

布管系统配置

管道类型：内外热镀锌钢管-普通

管段和尺寸(S)... 载入族(L)...

构件	最小尺寸	最大尺寸
管段		
内外热镀锌钢管 - 普通	15.000 mm	300.000 mm
弯头		
弯头 - 常规：PD_弯头_螺纹	15.000 mm	80.000 mm
弯头 - 常规：PD_弯头_卡箍	100.000 mm	300.000 mm
无	全部	
首选连接类型		
T 形三通	全部	
连接		
PD_：机械三通_沟槽卡箍：标准	100.000 mm	300.000 mm
PD_：机械三通_沟槽卡箍：标准	15.000 mm	80.000 mm
四通		

图 5－11

5.2.2　子任务 2：管道系统创建及设置

任务信息

在创建建筑给排水 BIM 模型之前，需要对管道系统进行创建和设置。Revit 默认提供一些系统类型，如“卫生设备”“家用冷水”等，用户需要根据实际工程新增系统类型或者更改已有系统类型并对其进行设置，设置内容包括管道系统名称、管道系统线图形、管道系统缩写等。

任务实施

(1) 在“项目浏览器”下拉列表窗口中选择“族”并单击“＋”符号展开下拉列表，选择“管道系统”选项，系统默认自带 11 个管道系统，如图 5－12 所示。用户只能在此基础上修改以及复制，不能直接将其删除。例如：选择“家用冷水”选项，并使用鼠标右键单击将之重命名为“生活给水系统”；选择“卫生设备”选项，并使用鼠标右键单击将之重命名为“生活污水系统”；选择“其他”选项，并使用鼠标右键单击将之重命名为“雨水系统”；选择“湿式消防系统”选项，并使用鼠标右键单击将之重命名为“消火栓系统”；选择“其他消防系统”选项，并使用鼠标右键单击将之重命名为“自动喷水灭火系统”，如图 5－13 所示。

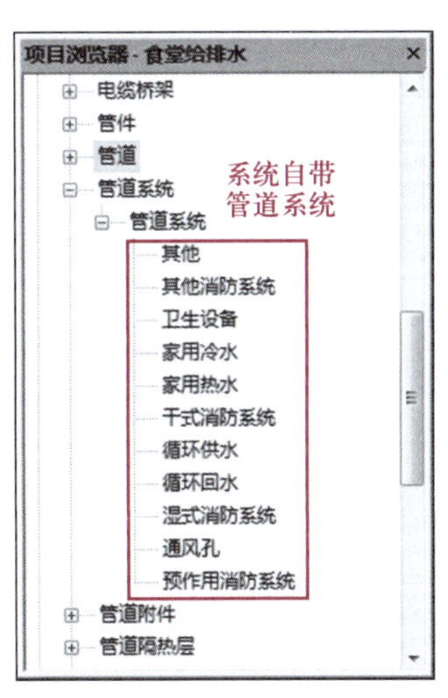

图 5－12

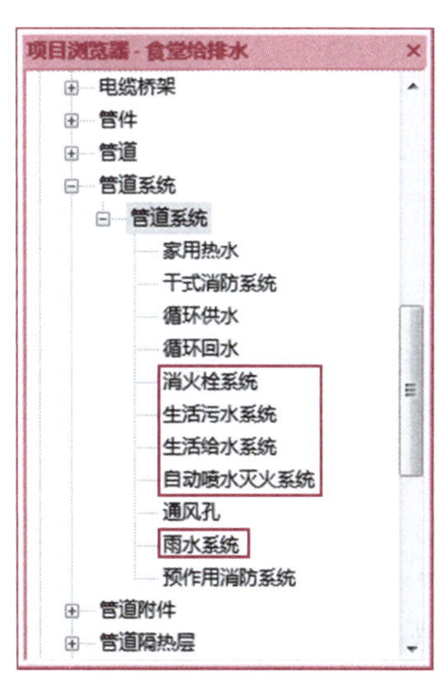

图 5－13

(2) 完成后双击“生活给水系统”进入“类型属性”对话框，选择“标识数据”→“缩写”选项，将“生活给水系统”的缩写代号“J”填入其中。然后选择“图形替换”选项，如图 5－14 所示。

单击“编辑”按钮进入“线图形”对话框进行线型设置。

“宽度”根据出图效果设置，此处暂定选择“1”号线宽；“颜色”根据出图标准管道系统颜色进行设置，此处颜色选择“RGB 63 255 0(绿色)”；“填充图案”选择“实线”，完成后单击“确定”按钮，如图 5－15 所示。

其余管道系统根据上述方法将管道系统“缩写”以及“图像替换”进行设置。

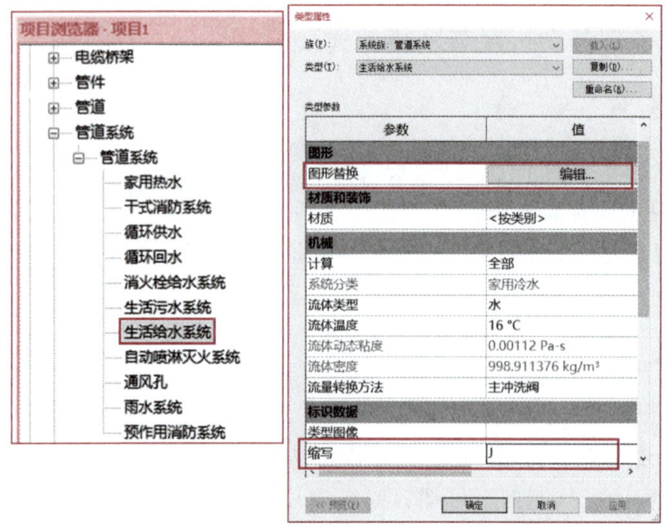

图 5－14

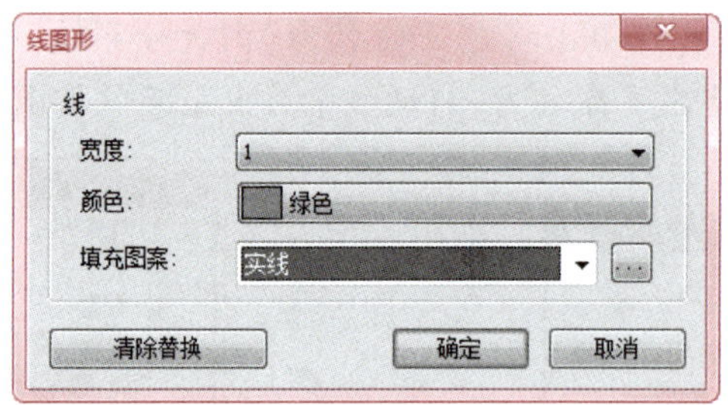

图 5－15

（3）在楼层平面视图绘制管道前，首先需要将“属性”选项板中的“视图样板”设置为“无”，如图 5－16 所示。

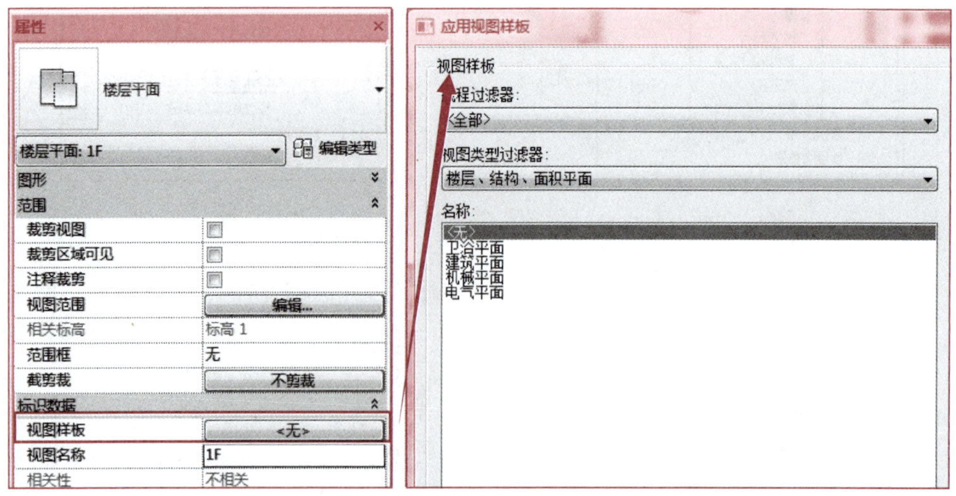

图 5－16

5.3 任务 2：系统建模

5.3.1 子任务 1：管道绘制

任务信息

建筑给排水系统建模需要进行管道的绘制，包括横管绘制、立管绘制、管道对齐、管道连接、带坡度管道绘制等。

绘制管道在平面视图、立面视图、剖面视图和三维视图中均可进行。

在绘制管道时使用以下设置。

（1）标高：指定管道的参照标高。

（2）直径：指定管道的直径。

（3）偏移量：指定管道相对于参照标高的垂直高程。可以输入偏移值或从建议偏移值列表中选择值。

（4）锁定/解锁：锁定/解锁管段的高程。锁定后，管段会始终保持原高程，不能连接处于不同高程的管段。

任务实施

1. 横管绘制

（1）进入"系统"选项卡，选择"管道"选项，进入管道绘制模式，如图 5－17 所示。

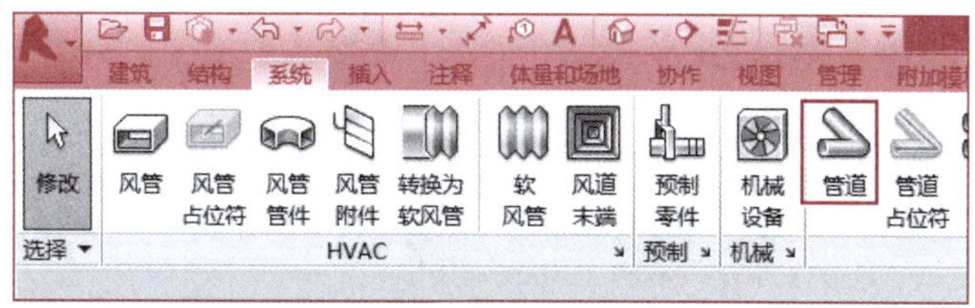

图 5－17

（2）进入管道绘制模式后，"属性"选项板与"修改 | 放置管道"选项栏同时被激活，如图 5－18 所示，按照以下步骤进行手动绘制管道。

① 选择管道类型。在"属性"选项板中选择所需要绘制的管道类型。

② 选择系统类型。在"属性"选项板的"系统类型"中选择所需的系统类型。

③ 选择管道直径。在"修改 | 放置管道"选项栏"直径"中的下拉列表中选择所需管道直径，也可手动输入。

④ 指定管道偏移量。默认"偏移量"是指管道中心线相对于"属性"选项板中所选参照标高的距离。在"偏移量"选项中单击下拉按钮，可以选择项目中已经用到的管道偏移量，也可以直接输入自定义的偏移量数值，默认单位为 mm。

以上四个参数选择如图 5－18 所示。

⑤ 完成对即将绘制管道的参数设置，将鼠标指针移动至绘图区域，在所需位置单击即为管道的起点，移动鼠标指针至终点再次单击，管段即绘制完成。

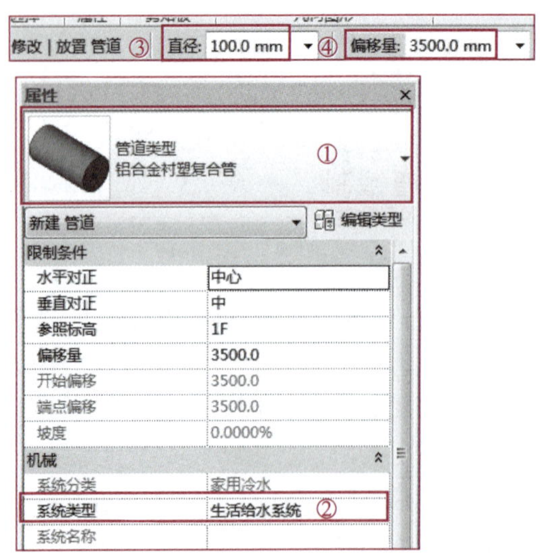

图 5－18

2. 立管绘制

(1) 激活“管道”命令,在“修改 | 放置管道”选项栏“偏移量”中输入立管的底标高 1 000 mm,在绘图区域选择立管位置并单击,修改“偏移量”,输入立管的顶标高 3 500 mm 后单击“应用”按钮,生成立管,如图 5－19 所示。

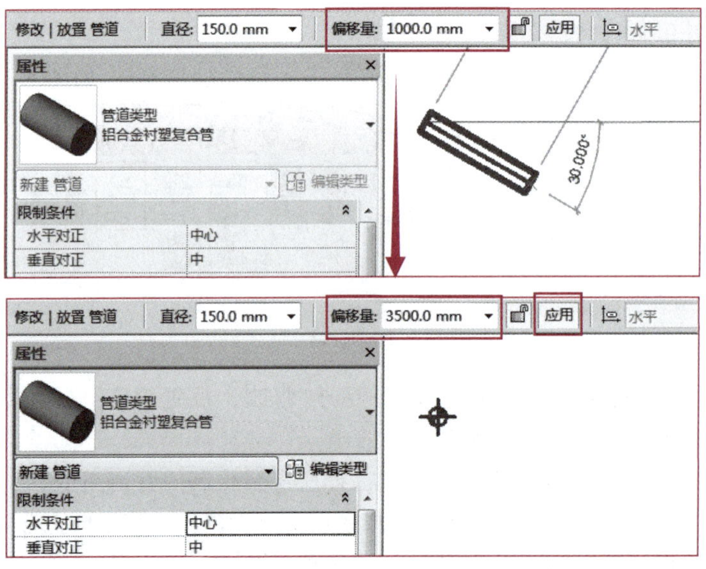

图 5－19

(2) 可以借助剖面框进行立管绘制。

① 创建剖面框,进入“视图”选项卡,选择“剖面”选项,如图 5－20 所示。

② 选择剖面框,使用鼠标右键选择“转到视图”选项。

③ 在剖面视图中激活“管道”命令绘制管道即可。绘制后,剖面视图如图 5－21 所示,平面视图如图 5－22 所示。

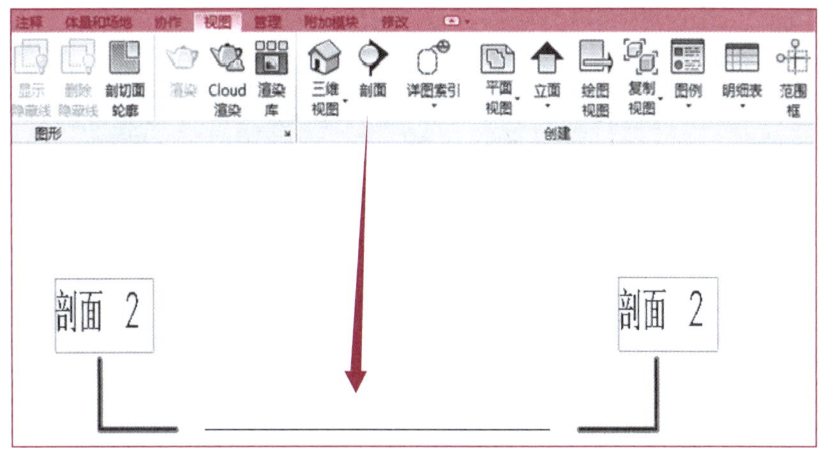

图 5－20

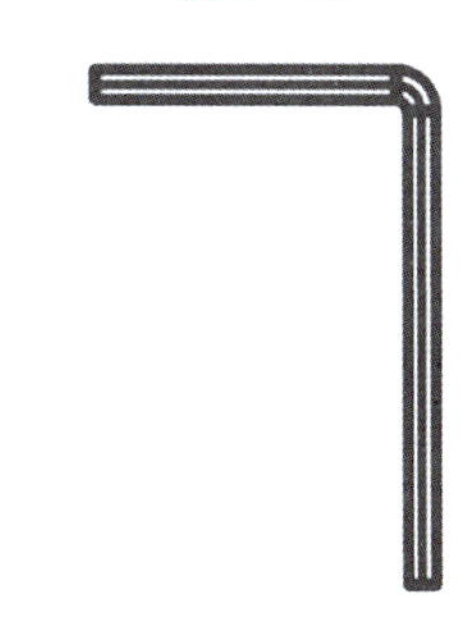

图 5－21

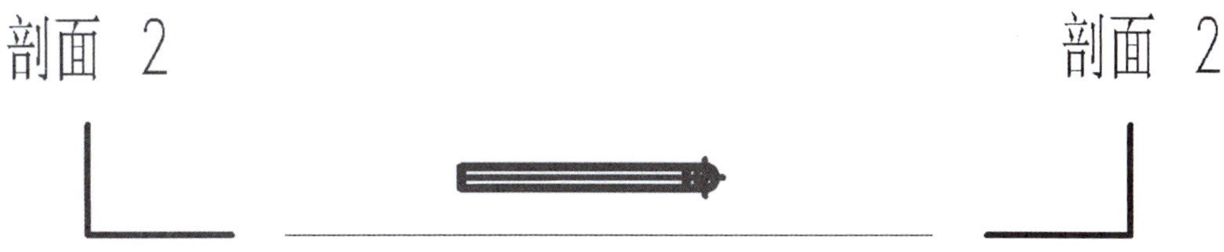

图 5－22

3. 管道对齐

绘制管道过程中可以利用“对正”命令来调整当前管道和接下来要绘制管道的水平或竖直关系。在激活“管道”命令的状态下，可以进入“修改｜放置管道”选项卡，选择“对正”选项，弹出“对正设置”对话框，可以看到水平对正、水平偏移、垂直对正 3 个选项，如图 5－23 所示。

（1）水平对正：用来指定当前视图下相邻两段管道之间水平对齐方式。“水平对正”方式有“中心”“左”和“右”3 种形式。“水平对正”后的效果还与绘制管道的方向有关。不同“水平对正”方式的绘制效果如图 5－24 所示。

（2）水平偏移：用于指定管道绘制起始点位置与实际管道位置之间的偏移距离。该功能多用于指定管道与墙体等参考图元之间的水平偏移距离。

例如，设置“水平偏移”值为 400 mm 后，捕捉参照线绘制直径为 100 mm 的管道，这样实

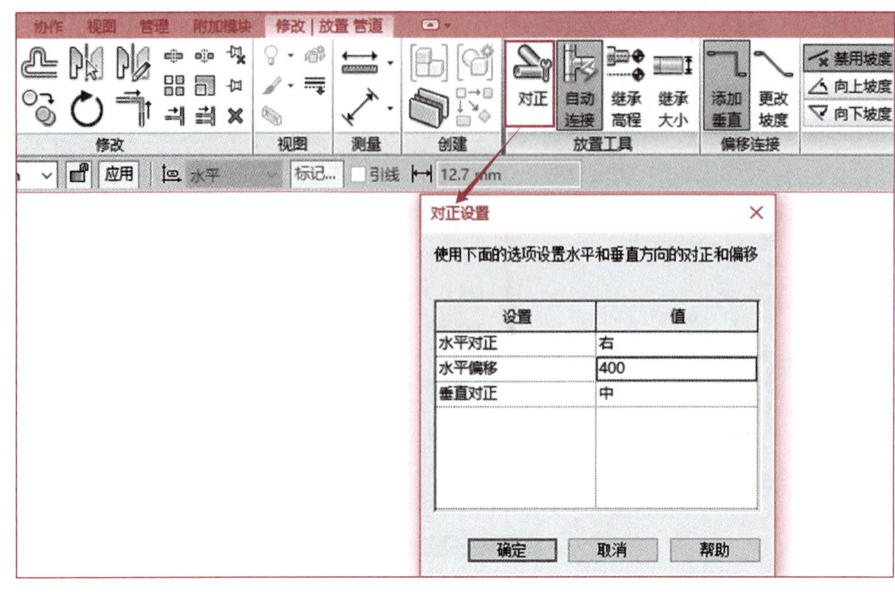

图 5－23

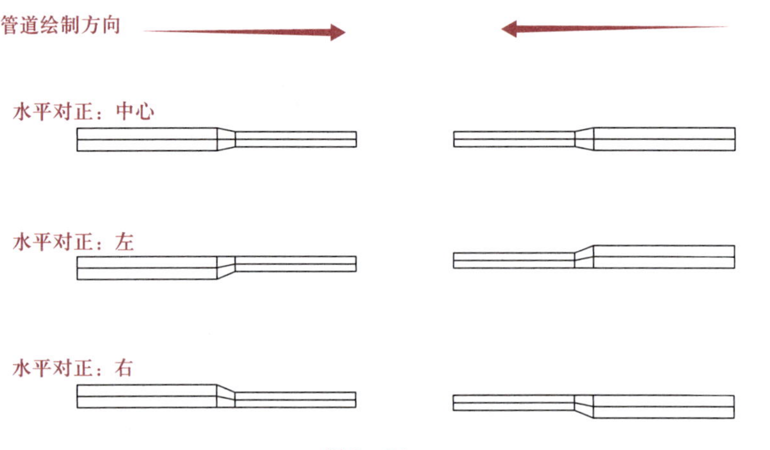

图 5－24

际绘制位置是按照“水平偏移”值偏移参照线的位置。同时，该距离还与“水平对正”方式及绘制管道的方向有关，如果选择从左至右绘制管道，3 种不同的“水平对正”方式下，管道中心线到参照线的距离标注如图 5－25 所示。

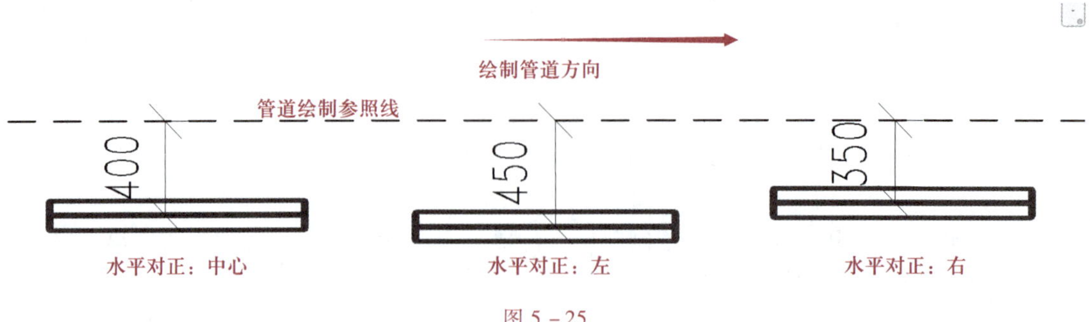

图 5－25

（3）垂直对正：用于指定当前视图下相邻两段管道之间垂直的对齐方式，针对的是立面或者是剖面状态下的管线状态。

“垂直对正”方式有“中”“底”“顶”3 种形式。“垂直对正”的设置会影响“偏移量”，例如在 0.00 m 的平面视图中绘制偏移量为 3 500 mm、管道直径为 100 mm 的管道，设置不同的“垂直对正”方式，绘制完成后的管道偏移量（即管道中心标高）会发生变化，如图 5－26 所示。

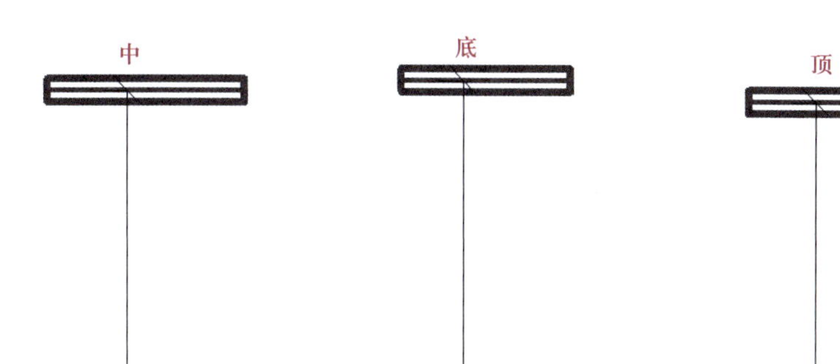

图 5－26

4. 自动连接

在激活“管道”命令的状态下，“修改｜放置管道”选项卡会出现“自动连接”功能，如图 5－27 所示。

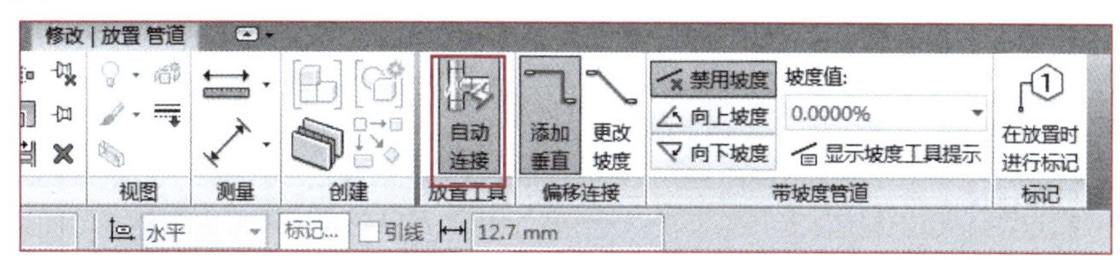

图 5－27

该功能用于某一管段开始或结束时自动捕捉相交管段，并添加相应管道连接件完成连接，在默认情况下，该功能处于激活的状态。

例如：当“自动连接”命令激活时，绘制两段正交的管道，在相交处系统会自动添加四通；如果不激活“自动连接”命令，则管件不会自动添加，效果如图 5－28 所示。

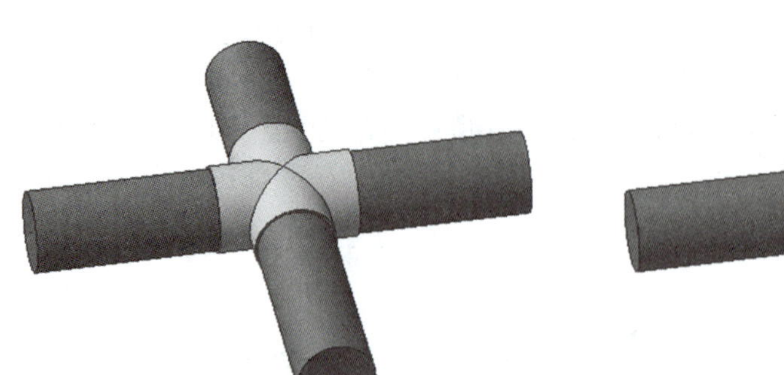

图 5－28

5. 带坡度管道绘制

在“机械设置”对话框中，用户可预先设定在项目中需要使用的管道坡度值，如图 5－29 所示。

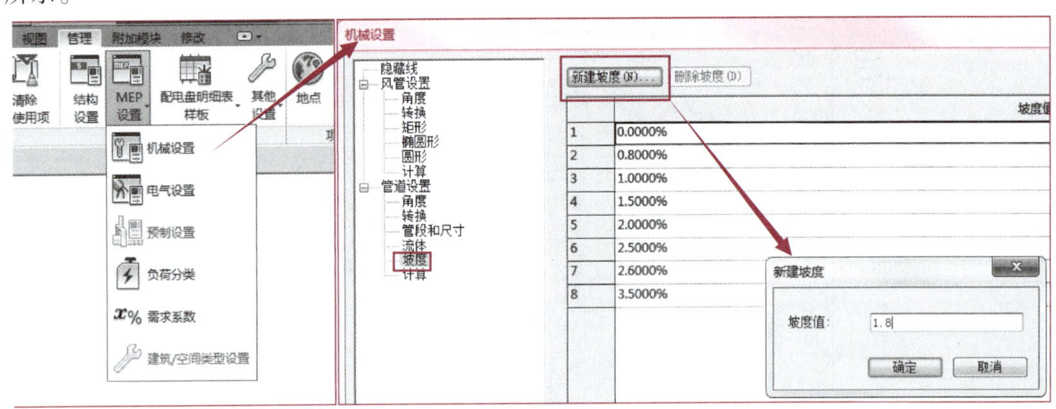

图 5－29

预定义的坡度在激活“管道”命令的状态下，且“向下坡度”或“向上坡度”命令激活时将出现在“坡度值”的下拉列表中，如图 5－30 所示。

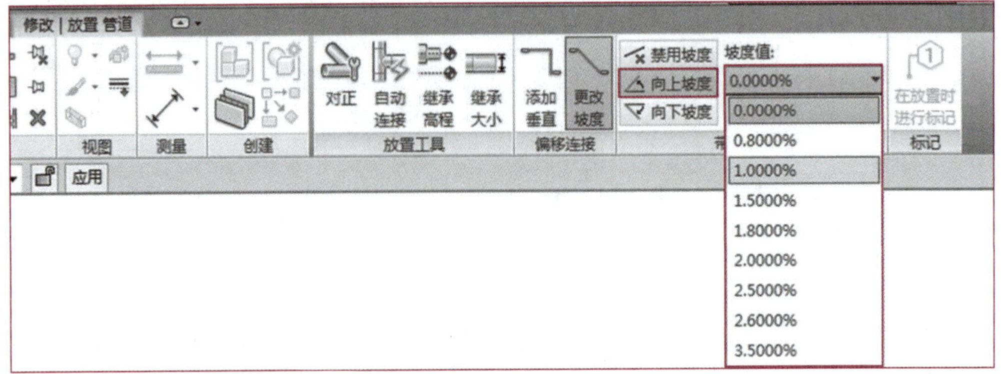

图 5－30

可以在绘制管道的同时制定坡度,也可以在管道绘制完成后对管道的坡度进行编辑。

(1) 直接绘制带坡度管道。在激活“管道”命令的状态下,“修改 | 放置管道”选项卡中默认状态下为“禁用坡度”;选择“向上坡度”或者“向下坡度”选项后可以指定对应的坡度值,如图 5 - 30 所示。直接绘制带坡度的管道时,同样需要确定管道的起点标高。

注意:绘制带坡度管道完成后,在绘制下一段管道时,需要注意管道的起点标高。

(2) 编辑管道坡度。绘制一段不带坡度的管段,选取该段管并修改其起点或终点标高来生成坡度。或者当管段上出现带坡度符号时,可以选择该符号进行坡度值的修改,如图 5 - 31所示。

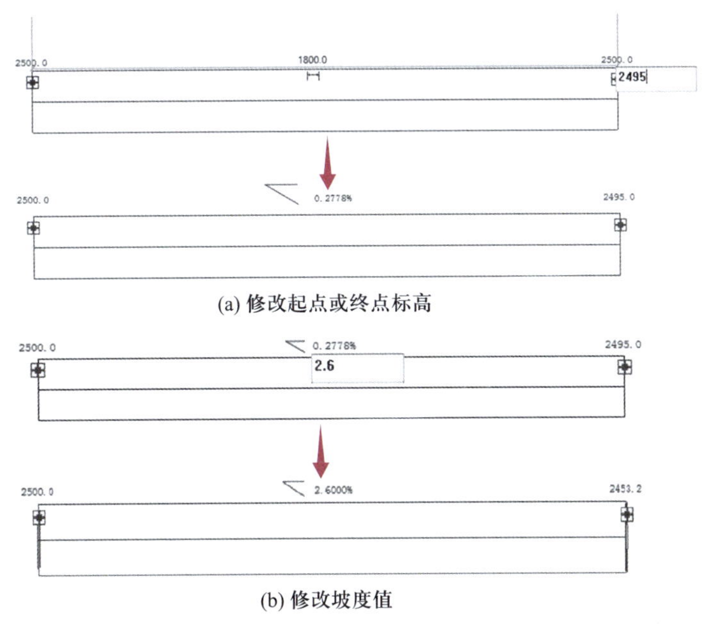

图 5 - 31

(3) 绘制一段不带坡度的管段,选择该管段,选择功能区中“坡度”选项,如图 5 - 32 所示。

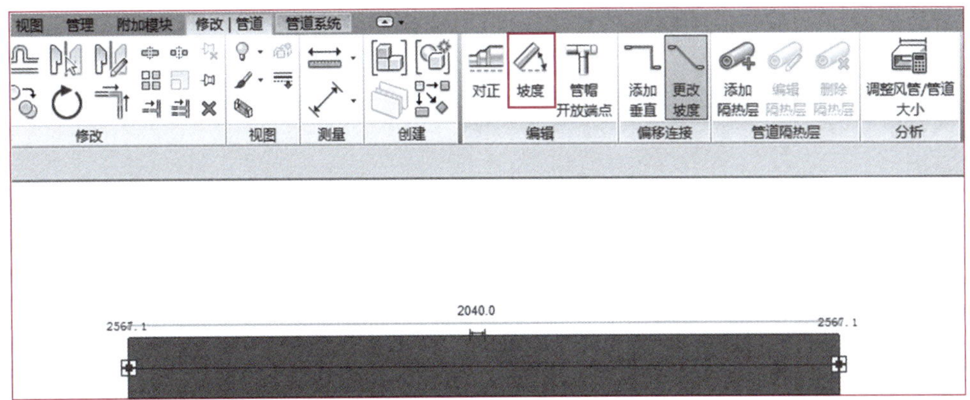

图 5 - 32

激活“坡度编辑器”，选择“坡度值”以及“坡度控制点”选项后单击“完成”按钮，如图5－33所示。效果如图5－34所示。

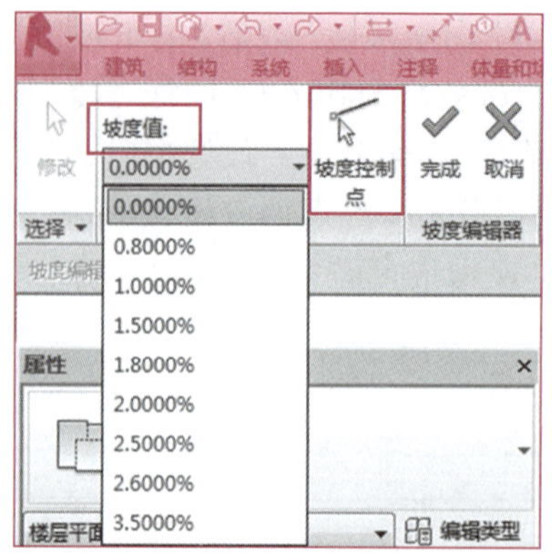

图5－33

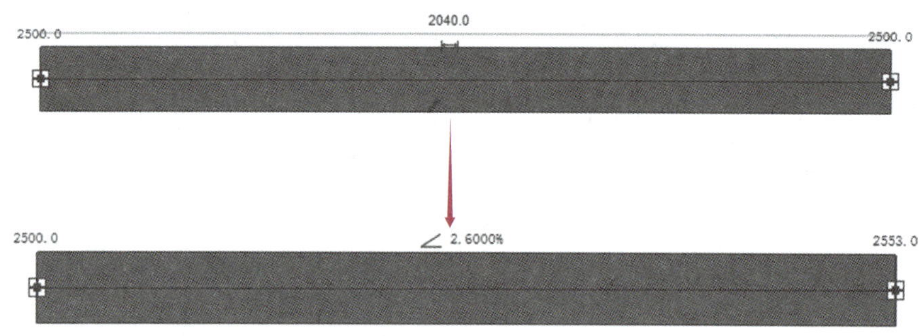

图5－34

5.3.2　子任务2：管件、附件和设备的放置

任务信息

建筑给排水系统除管道外，还包括管件、附件以及各种设备，例如三通、弯头、各种阀门、各种卫浴装置、消火栓、喷头、灭火器等。因此，管道绘制完成后，需要放置管件、附件、设备，并与管道进行连接。

任务实施

1. 管件的放置

（1）添加管件

在平面视图、立面视图、剖面视图和三维视图中均可放置管件，在绘制管道过程中，可自动添加的管件需要在管道“布管系统配置”对话框中进行设置。

管件手动添加方法有以下几种。

① 进入“系统”选项卡，选择“管件”选项，如图5－35所示，在“属性”选项板中选择需要的管件，在绘图区域所需位置进行放置。

② 在“项目浏览器”下拉列表窗口中，展开“族”→“管件”选项，直接以拖拽的方式将管

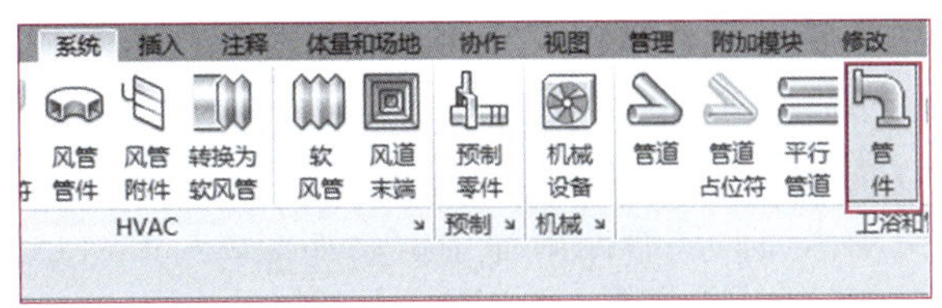

图 5－35

件拖到绘图区域所需位置进行放置。

（2）放置管帽

管帽的放置方式和其他自动加载的管件有所不同，在绘制过程中，软件无法识别该管道是否需要添加管帽或者保持开放，所以需要进行手动添加。快速添加管帽的步骤如下。

① 选择需要添加管帽的管道。

② 进入“修改｜管道”选项卡，选择“管帽开放端点”选项，如图 5－36 所示。

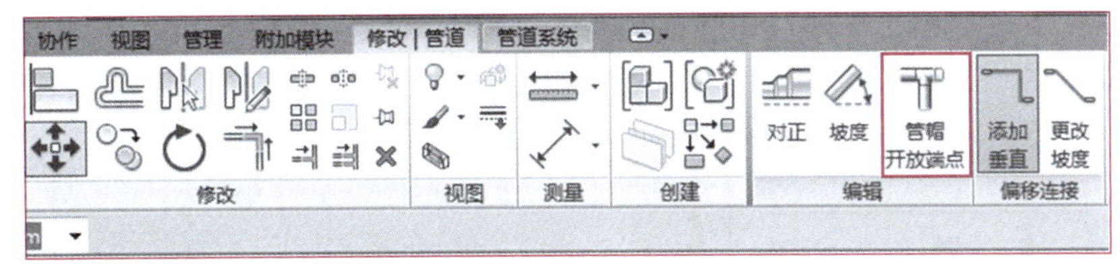

图 5－36

（3）编辑管件

在绘图区域中单击某一管件后，管件周围会显示一组管件控制柄，可用于修改管件尺寸、调整管件方向、进行升级或者降级，如图 5－37 所示。

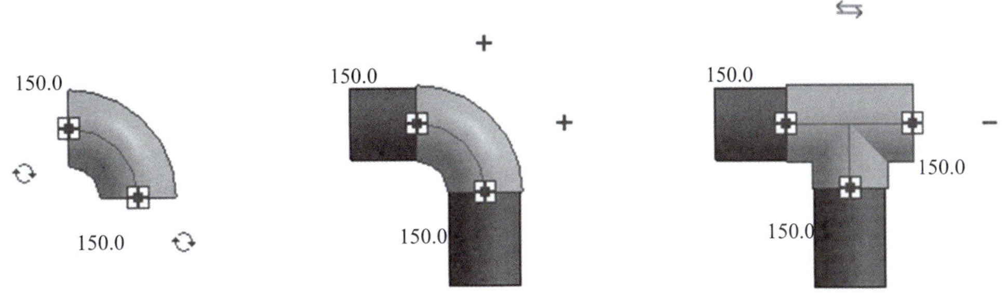

图 5－37

① 单击“ ⇆ ”符号，可以实现管件水平或垂直旋转 180°。

② 单击“ ⟳ ”符号，可以旋转管件（注意：当管件连接管道后，该符号不再出现）。

③ 如果管件旁边出现“＋”符号，表示可以升级该管件。例如：弯头可以升级为 T 形三通，T 形三通可以升级为四通。

④ 如果管件的旁边出现“－”符号，表示可以降级该管件。例如：带有未使用连接件的四通可以降级为 T 形三通，带有未使用连接件的 T 形三通可以降级为弯头。如果管件上有多个未使用的连接件，则不会显示“－”符号。

2. 管路附件放置

在平面视图、立面视图、剖面视图和三维视图中均可放置管路附件。管路附件需要手动添加，管路附件的放置方法有下列几种。

（1）进入“系统”选项卡，选择“管路附件”选项，如图 5－38 所示。在“属性”选项板中选择需要的管路附件，放置在绘图区域所需位置。

图 5－38

（2）在“项目浏览器”下拉列表窗口中，展开“族”→“管道附件”选项，直接以拖拽的方式将管路附件拖到绘图区域所需位置进行放置。

假如当前项目中没有所需的管路附件，可以在“属性”选项板中选择“编辑类型”选项，进入“类型属性”对话框，单击“载入”按钮，进行族的载入，如图 5－39 所示。

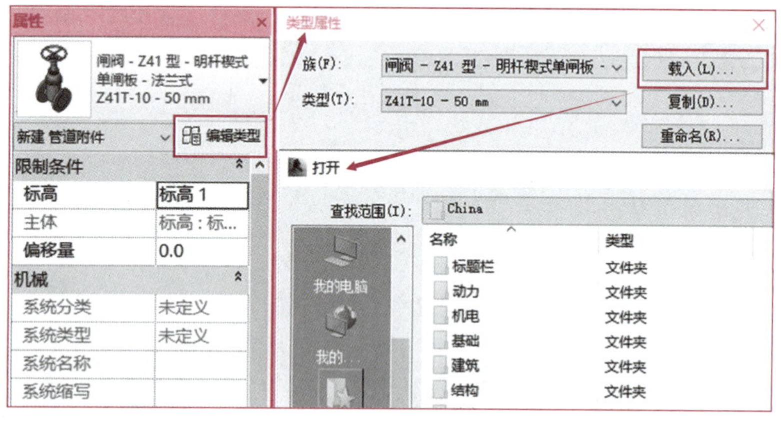

图 5－39

3. 设备的放置与连接

（1）生活给水系统

系统自带卫生设备大部分需要基于主体放置，主体包括墙、柱子以及楼板等。用户在放置卫生器具的过程中需要注意。

① 进入“系统”选项卡，选择“卫浴装置”选项，在“属性”选项板中选择需要的卫生器具后，即可将之在绘图区域所需位置放置，如图 5－40 所示。

图 5－40

② 按照 CAD 卫生间大样底图将卫生器具进行放置，如图 5－41 所示。

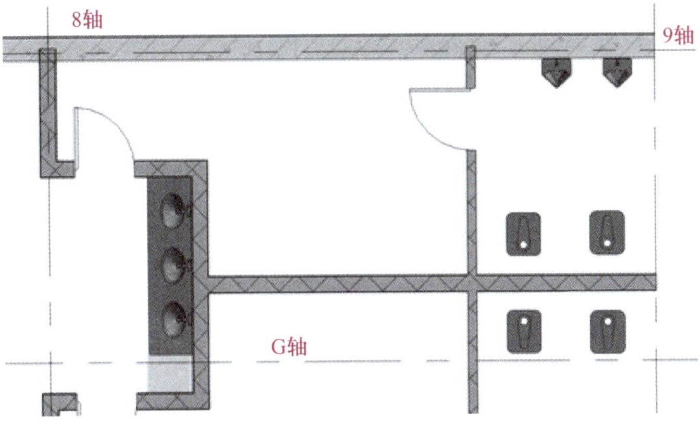

图 5－41

注意：在进行项目管道绘制时，需要确定当前视图的“视图样板”是否设置为“无”，“规程”是否设置为“协调”。

③ 选择卫生器具，查看其进水点位置，进入“系统”选项卡，选择“管道”选项，在“属性”选项板中选择“管道类型”为“PPR”，“系统类型”为“生活给水系统”，“直径”为 25 mm 以及“偏移量”为 0 mm。将鼠标指针移至进水点附近，直至出现“捕捉”光标，单击绘制管段起点，绘制一段管道，如图 5－42 所示。

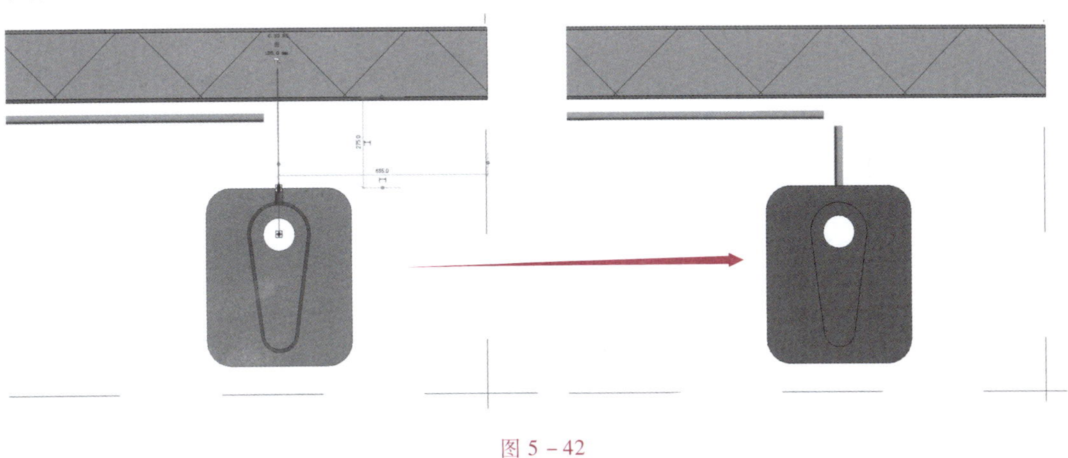

图 5－42

④ 进入“修改”选项卡，单击“修剪/延伸为角”按钮，将管道进行连接，如图 5－43 所示。

使用“连接到”命令也可以进行连接。选择卫生器具，在“修改｜卫浴装置”选项卡中单击“连接到”选项，再选择需要连接的管道，完成管道及卫生器具的自动连接，如图 5－44 所示。

注意：使用“连接到”命令时，从连接件连出的管道默认与目标管道的最近端点进行连接。

（2）生活污水系统

运用剖面视图进行污水管道辅助绘制。

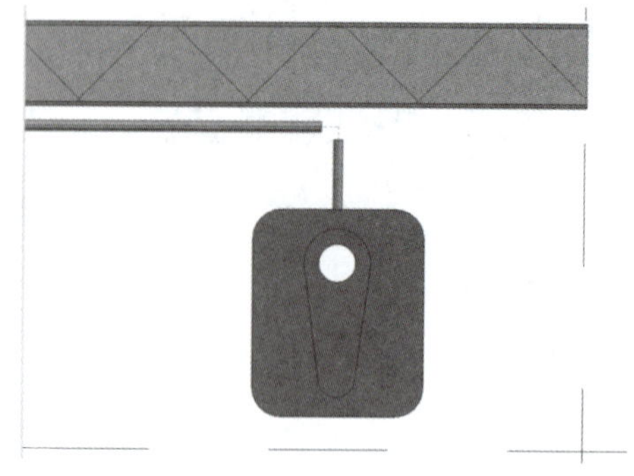

图 5 - 43

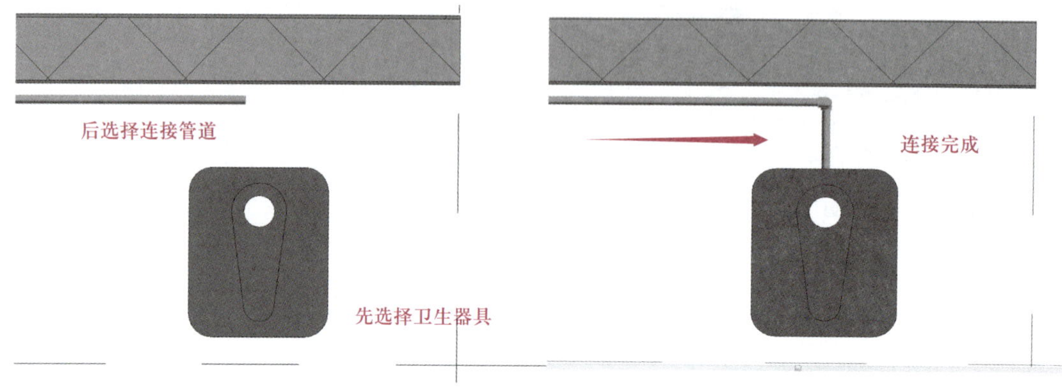

图 5 - 44

① 进入“视图”选项卡，选择“剖面”选项，在平面视图中，将光标放置在剖面的起点处，拖拽光标直至终点后单击。出现剖面线和裁剪区域，选中剖面线，可以拖曳四周的控制柄调整可视范围以及可视深度，如图 5 - 45 所示。

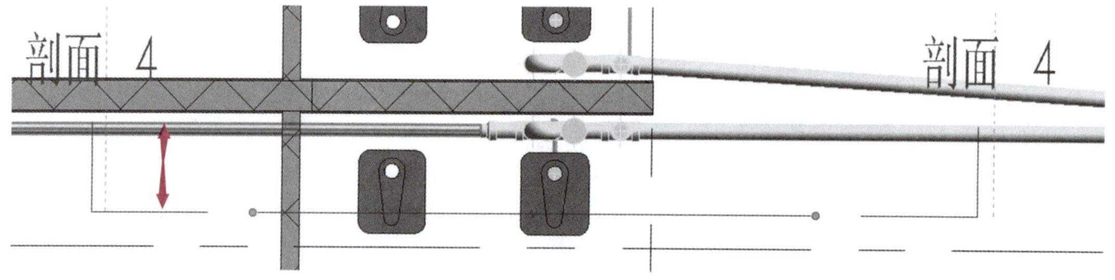

图 5 - 45

此时在“项目浏览器”下拉列表窗口中“剖面”选项可选择下拉列表对剖面视图进行查看。

单击剖面框，使用鼠标右键选择“转到视图”选项，可以进入剖面视图中。进入剖面视图后，当前视图详细程度为粗略，用户可根据自己的实际情况对详细程度进行调整。

② 在激活“管道”命令的状态下，在“属性”选项板中选择“管道类型”为“PVC - U - 排水”，“系统类型”为“生活污水系统”，“直径”为 100 mm，在这里“偏移量”可以不进行选择。将鼠标指针移动至出水口位置，出现捕捉点后单击选择起点位置，移动鼠标指针选择终点位

置后单击，完成污水管绘制，如图 5－46 所示。

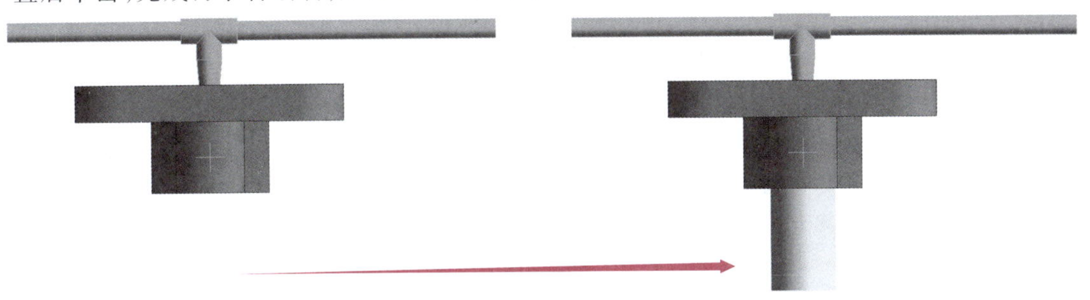

图 5－46

③ 将存水弯载入项目，进入“系统”选项卡，选择“管路附件”选项，在“属性”选项板中选择存水弯，将鼠标指针移动至管道底部附近直至出现“捕捉”光标，如图 5－47 所示。

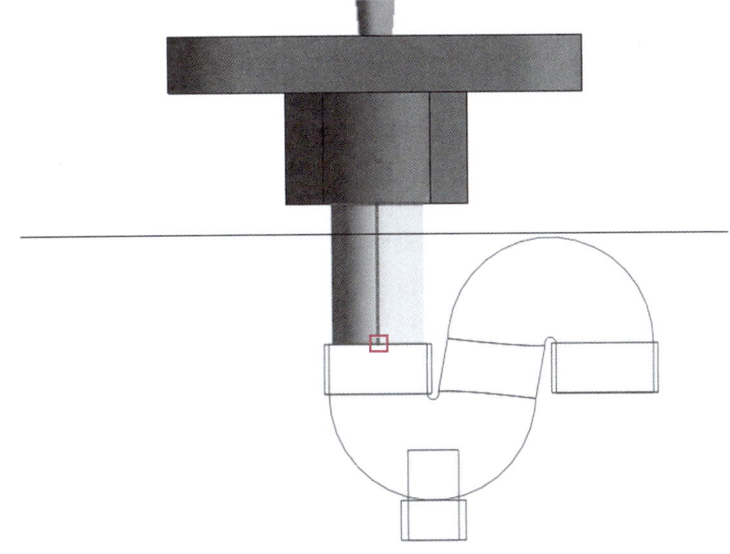

图 5－47

④ 放置存水弯后，返回平面视图，检查存水弯是否放置在所需位置，如果位置不合适，可以使用旋转命令进行调整，可将存水弯出水口作为圆心进行旋转或移动，如图 5－48 所示。

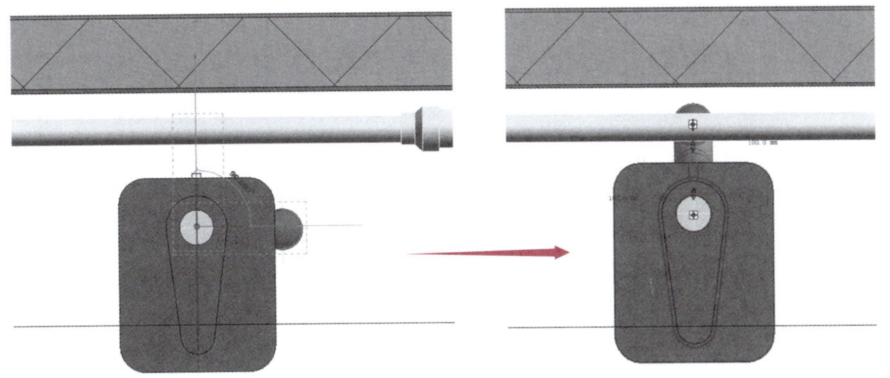

图 5－48

⑤ 调整存水弯位置后切换回剖面视图，确认存水弯是否已正确放置，如图 5－49 所示。

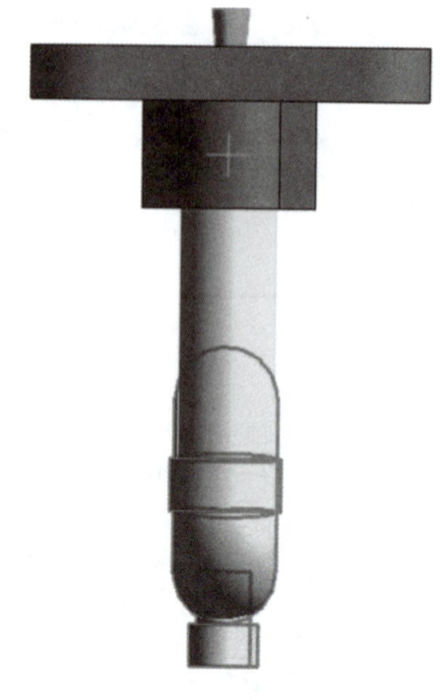

图 5－49

⑥ 绘制坡度为 2.6% 的排水横管。手动将横管与存水弯出水口管段进行标高调整。然后再进入“修改”选项卡，单击“修剪、延伸单个图元”按钮 ，进行管道连接。连接后效果如图 5－50 所示。

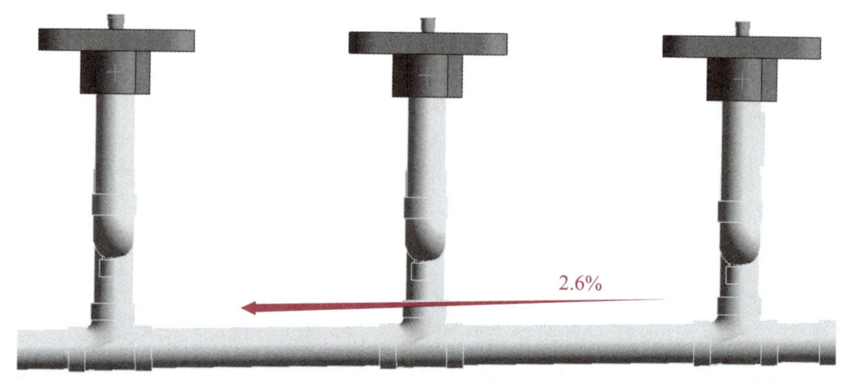

图 5－50

（3）消火栓系统

消火栓系统在翻模阶段可以参考以下步骤：布置消防立管，标注立管信息，放置消火栓，连接消火栓，添加阀门。下面以 1F 楼层平面为例。

① 布置消防立管：根据 CAD 底图的位置放置消火栓立管。

② 标注立管信息：Revit 本身没有立管标注选项栏，但是为了考虑后期立管编号标注，可以在绘制立管的同时，添加“立管编号”信息。为了在后续给管道标注时提取该参数，在这里新建一个共享参数。具体步骤见本学习情境任务 3。

③ 放置消火栓：根据 CAD 底图在 1F 楼层平面内放置消火栓。

进入“系统”选项卡，选择“机械设备”选项，如图 5－51 所示。

图 5－51

在“属性”选项板中选择消火栓箱类型，或从系统自带族中载入。并设置消火栓箱的放置高度(该消火栓栓口中心参照当前楼层标高的“偏移量”为 1 100 mm，不同消火栓族定位原点不一样，放置前需要校核)，如图 5－52 所示，在绘图区域合适位置进行放置。

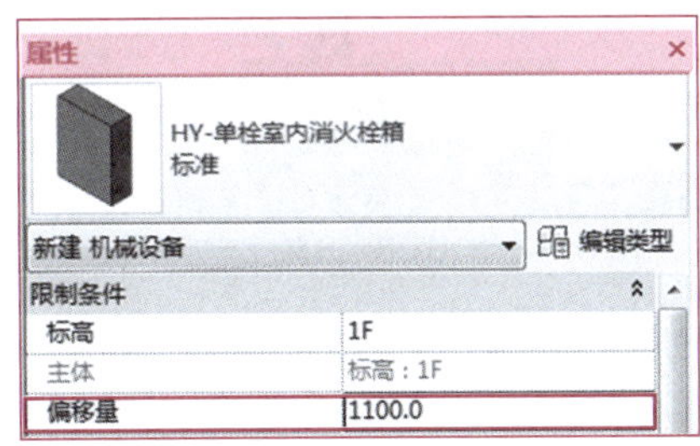

图 5－52

④ 绘制主干管：根据 CAD 底图绘制 1F 的消防主干管。

激活“管道”命令，设置“管道类型”为“内外热镀锌钢管”，“系统类型”为“消火栓系统”，“直径”为 150 mm，“偏移量”暂定为 4 000 mm。

⑤ 将主干管与消火栓箱进行连接，有以下两种方式：

- 直接拾取消火栓进水点后与主干管进行连接；
- 使用“连接到”命令。

单击消火栓箱，进入“修改｜机械设备”选项卡，选择“连接到”选项，如图 5－53 所示。

弹出“选择连接件”对话框，如图 5－54 所示。

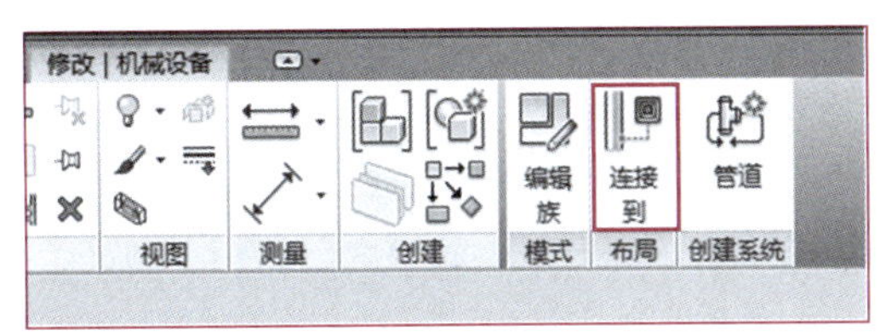

图 5－53

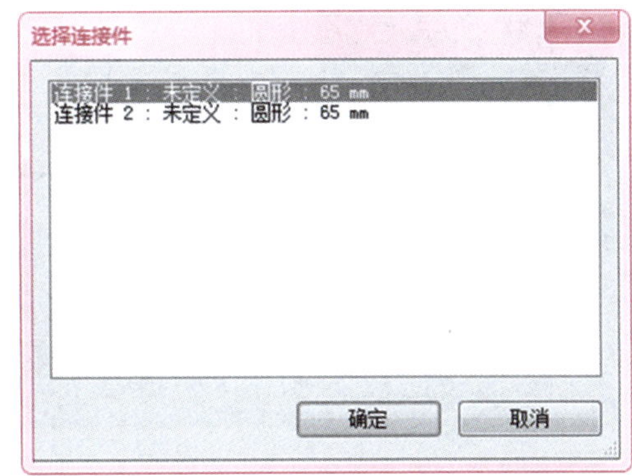

图 5－54

选择其中一个连接件，完成后单击“确定”按钮，选择主干管，连接完成，如图 5－55 所示。

图 5-55

绘制完成后的 1F 消火栓系统效果如图 5-56 所示。

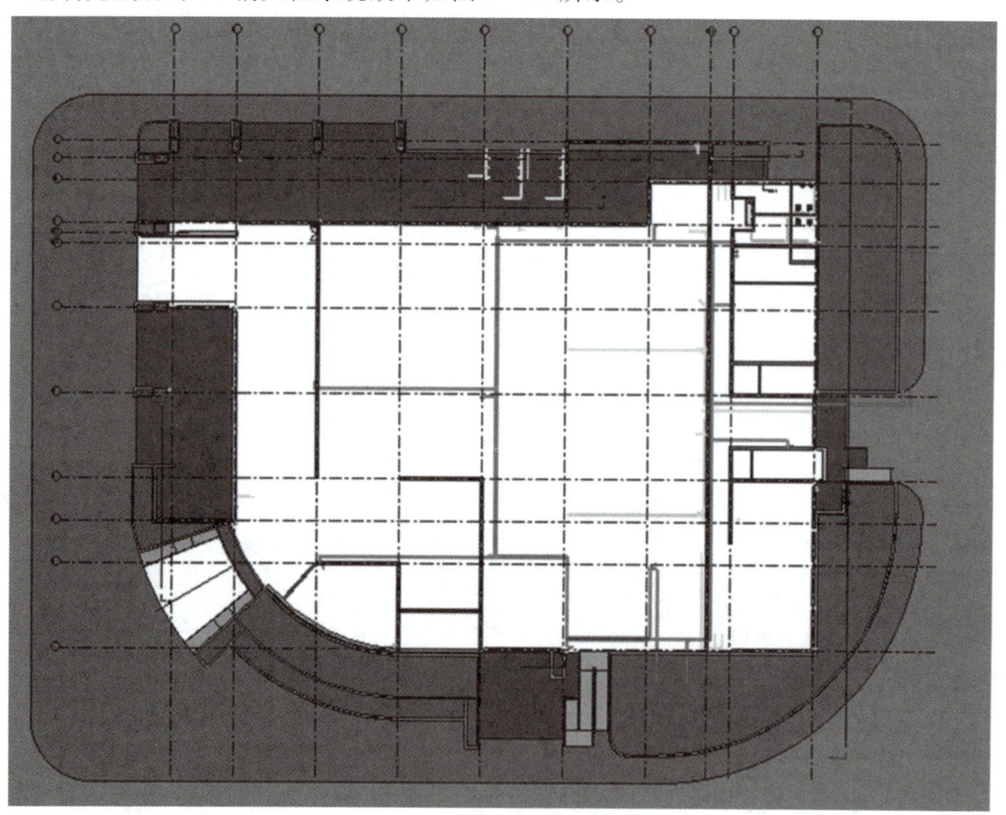

图 5-56

4. 自动喷水灭火系统

(1) 绘制喷头

在当前项目,进入 1F 平面视图,进入“系统”选项卡,选择“喷头”选项,如图 5-57 所示。

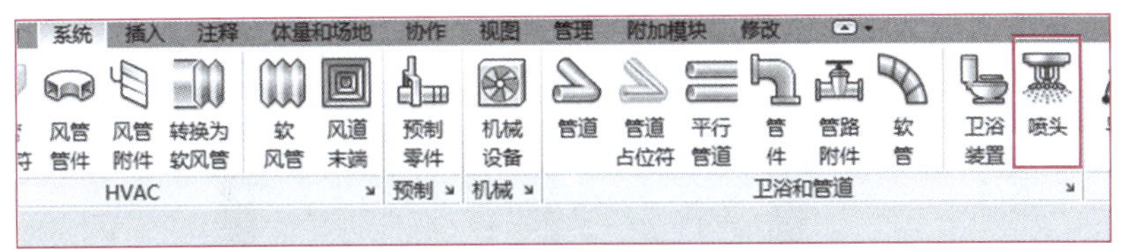

图 5 - 57

在"属性"选项板中选择合适的喷头类型,在"偏移量"中输入 4 150 mm,然后在绘图区域所需位置进行喷头放置,效果如图 5 - 58、图 5 - 59 所示。

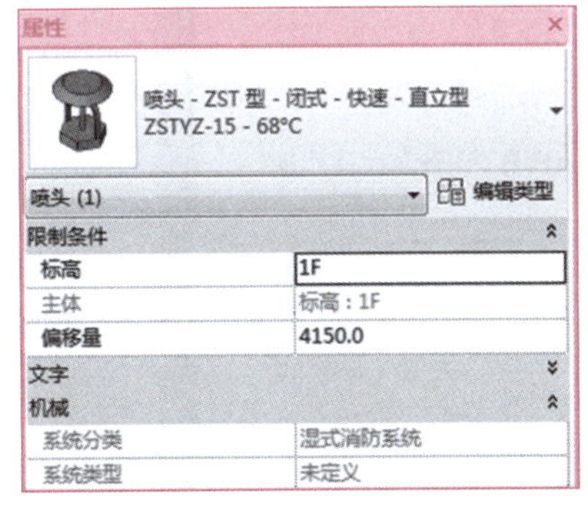

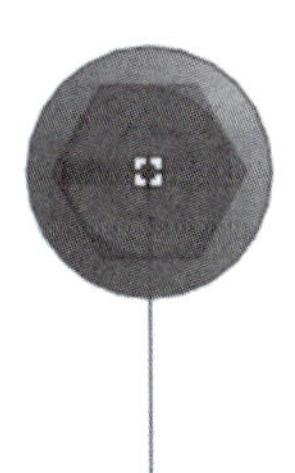

图 5 - 58

图 5 - 59

(2) 连接喷头与绘制管道

① 激活"管道"命令,选择相应参数(管道类型、系统类型、管道直径、管道偏移量),起点单击第一个喷头,终点单击最后一个喷头。系统自动连接第一个喷头与最后一个喷头,如图 5 - 60所示,其余喷头利用剖面视图进行辅助,在剖面视图中进行管道连接,如图 5 - 61 所示。

② 或者借助剖面框,直接在剖面框进行横支管绘制及连接,然后再调整横支管偏移量,如图 5 - 62 所示。

注意:使用"连接到"命令连接支管与喷头时,连接段自动生成的管道直径为 15 mm,这个由所选喷头的入口直径确定。在这里需手动将直径 15 mm 的管道修改为 25 mm。

③ 管道与喷头绘制、连接完成后,可以根据喷头间距对已绘制的管道和喷头进行成批复制,如图 5 - 63 所示。

图 5－60

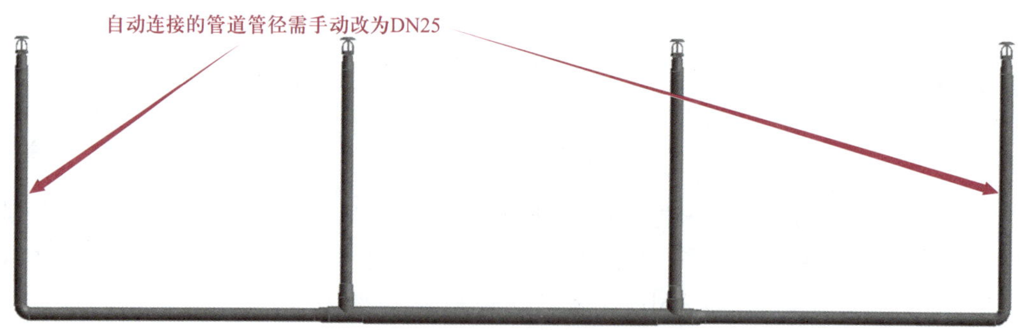

图 5－61

④ 绘制喷淋主干管与横支管相连接。

⑤ 插入相关喷淋系统阀门。

注意:假设在设计阶段,需根据间距要求布置喷头时,可添加合适的参照平面,并将喷头锁定在水平和竖直参照平面上。这样可以通过移动参照平面快速批量修改喷头位置,同时

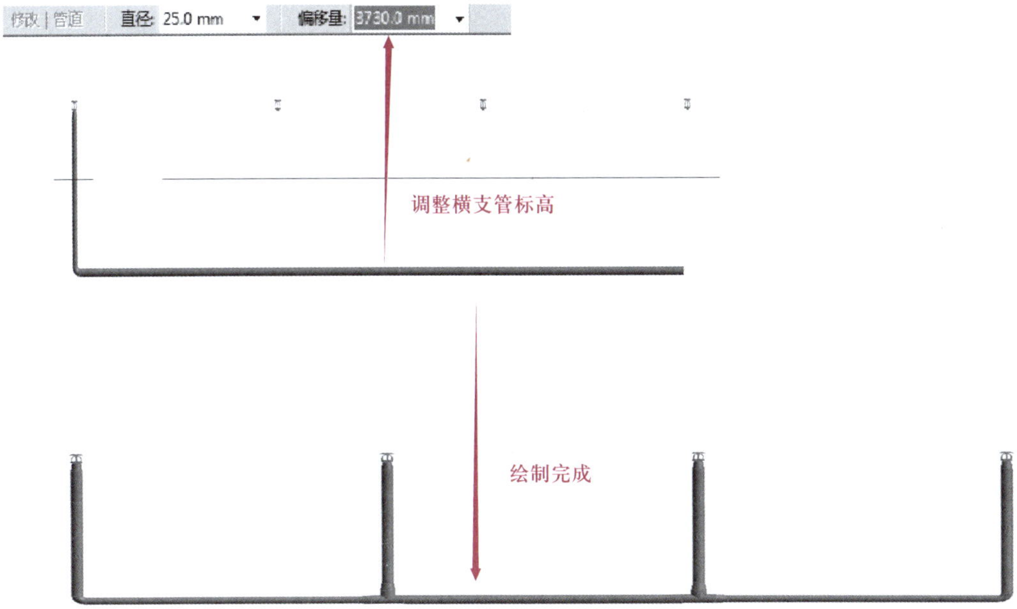

图 5－62

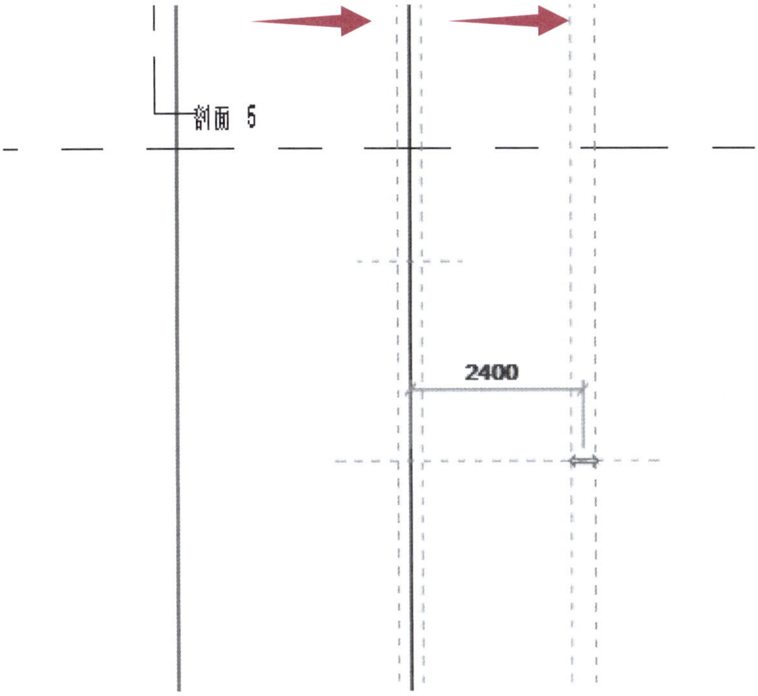

图 5－63

有利于在自动布局模式下进行管路连接，避免因喷头没有对齐而致使连接管道失败。

5. 灭火器

进入“系统”选项卡，选择“机械设备”选项，将灭火器载入项目中，在绘图区域所需位置放置灭火器，如图 5－64、图 5－65 所示。

图 5－64

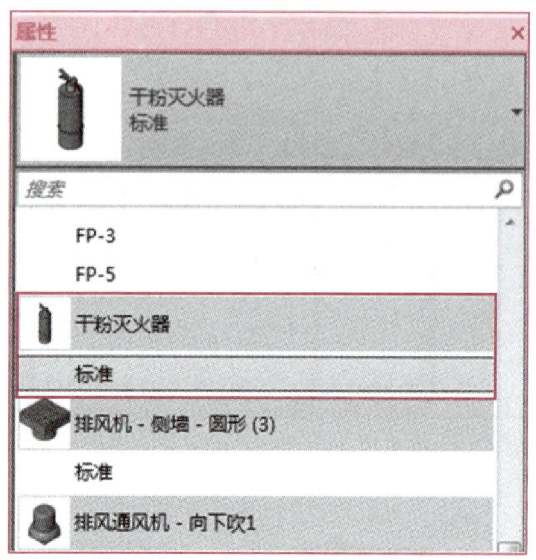

图 5－65

5.4　任务 3：模型标注

任务信息

模型标注包括立管标注、管道尺寸标注、管道系统类型标注、标高标注、坡度标注和文字标注（说明）。

管道尺寸和管道系统类型是通过注释符号族来标注，在平面、立面、剖面和锁定的三维视图中可用，而管道标高和坡度则是通过尺寸标注系统族来标注，在平面、立面、剖面和三维视图中均可使用。

任务实施

5.4.1　立管标注

1. 添加共享参数

（1）进入“管理”选项卡，选择“共享参数”选项，如图 5－66 所示。进入“编辑共享参数”对话框，单击“创建”按钮，选择创建共享参数文件的保存路径以及文件名，完成后进行保存，新建“组”并命名为“管道标注”，完成后单击“确定”按钮，如图 5－67 所示。

在“编辑共享参数”对话框中单击“新建”按钮，新建“参数”，进入“参数属性”对话框，在“名称”中输入“立管编号”，“规程”选择“公共”，“参数类型”选择“文字”，如图 5－68 所示，选择完成后单击“确定”按钮。

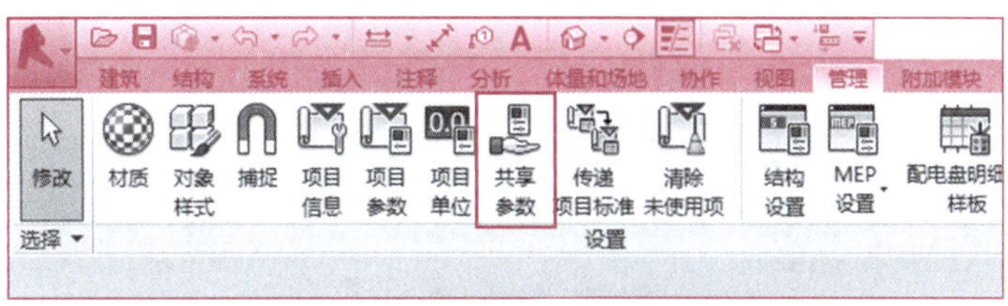

图 5－66

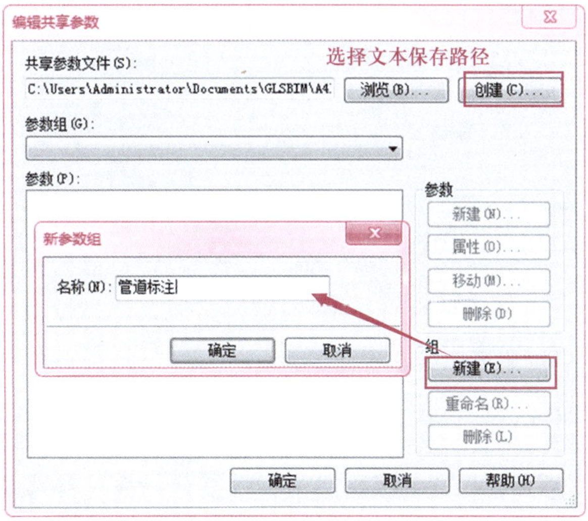

图 5－67

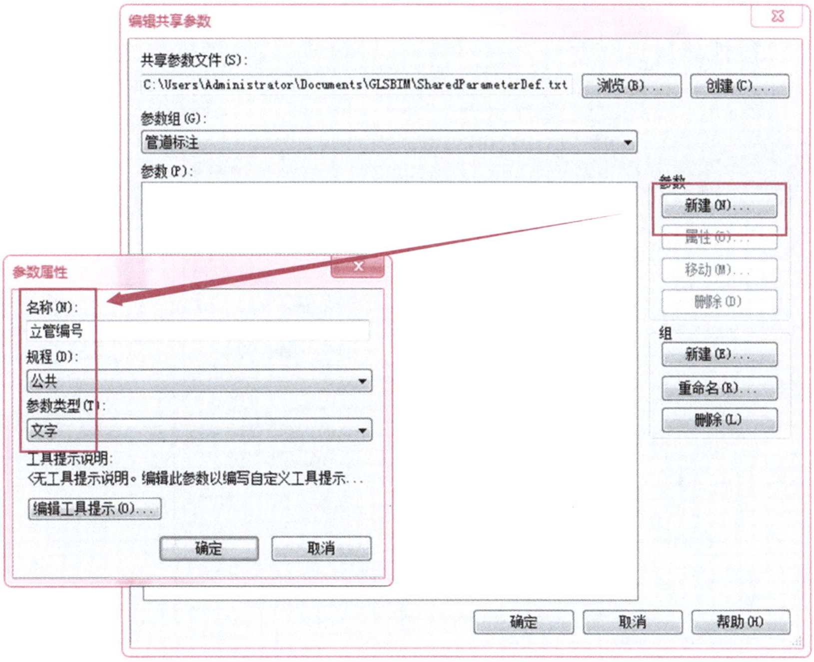

图 5－68

返回“编辑共享参数”对话框，在“参数”列表框中可以看到成功创建“立管编号”，如图 5－69所示。

图 5－69

完成后单击“确定”按钮返回绘图界面。

(2)进入“管理”选项卡,选择“项目参数”选项,弹出“项目参数”对话框,单击“添加”按钮,如图 5－70 所示。

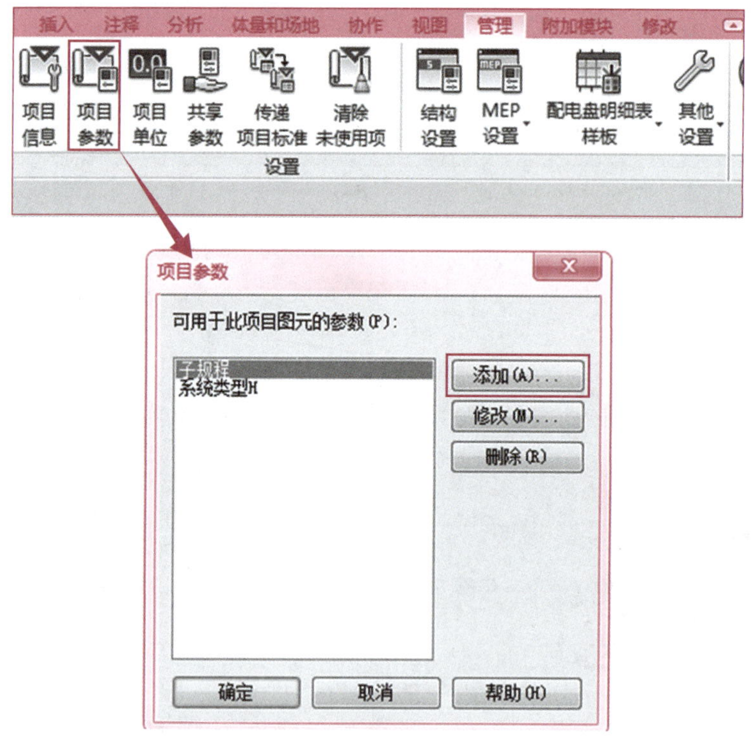

图 5－70

进入“参数属性”对话框,单击“共享参数”单选按钮,单击“选择”按钮,弹出“共享参数”对话框,选择之前所创建的“立管编号”,完成后单击“确定”按钮返回“参数属性”对话框,“参数数据”选择“实例”,“类别”选择“管道”,“参数分组方式”选择“文字”。使得“立管编号”参数以实例的方式添加至管道类别当中，如图 5－71 所示。

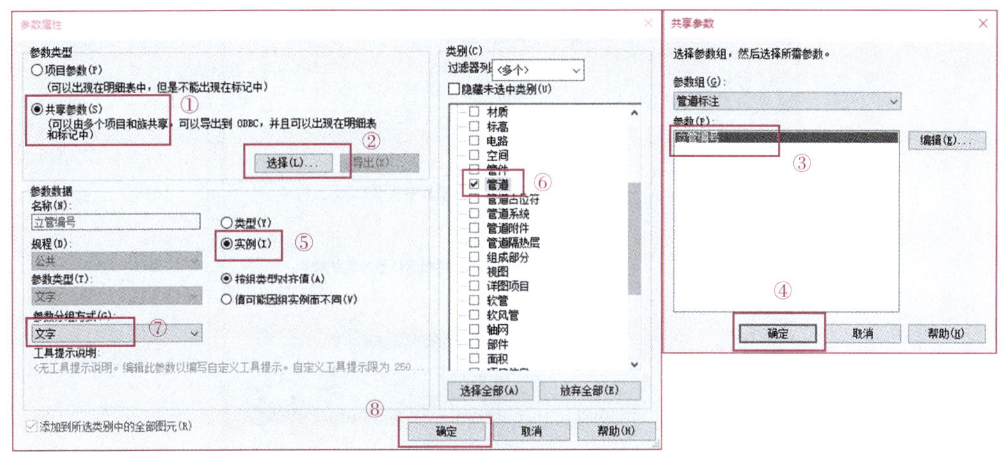

图 5－71

选择完成后单击“确定”按钮，返回“项目参数”对话框，此时“立管编号”出现在列表框当中，选择“立管编号”选项，完成后单击“确定”按钮，如图 5－72 所示。

（3）在绘图区域选择已绘制的立管，此时在“属性”选项板“文字”中出现“立管编号”，用户可在“立管编号”中对管道的编号进行编辑，如图 5－73 所示。

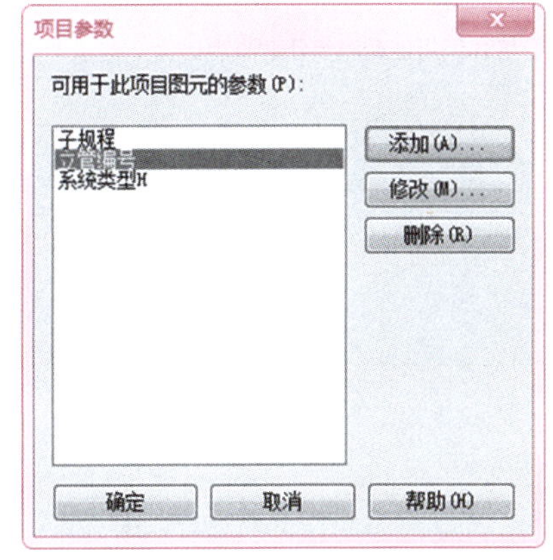

图 5－72

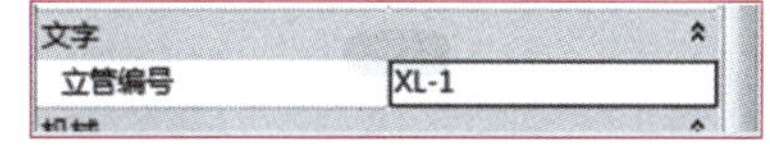

图 5－73

注意：建议其他系统的管道在绘制立管的同时进行管道编号标注。

2. 创建管道标签提取参数

（1）创建新的注释族符号。选择→“新建”→“注释符号”→“公制常规标记”族样板文件，如图 5－74 所示。进入公制常规标记族编辑界面，将带红字的注意事项进行删除，如图 5－75 所示。

（2）进入“创建”选项卡，单击“族类别和族参数”按钮，弹出“族类别和族参数”对话框，因为当前创建的标记是用于标记管道的，“族类别”选择“管道标记”，如图 5－76 所示。

如果是用来标记管件类别的，则应选择“管件标记”，保持和被标记族的族类别一致。

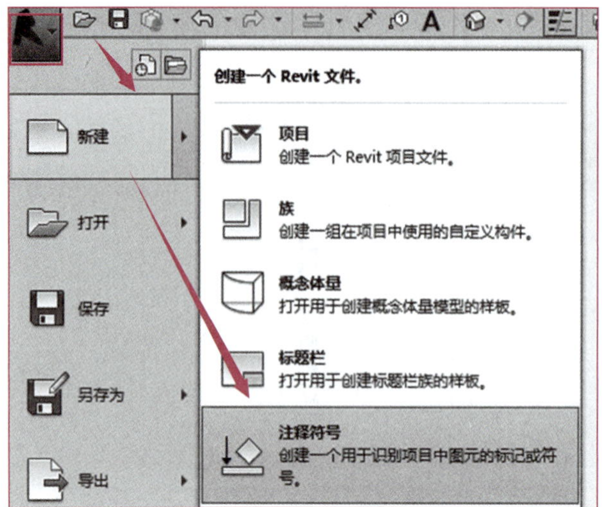

图 5－74

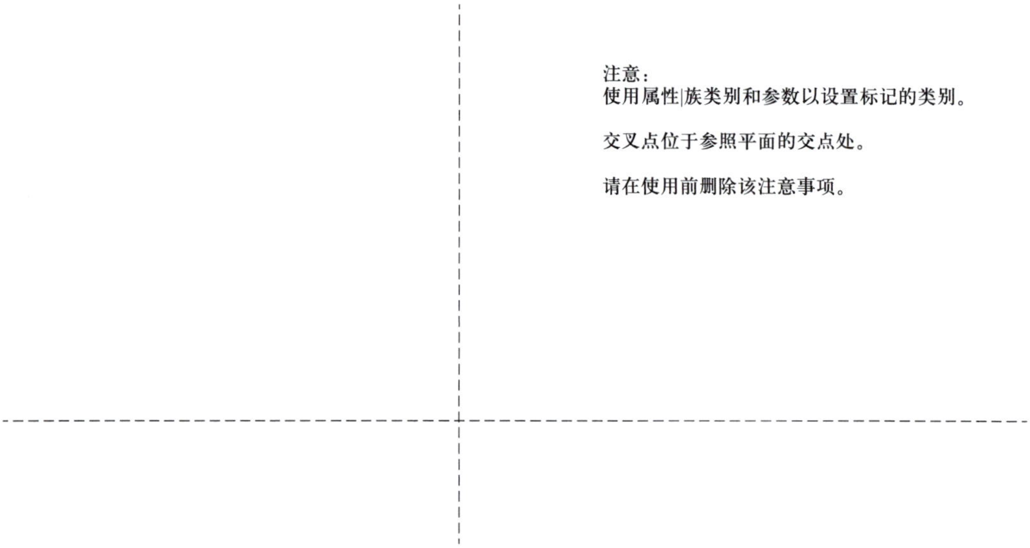

注意：
使用属性|族类别和参数以设置标记的类别。

交叉点位于参照平面的交点处。

请在使用前删除该注意事项。

图 5－75

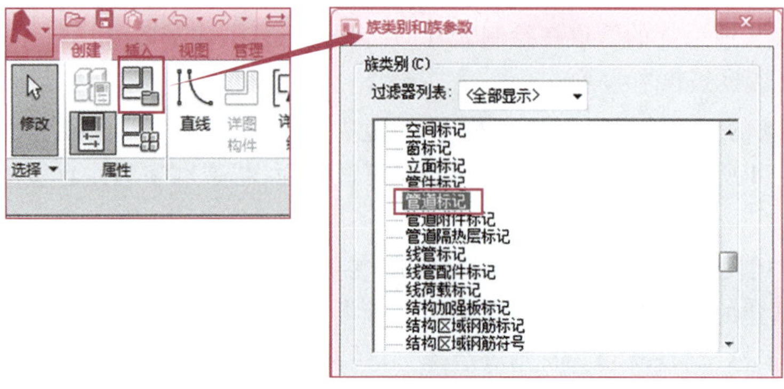

图 5－76

（3）进入“创建”选项卡，选择“标签”选项，在绘图所需区域单击，在“编辑标签”对话框中选择“添加参数”按钮进入“参数属性”对话框，单击“选择”按钮进入“共享参数”对话框，选择之前创建的“立管编号”参数，如图 5－77 所示。

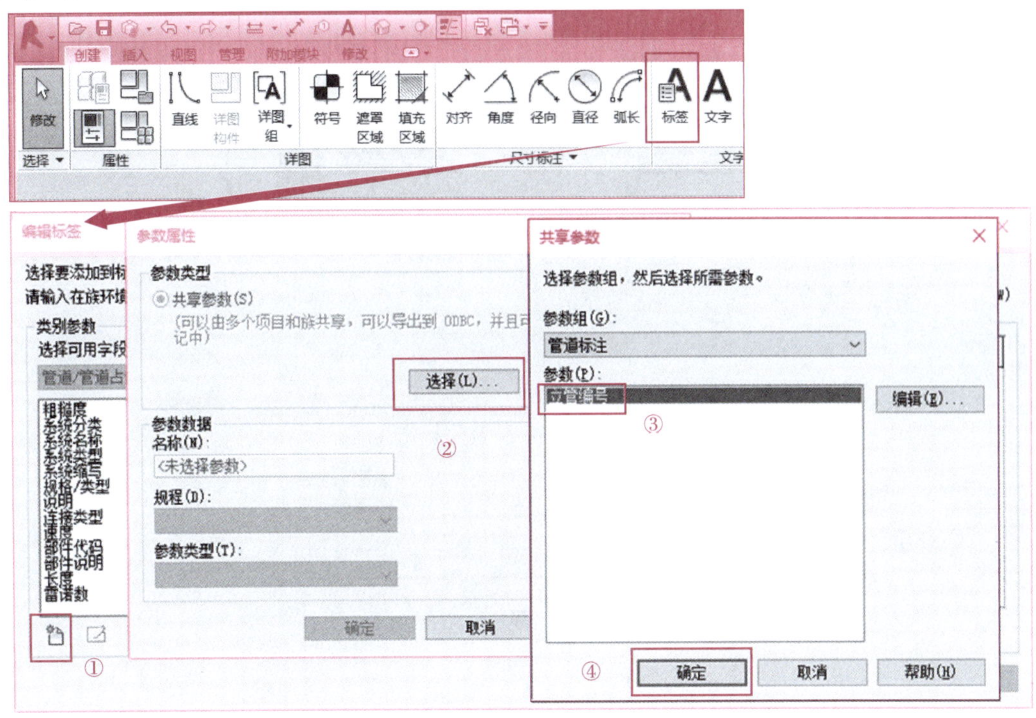

图 5－77

选择完成后单击“确定”按钮直至返回“编辑标签”对话框，此时“类别参数”中出现刚刚添加的“立管编号”参数，单击 按钮，将“立管编号”添加至右边的“标签参数”中，如图 5－78 所示，完成后单击“确定”按钮。

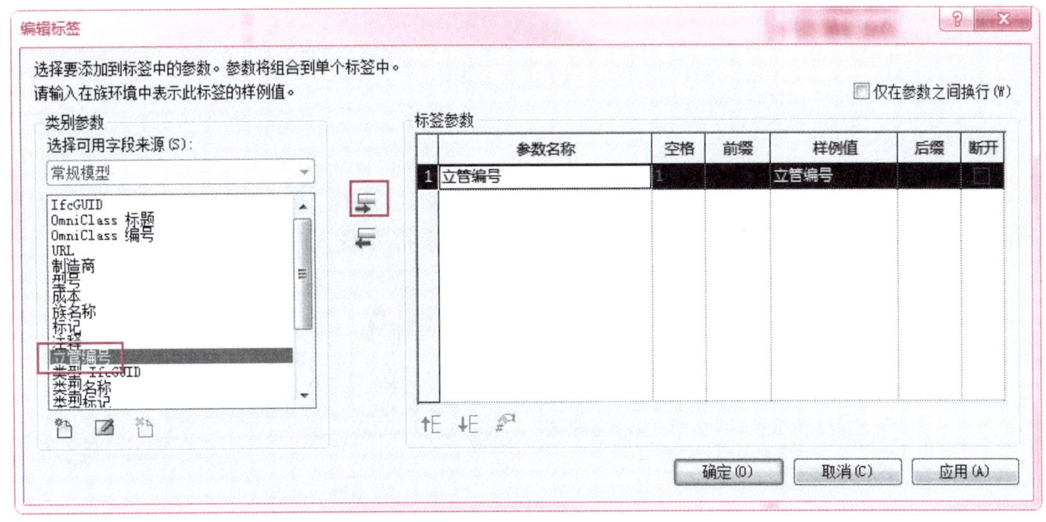

图 5－78

(4) 选择该标签进入“属性”选项板，单击“编辑类型”选项，进入“类型属性”对话框，根据实际情况修改注释标记的文字大小及字体样式，如图 5－79、图 5－80 所示。

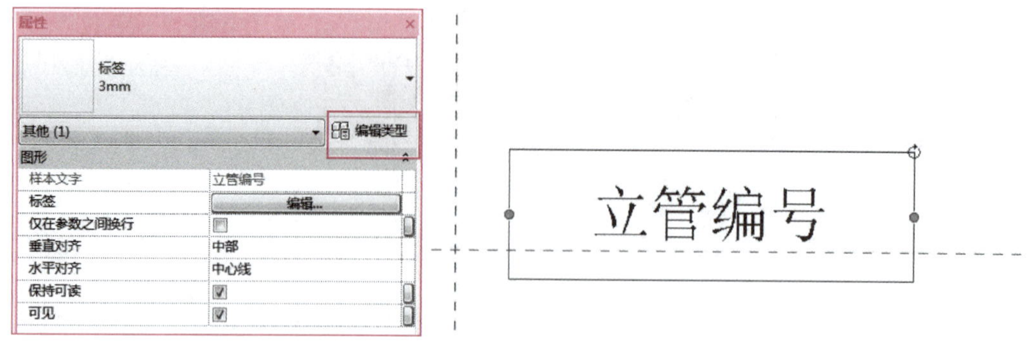

图 5－79

类型属性

族(F): 系统族：标签　　载入(L)...

类型(T): 3mm　　复制(D)...

重命名(R)...

类型参数

参数	值
图形	
颜色	黑色
线宽	1
背景	不透明
显示边框	☐
引线/边界偏移量	2.0320 mm
文字	
文字字体	Arial
文字大小	3.0000 mm
标签尺寸	12.7000 mm
粗体	☐
斜体	☐
下划线	☐
宽度系数	1.000000

《 预览(P)　确定　取消　应用

图 5－80

(5) 修改完成后单击标记，进入“修改|标签”选项卡，选择“载入到项目”或“载入到项目并关闭”选项，如图 5－81 所示，将创建完成的标记族符号载入项目中。

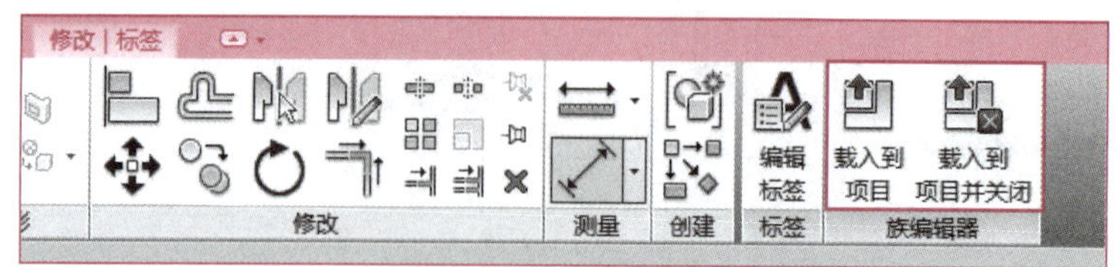

图 5－81

(6) 进入“注释”选项卡，选择“全部标记”选项，进入“标记所有未标记的对象”对话框。在“管道标记”中选择刚刚载入的“立管编号”，并单击“确定”按钮，如图 5－82 所示。

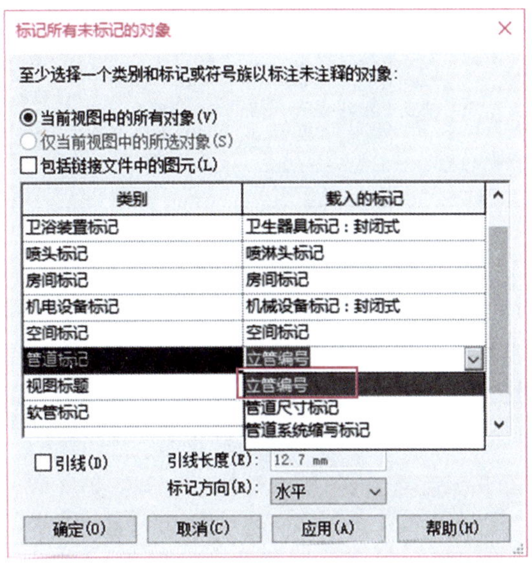

图 5 – 82

如果在标注前没有添加注释信息，标注后会出现“?”符号，此时单击“?”，输入相应的注释信息，结果如图 5 – 83 所示。

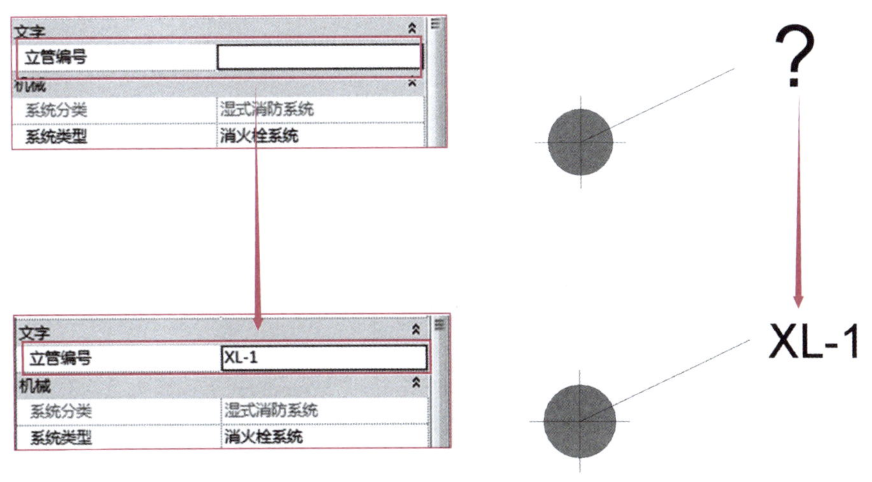

图 5 – 83

5.4.2　管道其他标注

1. 管道尺寸标注

Revit 自带的管道注释符号族“管道尺寸标记”可以用来进行管道尺寸标注，添加管道尺寸标注方式有以下两种。

（1）管道绘制的同时进行管道尺寸标注：进入绘制管道模式后，进入“修改 | 放置管道”选项卡，选择“在放置时进行标记”选项，如图 5 – 84 所示。绘制管道即可出现管道尺寸。

（2）管道绘制后再进行管道尺寸标注：进入“注释”选项卡，选择“标记”下拉列表，进入

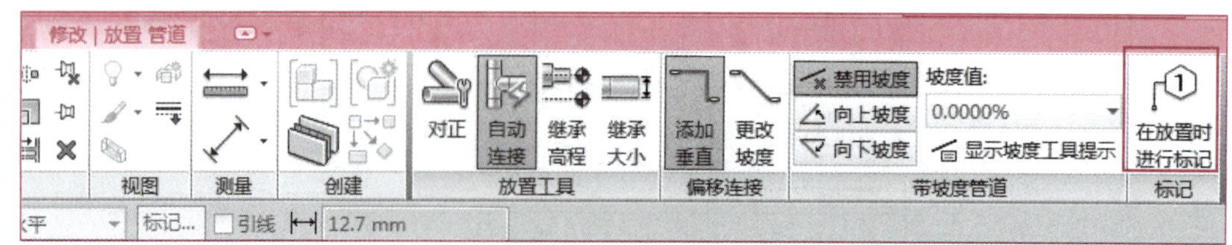

图 5－84

“载入的标记和符号”对话框,如图 5－85 所示,能够查看到当前项目文件中加载的所有标记族。当某个族类别下加载多个标记族时,排在第一位的标记族为默认标记族。将“类别”下“管道/管道占位符”设置为“管道尺寸标记”,如图 5－86 所示。当选择“按类别标记”选项后,将默认使用“管道尺寸标记”对管道族进行标记。

图 5－85

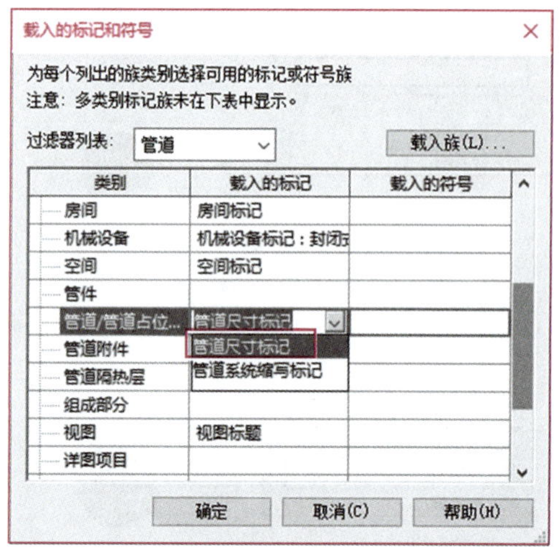

图 5－86

进入“注释”选项卡,选择“按类别标记”选项,将鼠标指针移至待标注的管道上,小范围移动鼠标指针可以选择标注出现在管道上方还是下方,确定注释位置后,单击即完成管道管径标注,如图 5－87 所示。

2. 管道系统类型标注

样板中自带管道系统缩写标记,能自动提取管道系统“缩写”参数,在标记的时候只需要进行以下两个步骤。

(1) 提前将管道系统里对应的管道“缩写”进行填写,如图 5－88 所示。

(2) 进入“注释”选项卡,选择“标记”下拉列表,进入“载入的标记和符号”对话框,将

图 5－87

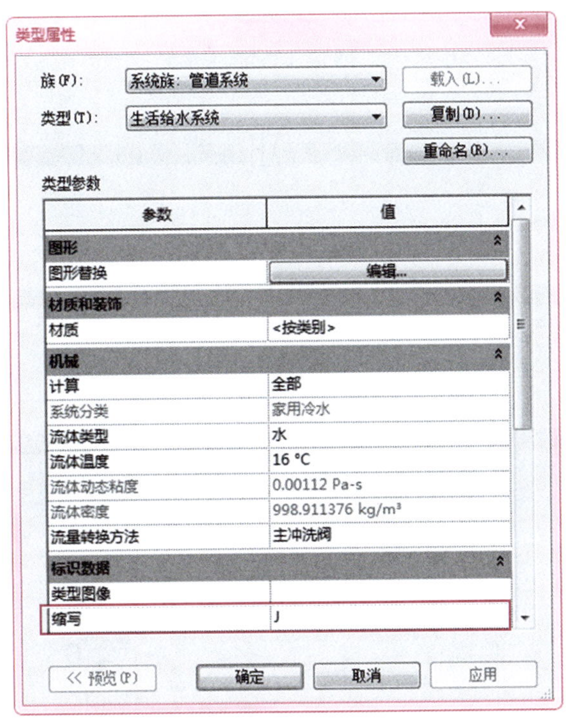

图 5－88

“类别”下“管道/管道占位符”设置为“管道系统缩写标记”，如图 5－89 所示。标注效果如图 5－90 所示。

3. 标高标注

用户可以通过进入“注释”选项卡，选择“高程点”选项来标注管道标高，如图 5－91 所示。

在“修改 | 放置尺寸标注”选项栏中，提供了“实际(选定)高程”“顶部高程”“底部高程”和“顶部高程和底部高程”四种选择，如图 5－92 所示。

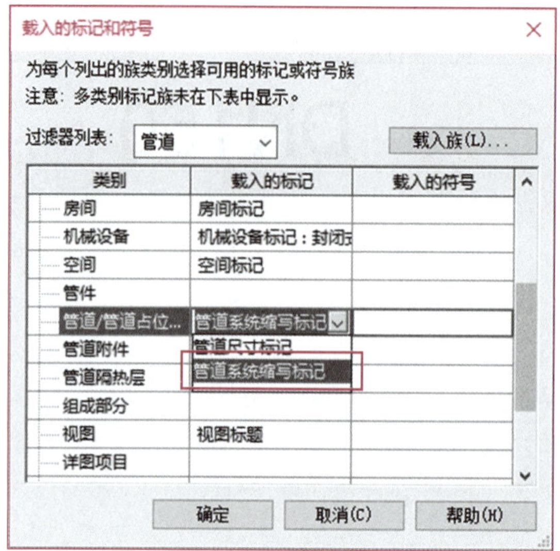

图 5－89

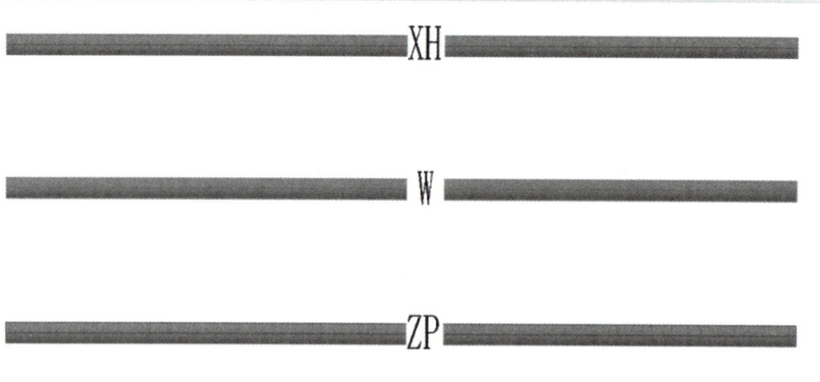

图 5－90

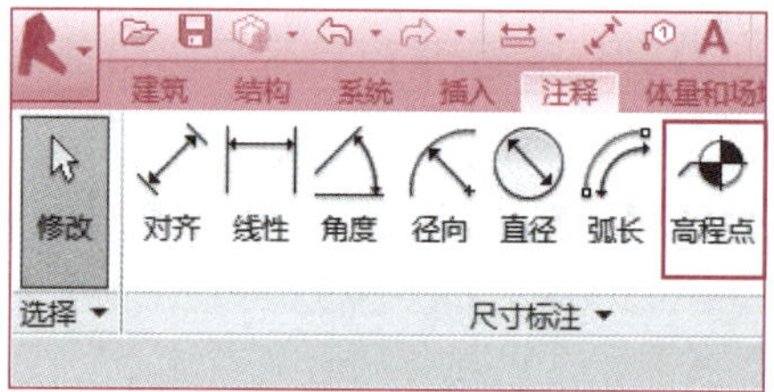

图 5－91

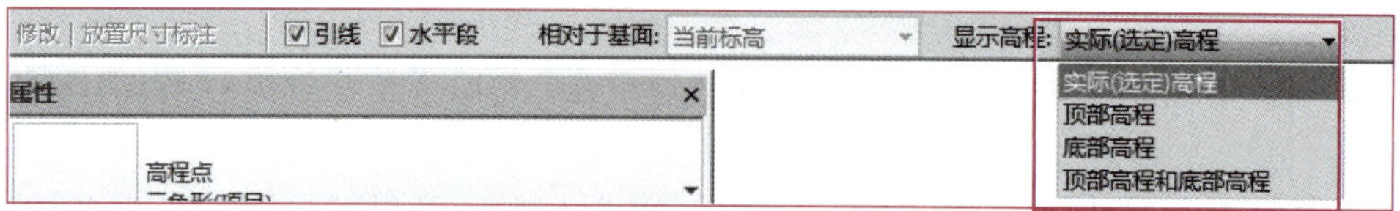

图 5－92

在剖面视图、立面视图和三维视图中，管道单线显示下，标注的为管中心标高；双线显示下，标注的则为捕捉的管道位置的实际高程。

4. 坡度标注

用户可以通过进入“注释”选项卡，选择“高程点坡度”选项来标注管道的坡度，如图5－93所示。坡度的单位格式可进入“类型属性”对话框中，在“单位格式”中进行设置，如图5－94、图5－95所示。

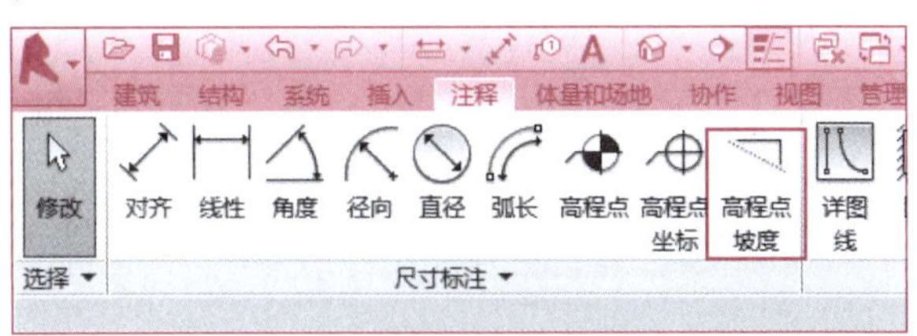

图5－93

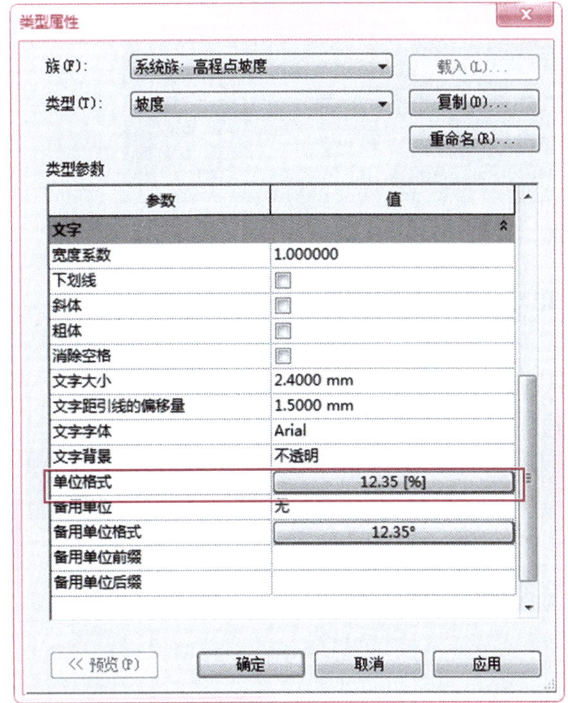

图5－94

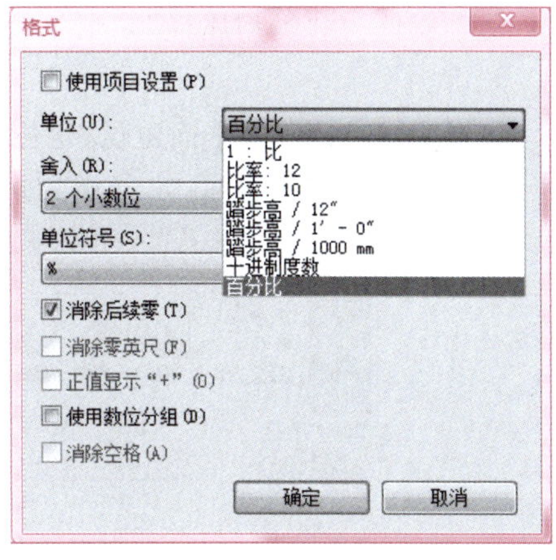

图5－95

在“修改 | 高程点坡度”选项栏中，“相对参照的偏移”表示坡度标注线和管道外侧的偏移距离，如图5－96所示。“坡度表示”选项仅在立面视图中可选，坡度表示方式有“箭头”和“三角形”两种。

图5－96

5. 文字标注

在 Revit 中提供两种文字：一种是在“注释”选项卡下的文字，属于二维族；另一种是在“建筑”选项卡下的模型文字，它是基于工作平面的三维文字。

在施工图标注中可以通过进入“注释”选项卡，选择“文字”选项，标识叙述性文字标注，如图 5－97 所示。

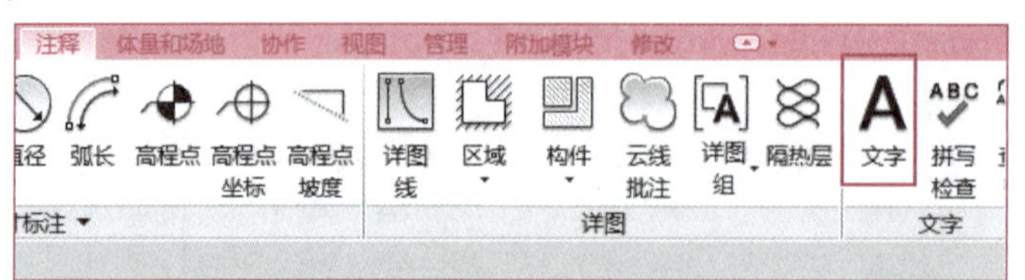

图 5－97

在绘图区域所需位置单击后输入文字，单击文字以后可进入“修改 | 放置文字”选项卡，选择添加文字引线。可以添加直线引线、弧线引线或多根引线，还能编辑引线位置、编辑文字格式及查找替换功能，如图 5－98 所示。

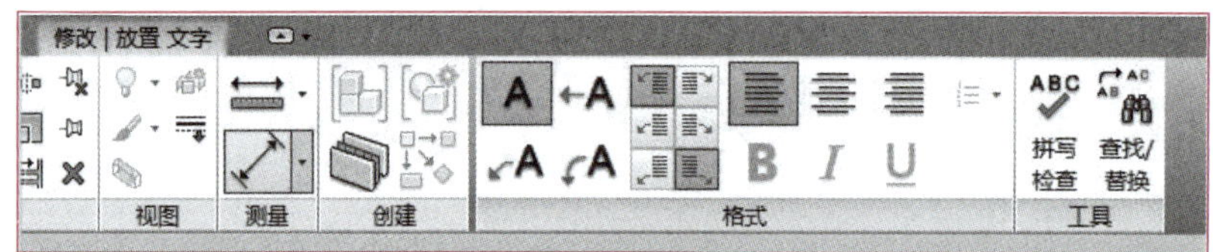

图 5－98

文字属性：在“类型属性”对话框中，可以对文字的颜色、字体、大小进行编辑。

6. 尺寸定位

图纸中应表达管线平面定位，定位操作如下。

（1）进入“注释”选项卡，选择“对齐”选项，如图 5－99 所示。

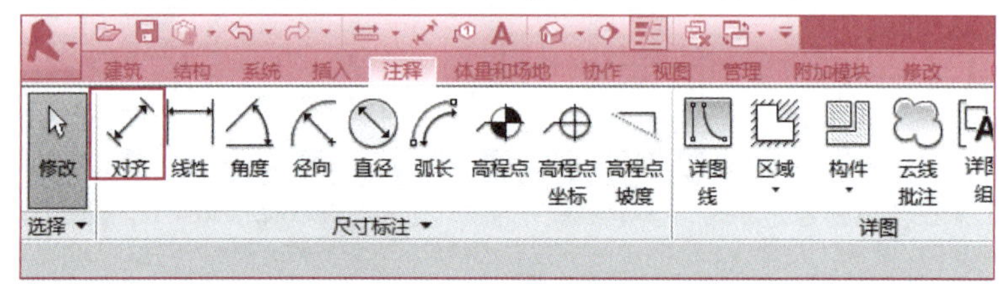

图 5－99

（2）激活命令后，用鼠标指针可连续选择标注边线，被选中的边线会亮显，选择标注边线完成后，用鼠标指针点选空白区域，完成标注，如图 5－100 所示。点选标注族，标注两端均出现两点，如图 5－101 所示，拖拽 1 号点可控制标注一端引线的长短，可使出图时图面整洁美观，拖拽 2 号点可重新拾取新的标注边线，如建筑边线比较密集，标注错误时可使用此方法重新拾取新的标注边线。

（3）单击标注好的尺寸标注，进入“修改 | 尺寸标注”选项卡，如图 5－102 所示，选择“编辑尺寸界线”选项可继续之前标注，使得标记连贯不断开。

图 5－100

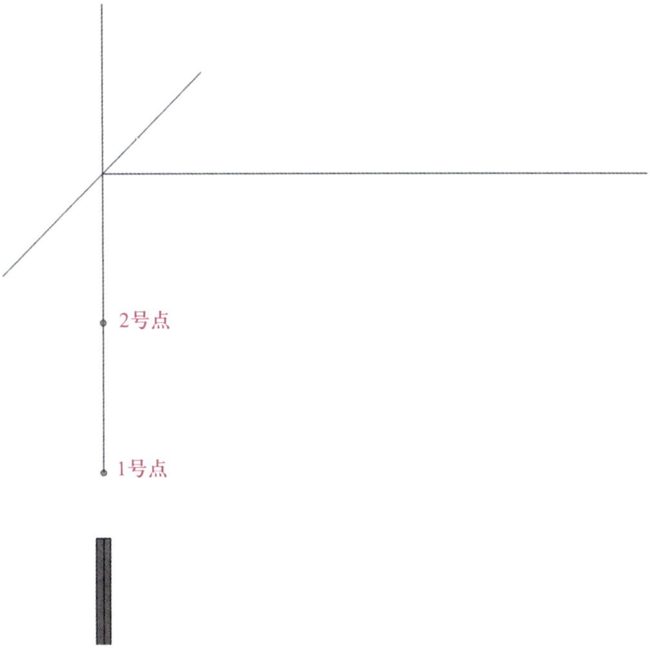

2号点

1号点

图 5－101

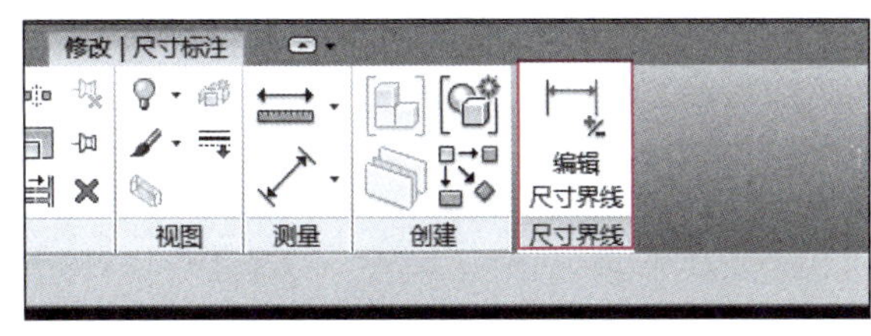

图 5－102

(4) 单击标注好的尺寸标注,“属性”选项板会出现该族的相关属性,如图 5－103、图 5－104所示,通过“类型属性”对话框可修改该族的线宽、颜色等。需注意,在此修改的数据会影响到项目中所有使用该类型的标记族。

属性
线性尺寸标注样式
S-对角线-3.5mm-引线-文字在上
尺寸标注 (1)
编辑类型
图形
引线
基线偏移...
0.0000 mm
文字
值
2550.0

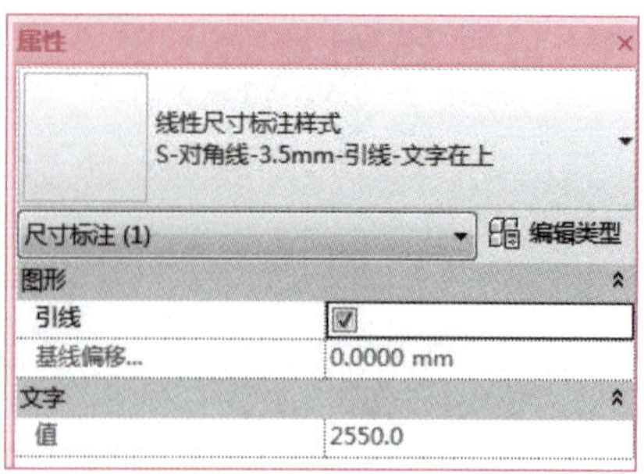

图 5 - 103

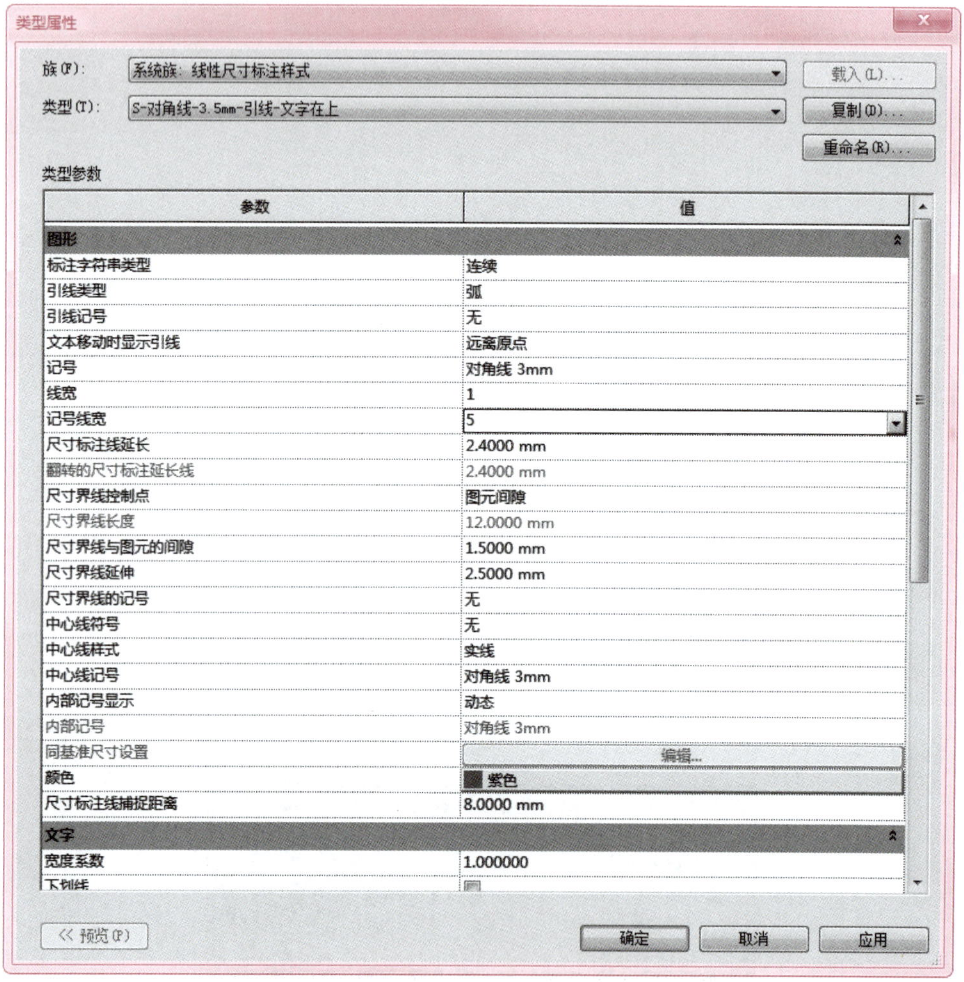

类型属性
族(F): 系统族：线性尺寸标注样式
载入(L)...
类型(T): S-对角线-3.5mm-引线-文字在上
复制(D)...
重命名(R)...
类型参数
参数
值
图形
标注字符串类型 连续
引线类型 弧
引线记号 无
文本移动时显示引线 远离原点
记号 对角线 3mm
线宽 1
记号线宽 5
尺寸标注线延长 2.4000 mm
翻转的尺寸标注延长线 2.4000 mm
尺寸界线控制点 图元间隙
尺寸界线长度 12.0000 mm
尺寸界线与图元的间隙 1.5000 mm
尺寸界线延伸 2.5000 mm
尺寸界线的记号 无
中心线符号 无
中心线样式 实线
中心线记号 对角线 3mm
内部记号显示 动态
内部记号 对角线 3mm
同基准尺寸设置 编辑...
颜色 紫色
尺寸标注线捕捉距离 8.0000 mm
文字
宽度系数 1.000000
下划线
<< 预览(P)
确定
取消
应用

图 5 - 104

5.4.3 管道标注格式

在进行管道“标记”时，会进入“修改 | 标记”选项卡，如图 5 - 105 所示。勾选“引线”复选框可控制标注线的显示与隐藏；“引线”下拉选项为“附着端点”时，引线不可操作且为直线；“引线”下拉选项为“自由端点”时，引线可自由转向；在选择“附着端点”时，可对引线的

长度进行设置，选择适当的引线长度。

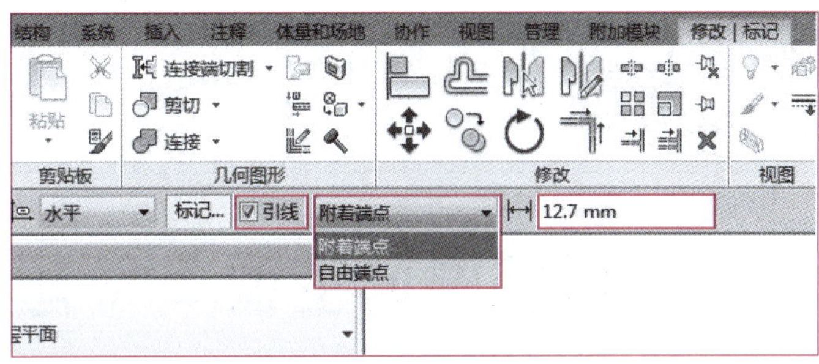

图 5 - 105

当遇到并排多根管道时，可使用“自由端点”功能，拖拽引线来达到视图美观整洁的效果，如图 5 - 106 所示，排布时多采取水平或垂直轴线的标注方式。

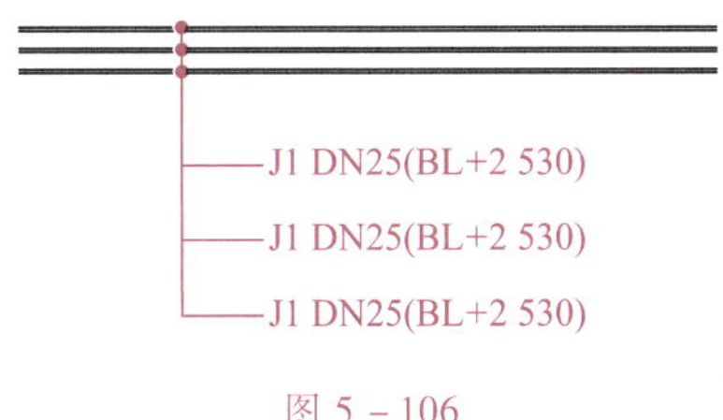

图 5 - 106

学习情境 6　建筑暖通空调 BIM 模型创建

6.1 学习情境描述

6.1.1 学习目标

1. 掌握 BIM 软件中建筑暖通空调系统的风管及空调水管设置方法；
2. 掌握 BIM 软件中建筑暖通空调系统的建模方法；
3. 掌握 BIM 软件中建筑暖通空调系统的模型标注方法。

6.1.2 学习任务

序号	学习任务	任务驱动
1	风管及空调水管设置	1. 掌握风管及空调水管类型创建的操作； 2. 掌握风管及空调水管类型的设置内容； 3. 掌握风管及空调水管系统创建的操作； 4. 掌握风管及空调水管系统的设置内容
2	系统建模	1. 掌握风管绘制的方法； 2. 掌握管件、附件和设备的放置方法
3	模型标注	掌握风管各种标注的方法

6.2 任务 1：风管及空调水管设置

6.2.1 子任务 1：风管及空调水管类型创建及设置

任务信息

在创建建筑暖通空调 BIM 模型之前，需要对风管的类型进行创建和设置。Revit 默认自带一些类型，如风管类型包括“圆形风管”“椭圆形风管”和“矩形风管”，空调水管类型包括“PVC－U－排水”和“标准”，用户需要根据实际工程对各种风管及空调水管类型进行设置，设置内容包括风管尺寸、角度、管道材质和规格、管道尺寸、相应管件等。

任务实施

1. 风管类型设置

（1）进入“系统”选项卡，选择“风管”选项，通过绘图区域左侧的“属性”选项板选择和编辑风管的类型，风管类型与风管连接方式有关，如图 6－1 所示。

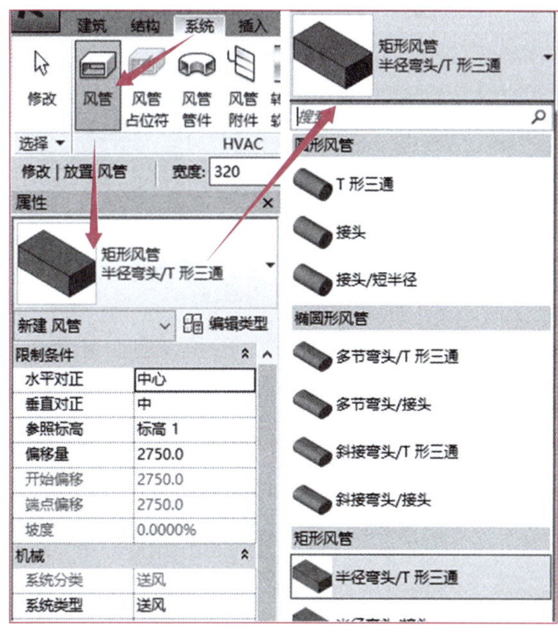

图 6－1

（2）单击“编辑类型”按钮，打开“类型属性”对话框，可以对风管类型进行设置，如图 6－2所示。

① 单击“复制”按钮，可以根据已有风管类型添加新的风管类型。

② 单击“编辑”按钮，进入“布管系统配置”对话框，配置各类型风管管件族，可以指定绘制风管时自动添加到风管管路中的管件，以及编辑风管的常用尺寸。不能在列表中选取的管件类型，需要手动添加到风管系统中。

③ 单击“风管尺寸”按钮，可以直接打开“机械设置”对话框，编辑风管尺寸。

④ “机械设置”中的“转换”选项可以定义送风、回风和排风这三种基本风系统分类，以及绘制风管时默认使用的风管类型，如图 6－3 所示。例如：在“送风”系统分类下，默认选择“矩形风管：半径弯头/T 形三通”绘制干管和支管，“偏移”为 2750，支管末端不使用软风管。用户可根据项目要求自定义不同风系统分类下所绘制风管时的默认值。

2. 风管尺寸设置

在 Revit 中，通过“机械设置”对话框查看、添加、删除当前项目文件中的风管尺寸信息。

（1）打开“机械设置”对话框有以下几种方式

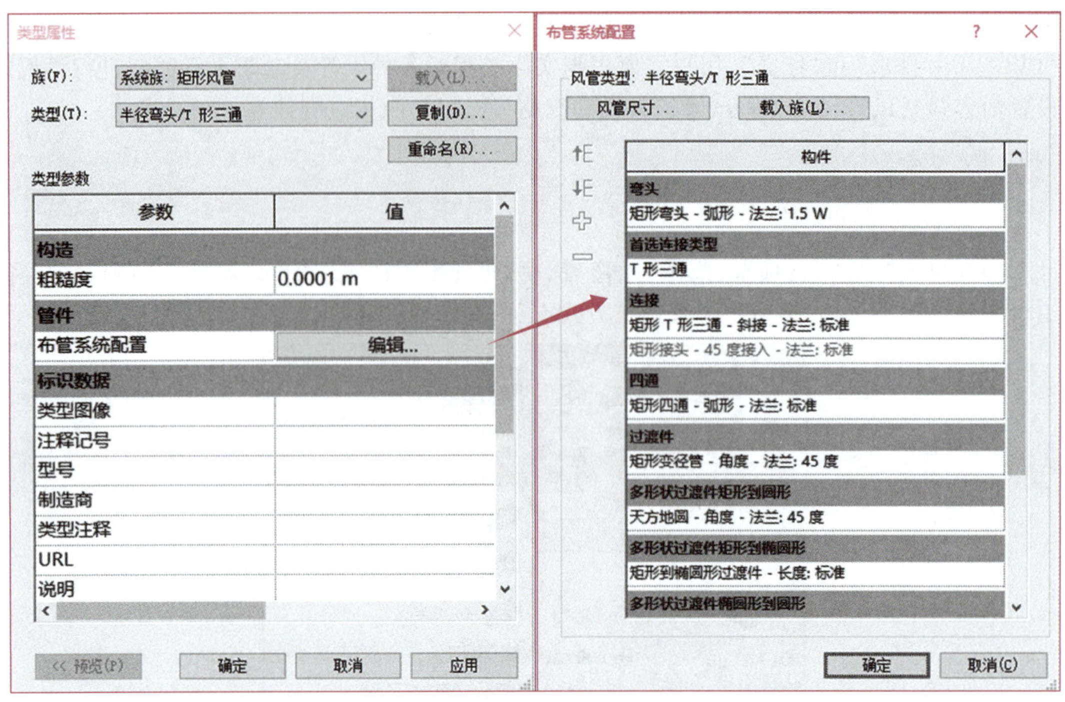

图 6－2

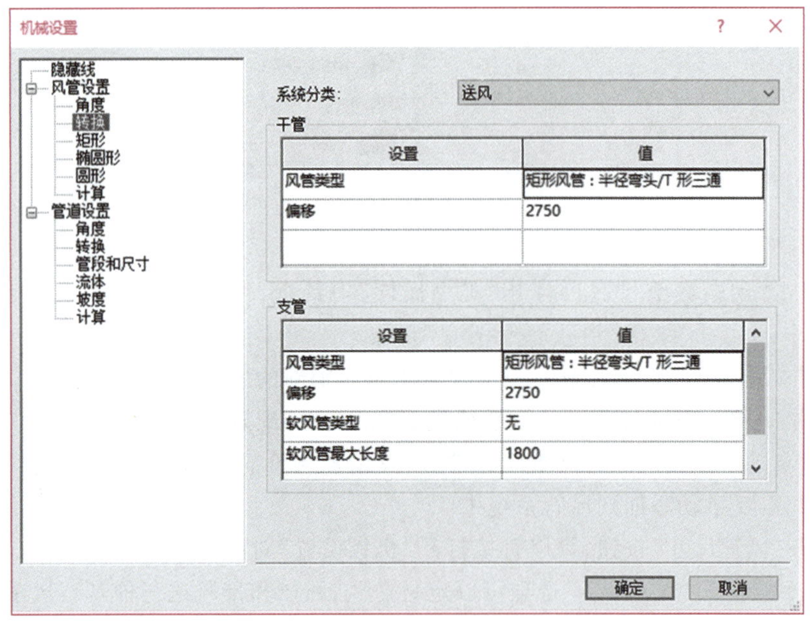

图 6－3

① 进入“管理”选项卡，选择“MEP 设置”→“机械设置”选项，如图 6－4 所示。

② 进入“系统”选项卡，选择“机械”选项，如图 6－5 所示。

（2）添加、删除风管尺寸

打开“机械设置”对话框后，单击“矩形”“椭圆形”“圆形”选项可以分别定义对应形状

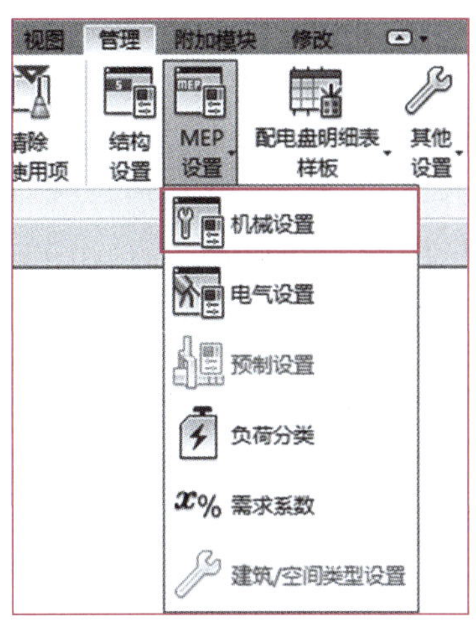

图 6－4

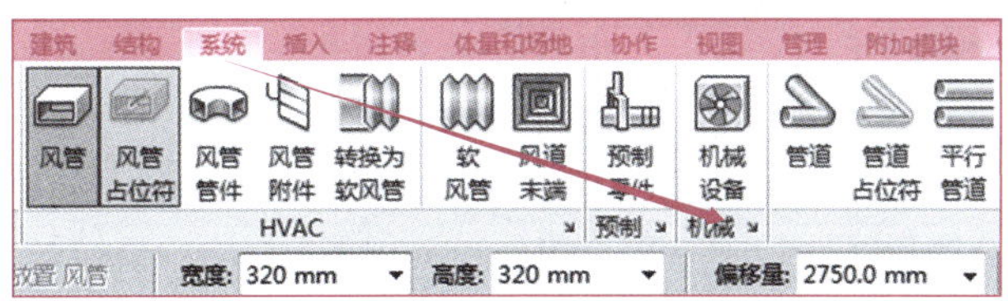

图 6－5

的风管尺寸，如图 6－6 所示。单击“新建尺寸”或者“删除尺寸”按钮可以添加或删除风管的尺寸。软件不允许重复添加列表中已有的风管尺寸。如果在绘图区域已绘制了某尺寸的风管，该尺寸在“机械设置”尺寸列表中将不能删除。如需删除该尺寸，可以先删除项目中的风管，再删除“机械设置”尺寸列表中的尺寸。

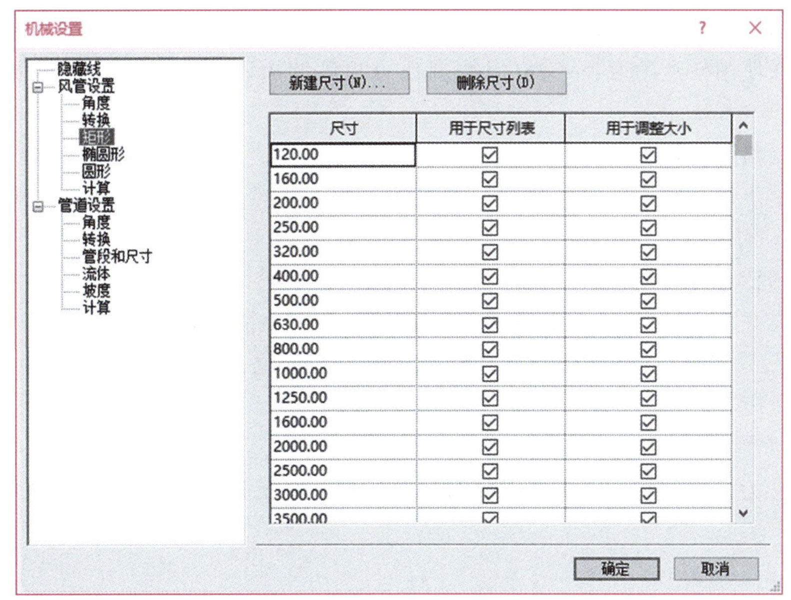

图 6－6

(3) 尺寸应用

通过勾选“用于尺寸列表”和“用于调整大小”复选框可以定义风管尺寸在项目中的应用。如果勾选某一风管尺寸的“用于尺寸列表”复选框,该尺寸就会出现在风管“修改 | 放置风管”选项栏中。在绘制风管时可以直接选择选项栏中“宽度”“高度”“直径”下拉列表中的尺寸,如图6-7所示。如果勾选某一风管尺寸的“用于调整大小”复选框,该尺寸可以应用于“修改 | 风管”选项卡中的“调整风管/管道大小”功能。

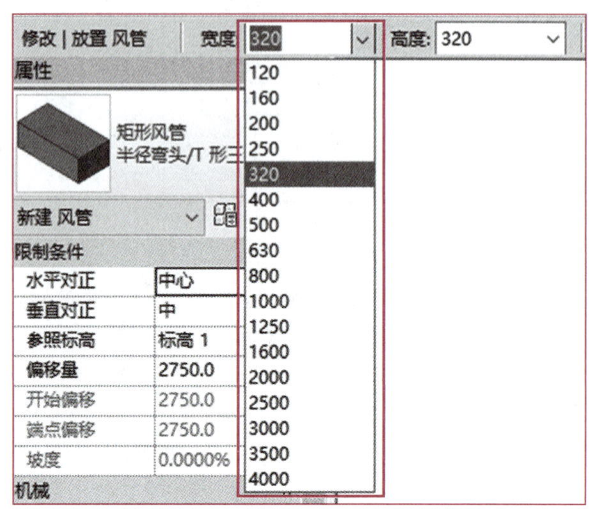

图 6-7

3. 风管角度设置

在“角度”选项卡中可以定义风管弯头以及斜接三通、四通的角度。Revit 提供三种定义方式,以弯头为例进行介绍。

(1) 使用任意角度

如果选择使用任意角度模式,可以绘制任意角度的风管,例如“41.52°”的非整数角度的弯头,如图 6-8 所示。

(2) 设置角度增量

该模式用于设置固定的角度增量。如果设定角度增量为 5°时,所绘制的风管倾斜角度将始终保持 5°的倍数。

(3) 使用特定的角度

选择该模式后,可以将绘制风管的角度限制为表格中特定的角度。如果需要绘制角度为 60°的弯管,只需绘制相近的角度,如 55°,无须精准定位,绘制完成后风管即为 60°,即表格中规定的角度。

4. 空调水管类型创建及设置

空调水管类型创建及设置操作方法与建筑给排水系统管道相同,见学习情境 5 任务 1。

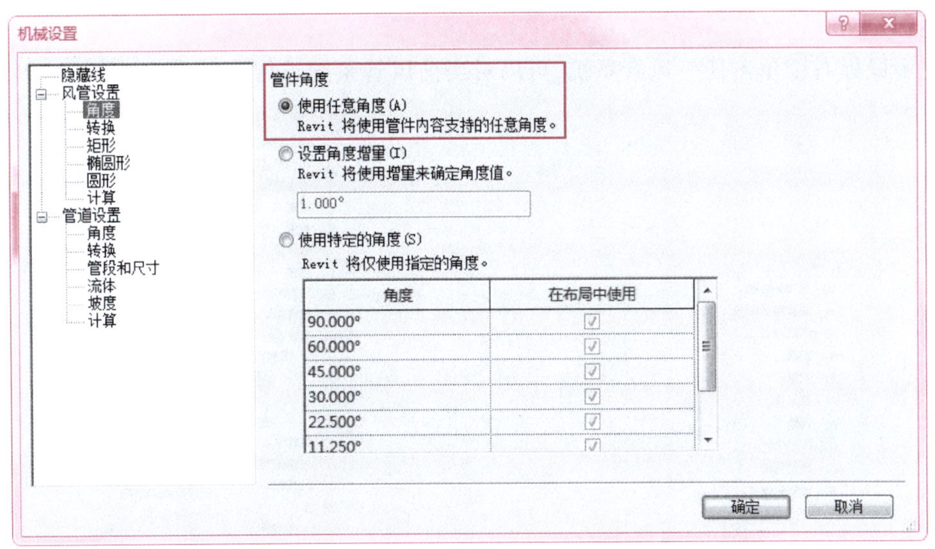

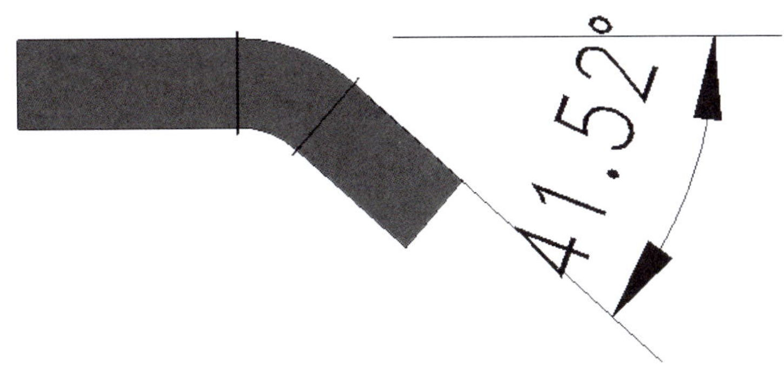

图 6－8

6.2.2　子任务 2：风管及空调水管系统创建及设置

任务信息

在创建建筑暖通空调 BIM 模型之前，需要对风管系统进行创建和设置。Revit 默认提供一些系统类型，如风管系统包括“回风”“排风”和“送风”，空调水系统包括“循环供水”“循环回水”等，用户需要根据实际工程新增系统类型或者更改已有系统类型并对其进行设置，设置内容包括系统名称、系统线图形、材质和装饰等。

任务实施

1. 风管系统创建与设置

在“项目浏览器”下拉列表窗口中选择“族”并单击“＋”符号展开下拉列表，选择“风管系统”选项，可以查看项目中的风管系统，如图 6－9 所示。

注意：可以基于自带的三种系统分类（回风、排风和送风）来添加新的风管系统，所有风管系统创建后都隶属于自带的三种风管系统中的一种。可以添加属于“送风”分类下的风管系统类型，如办公室送风 1、办公室送风 2、办公室新风等，“防排烟”系统可使用“排风”系统分类。

使用鼠标右键单击任一风管系统,可以对当前风管系统进行编辑,如图 6-10 所示。

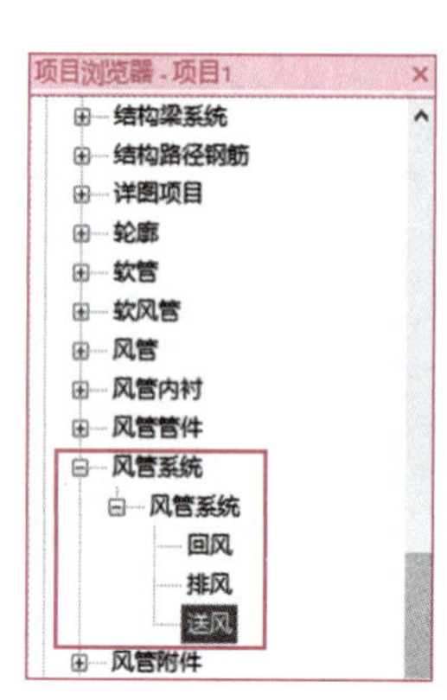

图 6-9

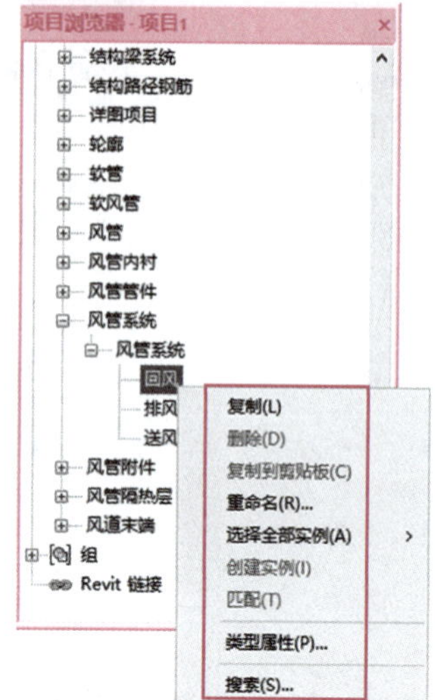

图 6-10

(1) 复制

可以添加与当前系统分类相同的系统。

(2) 删除

删除当前系统。如果当前系统是该系统分类下的唯一一个系统,则该系统不能删除,软件会自动弹出一个错误报告。如果当前系统类型已经被项目中某个风管系统使用,该系统也不能删除。

(3) 重命名

可以重新定义当前系统名称。

(4) 选择全部实例

可以选择项目中所有属于该系统的实例。

(5) 类型属性

选择“类型属性”选项,打开风管系统“类型属性”对话框,可以对该风管系统进行设置,如图 6-11 所示。

① 图形替换:用于控制风管系统的显示。单击“编辑”按钮后,在弹出的“线图形”对话框中,定义风管系统线的“宽度”“颜色”和“填充图案”。

② 材质:可以选择该系统所采用风管的材料。单击右侧按钮后,弹出“材质浏览器”对话框,可定义风管材质并应用于渲染。

③ “机械”分组下的参数如下。

- 计算:控制是否对该系统进行计算。“全部”表示计算流量和压降,“仅流量”表示只计算流量,“无”表示流量和压降都不计算。
- 系统分类:该选项始终灰显,用来获知该系统类型的名称。

④ 标识数据:可以为系统添加自定义标识,方便过滤或选择该风管系统。

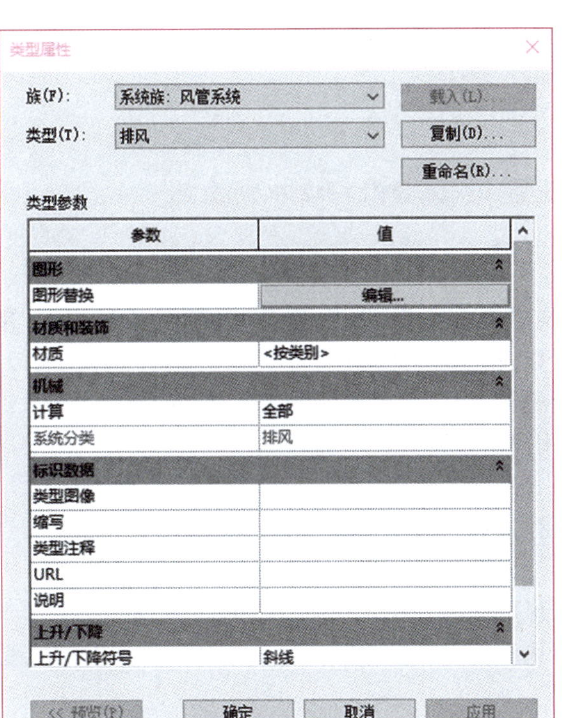

图 6 - 11

⑤ 上升/下降符号：不同的系统类型可定义不同的升降符号。单击“升降符号”相应“值”后边的按钮，打开“选择符号”对话框，选择所需的符号。

注意：在剖面或立面视图中对风管进行标注，有时可能无法捕捉到风管边界。需要在“可见性/图形替换”对话框中取消勾选风管的“升”和“降”子类别，才能捕捉到风管边界。

2. 空调水管系统创建及设置

空调水系统通常包含冷冻水系统和冷却水系统两部分。不同空调水系统在 Revit 中对应的管道系统分类不同，如表 6 - 1 所示。

表 6 - 1　暖通空调专业常用的水系统与 Revit 的管道系统分类对照

暖通空调专业常用水系统	Revit 管道系统分类	特点
冷却水/冷冻水/采暖的供水	循环供水	介质为水、蒸汽、制冷剂等闭式系统
冷却水/冷冻水/采暖的回水	循环回水	介质为水、蒸汽、制冷剂等闭式系统
制冷剂供/回、蒸汽供/回、燃气供/回	其他	介质为燃气等的流体
冷水排水、泄水	卫生设备	介质为水，开式系统
补水	家用冷水	介质为水，开式系统

空调水管系统创建及设置操作方法与建筑给排水系统相同，见学习情境 5 任务 1。

 6.3 任务2：系统建模

6.3.1 子任务1：风管及空调水管绘制

任务信息

建筑暖通空调系统建模需要进行风管及空调水管的绘制，包括管道类型、系统类型、尺寸、偏移量等参数设置以及放置方式选择。

在平面视图、立面视图、剖面视图和三维视图中均可绘制风管。

在绘制风管时使用以下设置。

(1) 标高：指定风管的参照标高。

(2) 宽度：指定矩形或椭圆形风管的宽度。

(3) 高度：指定矩形或椭圆形风管的高度。

(4) 直径：指定圆形风管的直径。

(5) 偏移量：指定风管相对于参照标高的垂直高程。可以输入偏移值或从建议偏移值列表中选择值。

(6) 锁定/解锁：锁定/解锁管段的高程。锁定后，管段会始终保持原高程，不能连接处于不同高程的管段。

任务实施

1. 风管绘制

进入"系统"选项卡，选择"风管"选项，进入风管绘制模式。

进入风管绘制模式后，"属性"选项板与"修改|放置风管"选项栏被同时被激活，如图6－12所示。

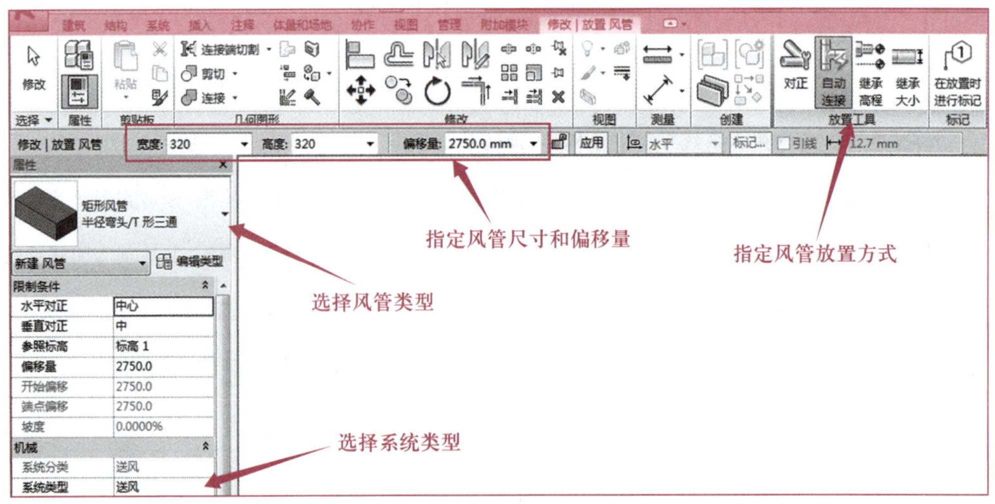

图6－12

以绘制矩形风管为例，按照以下步骤手动绘制风管。

(1) 选择风管类型

在风管“属性”选项板中选择所需要绘制的风管类型。

(2) 选择系统类型

在风管“属性”选项板的“系统类型”中选择所需的系统类型。

(3) 选择风管尺寸

在“修改|放置风管”选项栏“宽度”和“高度”的下拉列表中，选择在“机械设置”中设定的风管尺寸。如果在下拉列表中没有所需尺寸，可以直接在“宽度”和“高度”中输入需要绘制的尺寸。

(4) 指定风管偏移量

默认“偏移量”是指风管中心线相对于“属性”选项板中所选参照标高的距离。在“偏移量”选项中单击下拉按钮，可以选择项目中已经用到的风管偏移量，也可以直接输入自定义的偏移量数值，默认单位为 mm。

(5) 指定风管起点和终点

将鼠标指针移至绘图区域，单击鼠标指针指定风管起点，移动至终点位置，再次单击完成一段风管的绘制。

注意：绘制垂直风管时，可在立面视图或剖面视图中直接绘制，也可以在平面视图绘制；在选项栏上改变将要绘制的下一段水平风管的“偏移量”，就能自动连接出一段垂直风管。

(6) 风管放置方式

在绘制风管时，可以使用“修改|放置风管”选项卡内“放置工具”面板上的命令指定风管的放置方式。

① 对正：“对正”命令用于指定风管的对齐方式。此功能在立面和剖面视图中不可用。选择“对正”选项，打开“对正设置”对话框，如图 6-13 所示。

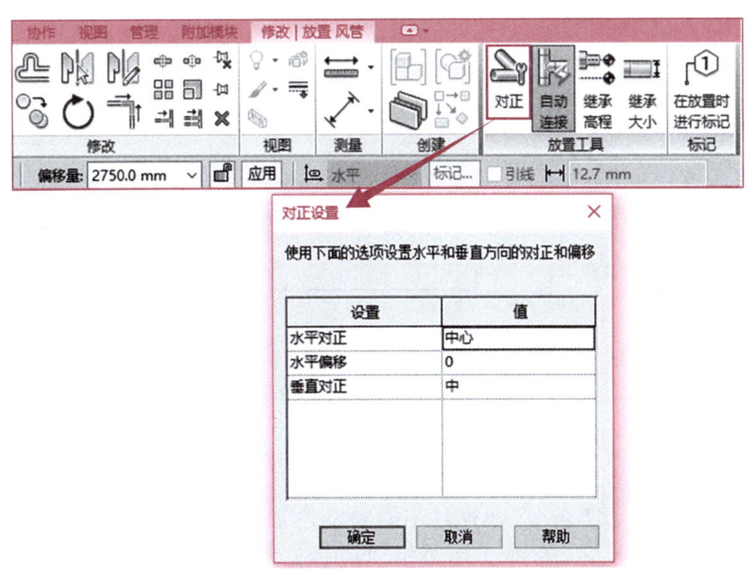

图 6-13

• 水平对正。以风管的“中心”“左”或“右”作为参照，将相邻两段风管进行水平对齐。“水平对正”的效果与管绘制方向有关，自左至右绘制风管时，选择不同“水平对正”方式的绘制效果如图 6 – 14 所示。

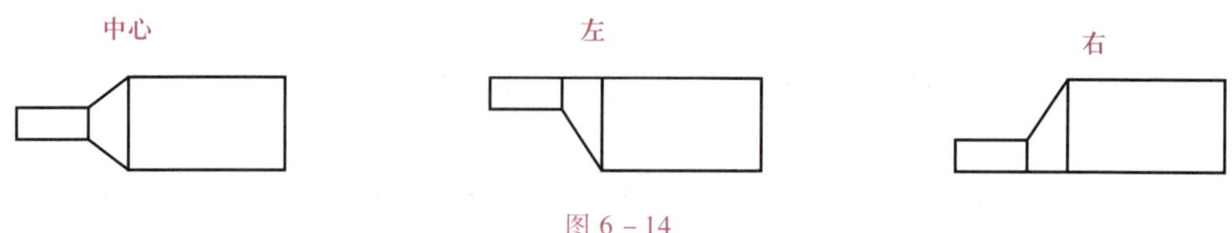

图 6 – 14

• 水平偏移。用于指定风管绘制起始点位置与实际风管位置之间的偏移距离，该功能多用于指定风管与墙体等参考图元之间的水平偏移距离。“水平偏移”的距离与“水平对正”设置及管绘制方向有关。设置“水平偏移”值为 100 mm，自左至右绘制风管，不同“水平对正”方式下风管绘制效果如图 6 – 15 所示。

图 6 – 15

• 垂直对正。以风管的“中”“底”或“顶”作为参照，将相邻两段风管进行垂直对齐。“垂直对正”的设置会影响风管“偏移量”，不同“垂直对正”方式下绘制风管的效果，如图 6 – 16所示。

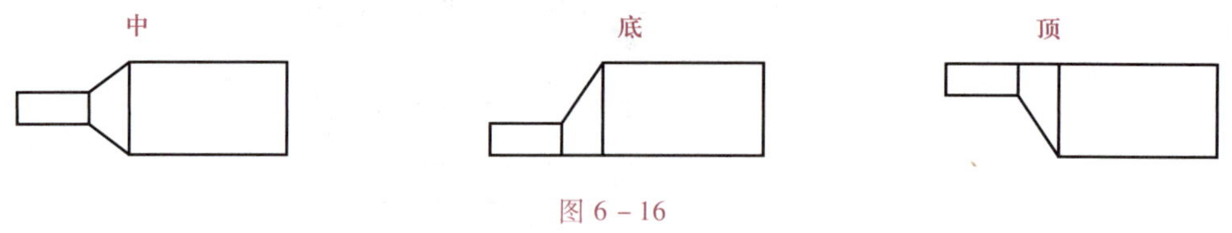

图 6 – 16

② 自动连接：“放置工具”面板中的“自动连接”命令用于自动捕捉相交风管，并添加风管管件完成连接。在默认情况下，该功能处于激活的状态。

例如：当“自动连接”命令激活时，绘制两段正交的风管，将自动添加风管管件完成连接。如果不激活“自动连接”命令，则管件不会自动添加。

③ 继承高程和继承大小：在默认情况下，这两项未处于激活状态。如果选中“继承高程”选项，新绘制的风管将继承与其连接的风管或设备连接件的高程。如果选中“继承大小”选项，新绘制的风管将继承与其连接的风管或设备连接件的尺寸。

2. 空调水管绘制

空调水管的绘制方法与建筑给排水系统管道相同，见学习情境 5 任务 2。

6.3.2　子任务 2：风管及空调水管管件、附件和设备的放置

任务信息

建筑暖通空调系统除风管、空调水管外，还包括风管和空调水管的管件、附件以及各种设备，例如三通、弯头、各种阀门、锅炉、排烟风机、风机盘管、膨胀水箱等。因此，风管和空调水管绘制完成后，需要放置管件、附件、设备，并与风管和空调水管进行连接。

任务实施

1. 风管管件放置

(1) 添加风管管件

① 自动添加：在绘制风管过程中，可自动添加的管件需要在风管“布管系统配置”对话框中进行设置。以下类型的管件可以自动添加：弯头、T 形三通、接头、交叉线(四通)、过渡件(变径)、多形状过渡件矩形到圆形、多形过渡件矩形到椭圆形、多形状过渡件椭圆形到圆形、活接头。

② 手动添加：在列表中无法指定的管件类型，如偏移、Y 形三通、斜 T 形三通、斜四通、裤衩管、多个端口(对应非规则管件)，使用时需要手动添加到风管中或者将管件放置到所需位置后手动绘制风管。

(2) 放置管帽

风管管帽的放置方法与建筑给排水系统管道相同，见学习情境 5 任务 2。

(3) 编辑风管管件

在绘图区域中单击某一管件后，管件周围会显示一组管件控制柄，可用于修改管件尺寸、调整管件方向、进行管件升级或者降级，如图 6 - 17 所示。

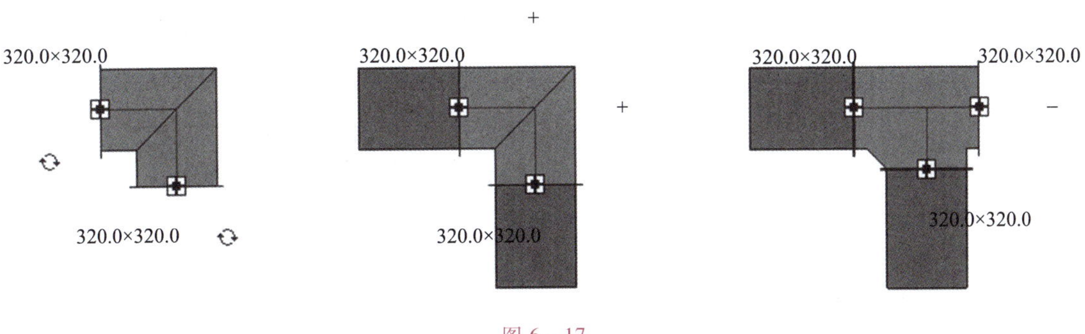

图 6 - 17

2. 风管附件放置

在平面视图、立面视图、剖面视图和三维视图中均可放置风管附件。进入“系统”选项卡，选择“风管附件”选项，在“属性”选项板中选择需要放置的风管附件，放置到风管中，如图 6 - 18 所示。也可以在“项目浏览器”下拉列表窗口中，展开“族”→“风管附件”选项，直接以拖拽的方式将风管附件拖到绘图区域所需位置进行放置，如图 6 - 19 所示。

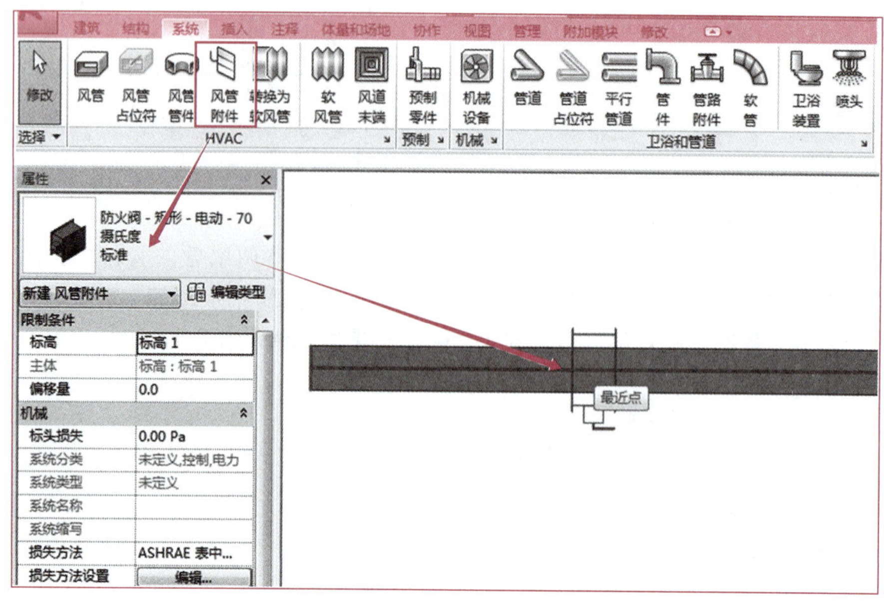

图 6 – 18

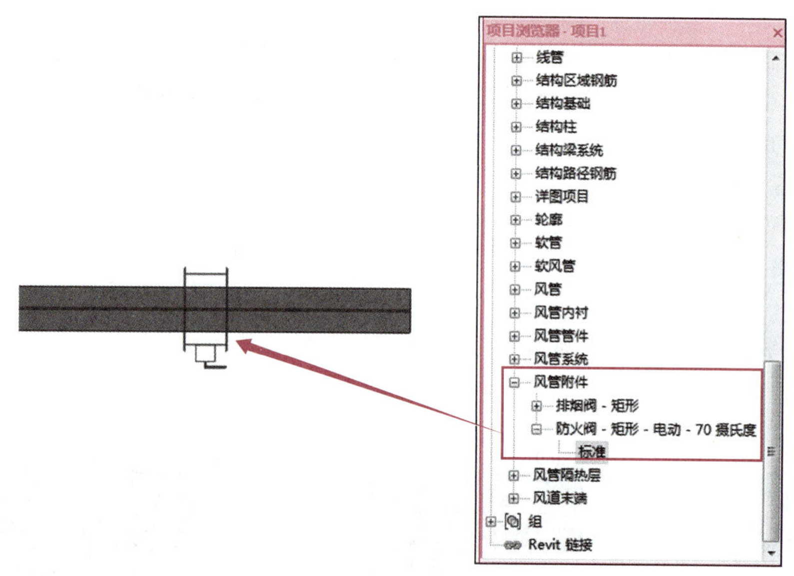

图 6 – 19

3. 设备的放置

下面以风口放置为例。

（1）安装在天花板上的风口，可以直接选用“基于面的公制常规模型. rft”模板创建。Revit 自带族库中，这类风口的名字常带有后缀“基于面附着”或者“天花板安装”等。这类风口添加到项目中时，可以直接捕捉所要附着的面，如天花板、墙面等。

（2）使用“公制常规模型 . rft”模板创建的风口，无法自动捕捉所要附着的面，需手动确定放置位置。

（3）旋转设备有两种方法：

① 选择已放置的设备,单击功能区中"↻"符号,指定旋转方向后输入"角度"的数值。默认的旋转中心是图元的插入点,如果需要自定义旋转中心,拖曳或单击原旋转中心,以指定新的旋转中心。

② 在放置设备时,直接按"空格"键进行 90°方向旋转;对已经放置的设备,单击设备,按"空格"键也可以进行 90°方向旋转。

4. 设备连管

设备的风管连接件可以连接风管,设备连管的几种方法如下。

(1) 选中设备,单击设备的风管连接件进口或出口"⊞"符号创建风管,如图 6-20 所示。或者选中设备,使用鼠标右键单击设备的风管连接件,选择"绘制风管"选项。

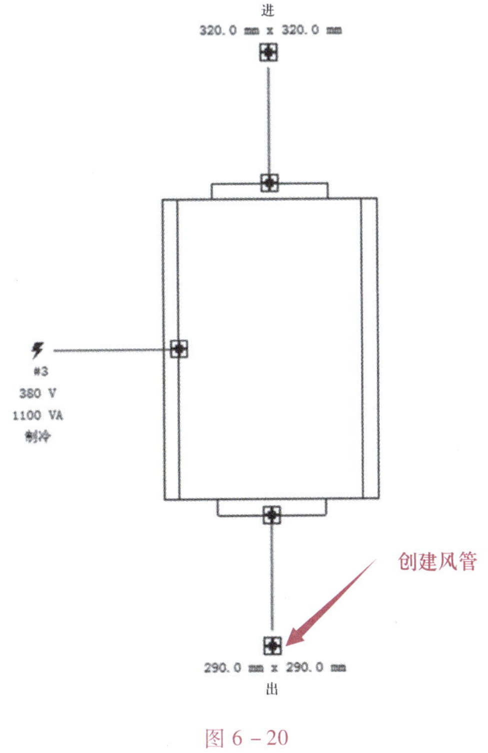

图 6-20

(2) 直接拖动已绘制的风管到相应设备的风管连接件,风管将自动捕捉设备上的风管连接件,完成连接,如图 6-21 所示。

(3) 使用"连接到"命令。单击需要连管的设备,进入"修改 | 机械设备"选项卡,选择"连接到"选项,如果设备包含一个以上的连接件,将打开"选择连接件"对话框,选择需要连接风管的连接件,完成后单击"确定"按钮。然后单击该连接件所要连接到的风管,完成设备与风管的自动连接,如图 6-22 所示。

注意:不能使用"连接到"命令将设备连接到软风管上。

5. 风管的隔热层和内衬

(1) 添加风管隔热层和内衬

选中所要添加隔热层或内衬的管段,激活"修改 | 风管"选项卡中"添加隔热层""添加内衬"命令,如图 6-23 所示。

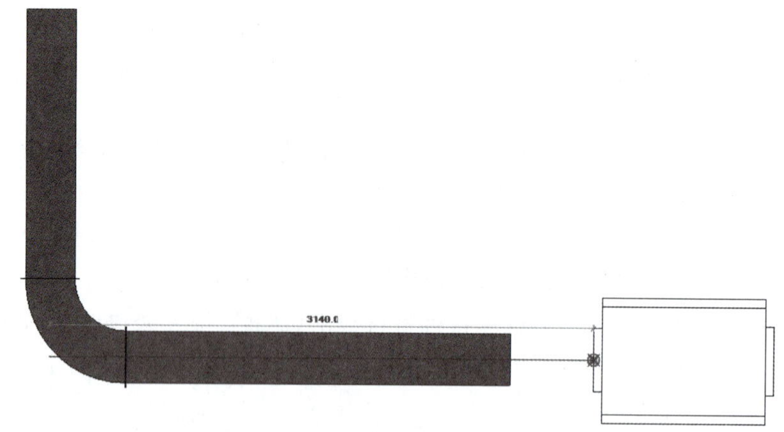

图 6-21

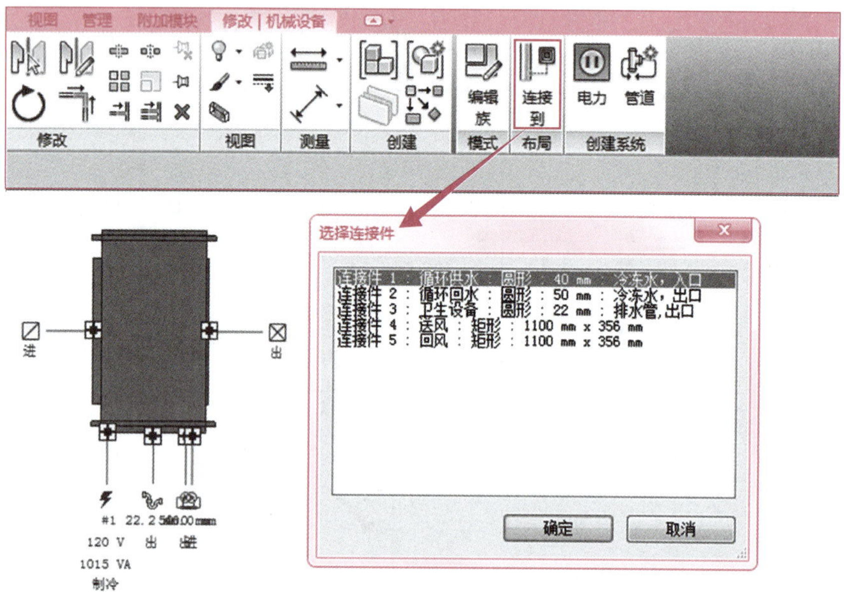

图 6-22

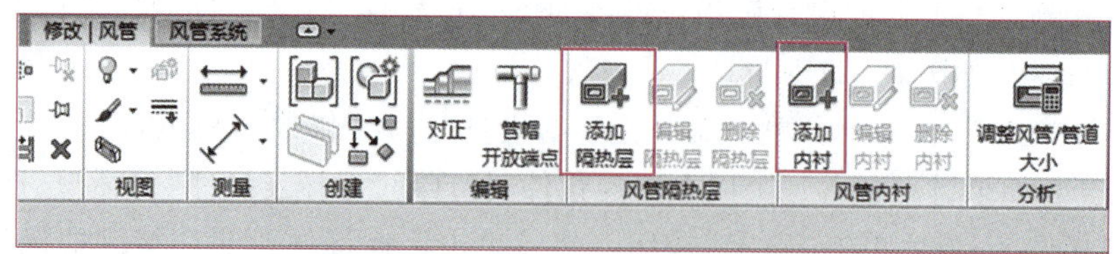

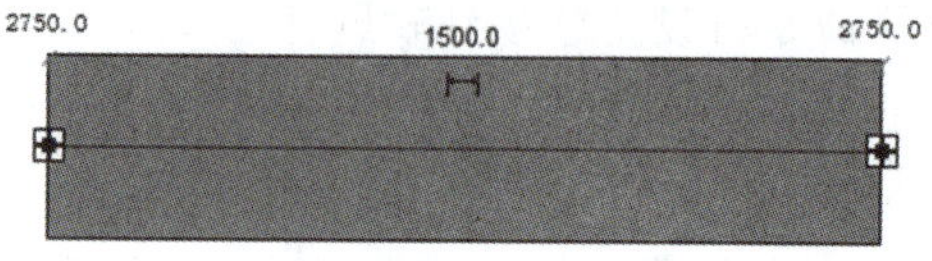

图 6-23

① 添加隔热层：单击“添加隔热层”按钮，打开“添加风管隔热层”对话框，选择需要添加的“隔热层类型”，输入需要添加的隔热层“厚度”，完成后单击“确定”按钮。

② 添加内衬：单击“添加内衬”按钮，打开“添加风管内衬”对话框，选择需要添加的“内衬类型”，输入需要添加的内衬“厚度”，完成后单击“确定”按钮。

选中带有隔热层或内衬的风管后，进入“修改 | 风管”选项卡，可以“编辑隔热层”“删除隔热层”或“编辑内衬”“删除内衬”，如图 6－24 所示。

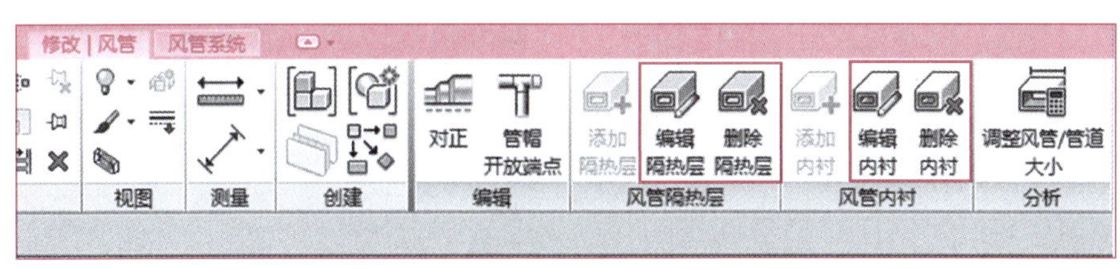

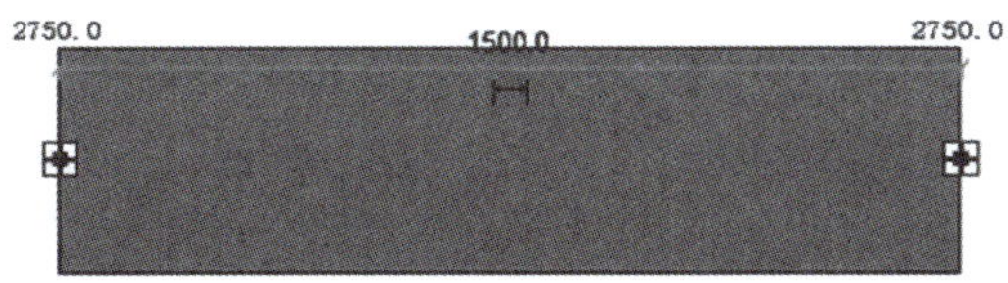

图 6－24

(2) 设置隔热层和内衬

在“项目浏览器”下拉列表窗口中可以查看和编辑当前项目中风管隔热层和风管内衬类型，如图 6－25 所示。

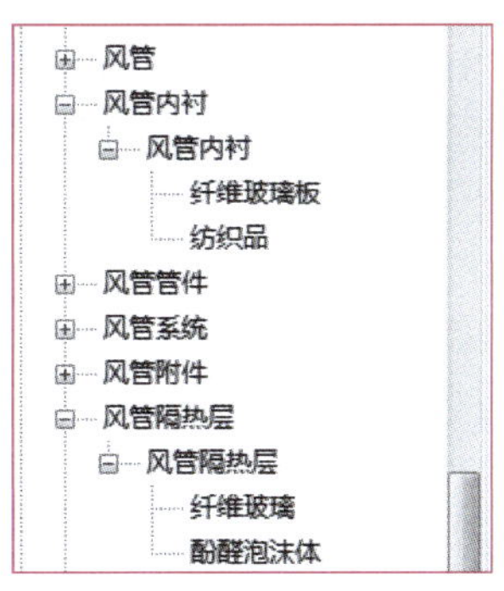

图 6－25

使用鼠标右键单击风管隔热层或风管内衬的任一类型，可以对当前类型进行编辑。

① 复制：可以添加一种隔热层或内衬类型。

② 删除：删除当前隔热层或内衬类型。如果当前隔热层或内衬类型是隔热层或内衬下的唯一类型，则该隔热层或内衬类型不能删除，软件会自动弹出一个错误报告。

③ 重命名：可以重新定义当前隔热层或内衬类型名称。

④ 选择全部实例：可以选择项目中属于该隔热层或内衬类型的所有实例。

⑤ 类型属性：选择“类型属性”选项，打开风管隔热层或风管内衬“类型属性”对话框，可以对该隔热层或内衬类型进行设置，如图 6－26 所示。

图 6－26

- 粗糙度：定义风管内衬的粗糙度，用于计算风管的沿程阻力。
- 材质：设置当前风管隔热层或内衬的材质。
- 标识数据：用于添加当前风管隔热层或内衬的标识，便于过滤和制作明细表。

在三维视图中，当风管添加隔热层或内衬后，可以通过设置“可见性/图形替换”中风管、风管隔热层和风管内衬的“透明度”选项，更直观地显示风管隔热层和内衬。

6. 空调水管管件、附件、设备的放置

空调水管管件、附件、设备的放置方法与建筑给排水系统相同，见学习情境 5 任务 2。

6.4 任务 3：模型标注

任务信息

模型标注包括风管标高标注、风管尺寸标注等。

风管标高是通过尺寸标注系统族来标注，在平面、立面、剖面和三维视图均可使用，而风管尺寸则是通过注释符号族来标注，在平面、立面、剖面和锁定的三维视图可用。

任务实施

6.4.1 风管标高标注

用户可以进入“注释”选项卡，选择“高程点”选项来标注风管标高，可在“修改｜放置尺寸标注”选项栏中指定“显示高程”，如选择“底部高程”选项将标注风管的管底标高；选择“顶部高程”选项将标注风管的管顶标高，如图 6－27 所示。也可以通过注释族标记风管标高，族类型为"风管标记"的风管注释族，可以标记与风管相关的参数。

图 6－27

6.4.2　风管尺寸标注

风管的尺寸标注方法与建筑给排水系统管道的尺寸标注方法相同，见学习情境 5 任务 3。

学习情境 7　建筑电气 BIM 模型创建

7.1 学习情境描述

7.1.1 学习目标

1. 掌握 BIM 软件中建筑电气系统的桥架及线管设置方法；
2. 掌握 BIM 软件中建筑电气系统的建模方法；
3. 掌握 BIM 软件中建筑电气系统的模型标注方法。

7.1.2 学习任务

序号	学习任务	任务驱动
1	桥架及线管设置	1. 掌握电缆桥架类型创建的操作； 2. 掌握电缆桥架的设置内容； 3. 掌握线管类型创建的操作； 4. 掌握线管的设置内容
2	系统建模	1. 掌握桥架绘制的方法； 2. 掌握线管绘制的方法； 3. 掌握电气设备的放置方法
3	模型标注	1. 掌握标记族载入的操作； 2. 掌握使用族编辑器进行特制化修改的方法

7.2 任务 1：桥架及线管设置

任务信息

在创建建筑电气 BIM 模型之前，需要对桥架及线管的类型进行创建和设置。Revit 默认自带的电缆桥架和线管分为“带配件”和“无配件”两种类型，而工程中常用到的桥架往往按系统类型的不同细分为强电金属桥架、弱电金属桥架、消防金属桥架、照明金属桥架等；按桥架的型号还可细分为梯级式电缆桥架、槽式电缆桥架、托盘式电缆桥架等。在工程上常用到的线管往往按材质不同细分为 JGD 金属导管、KBG 金属导管、SC 厚壁钢管、PVC 塑料导管等。

因此需要根据实际工程创建各种桥架及管线类型并对其进行设置，设置内容包括桥架及线管尺寸、注释比例、相应管件及配件等。

任务实施

7.2.1　电缆桥架类型创建

（1）在“项目浏览器”下拉列表窗口中选择“族”并单击“＋”符号展开下拉列表，选择“电缆桥架”→“带配件的电缆桥架”选项，选择系统自带桥架选项，使用鼠标右键单击复制，选择新复制创建的桥架选项，使用鼠标右键单击，将之重命名为“强电金属桥架”，如图 7－1 所示。使用同样的方法，可对“弱电金属桥架”“消防金属桥架”“照明金属桥架”分别进行创建。

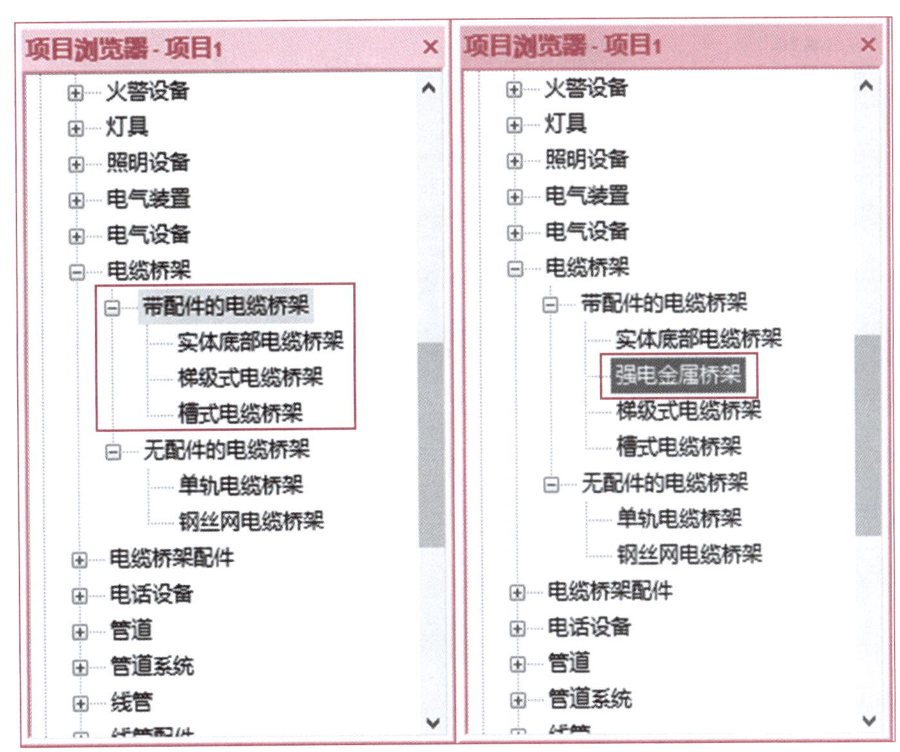

图 7－1

（2）双击“强电金属桥架”选项进入“类型属性”对话框，可对其电气、管件、标识数据等参数进行设置，如图 7－2 所示。

在“类型属性”对话框中，还可以通过单击“复制”按钮创建以该类型为模板的其他类型的电缆桥架，效果与在“项目浏览器”下拉列表窗口中创建是一样的，如图 7－3 所示。

项目浏览器 - 项目1
火警设备
灯具
照明设备
电气装置
电气设备
电缆桥架
带配件的电缆桥架
实体底部电缆桥架
强电金属桥架
梯级式电缆桥架
槽式电缆桥架
无配件的电缆桥架
单轨电缆桥架
钢丝网电缆桥架
电缆桥架配件
电话设备
管道
管道系统
线管
线管配件
结构区域钢筋
结构基础
结构梁系统
结构路径钢筋
详图项目
轮廓
类型属性
族(F):
系统族:带配件的电缆桥架
载入(L)...
类型(T):
强电金属桥架
复制(D)...
重命名(R)...
类型参数
参数
值
电气
弯曲半径乘数
1.000000
管件
水平弯头
无
垂直内弯头
无
垂直外弯头
无
T 形三通
无
交叉线
无
过渡件
无
活接头
无
标识数据
类型图像
注释记号
型号
制造商
<< 预览(P)
确定
取消
应用

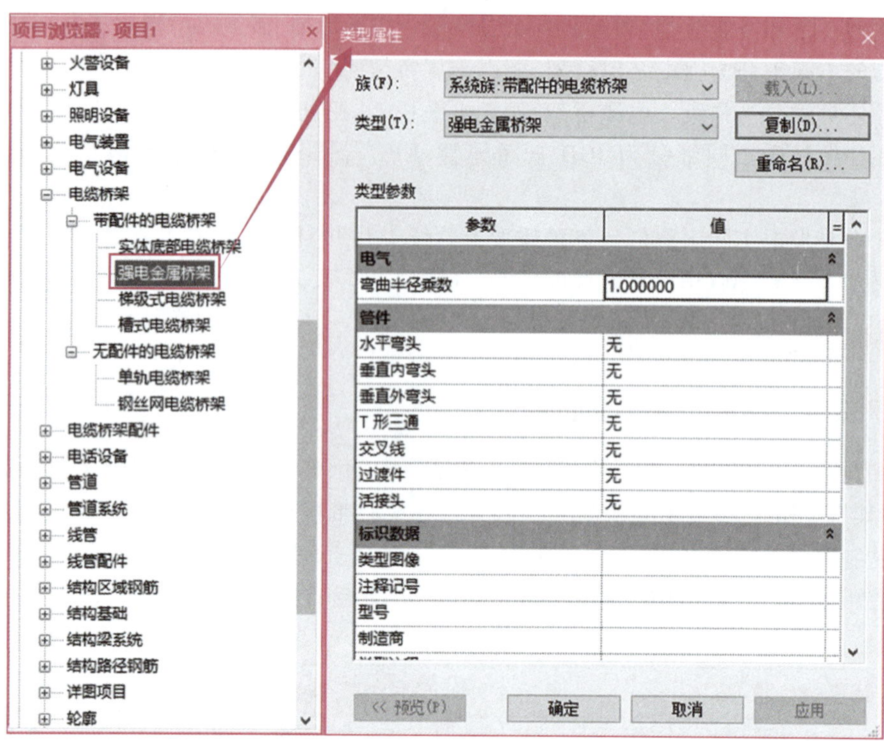

图 7－2

图 7－3

7.2.2 电缆桥架设置

1. 定义设置参数

在绘制电缆桥架前，先按照设计要求对桥架进行设置。在“电气设置”对话框中定义“电缆桥架设置”：进入“管理”选项卡，选择“MEP 设置”→“电气设置”选项，弹出“电气设置”对话框，在“电气设置”对话框的左侧面板中，展开“电缆桥架设置”，如图 7-4 所示。

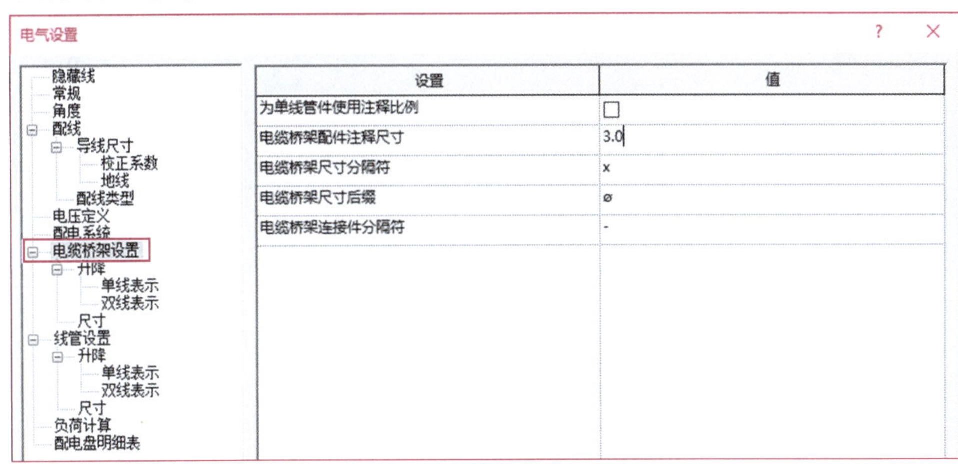

图 7-4

2. 设置“升降”和“尺寸”

展开“电缆桥架设置”选项并设置“升降”和“尺寸”。

(1) 设置升降

在左侧面板中，“升降”选项用来控制电缆桥架标高变化时的显示。

单击“升降”选项，在右侧面板中，可指定电缆桥架升/降注释尺寸的值，如图 7-5 所示。该参数用于指定在单线视图中绘制的升/降注释的出图尺寸。无论图纸比例为多少，该注释尺寸始终保持不变，默认为 3.00 mm。

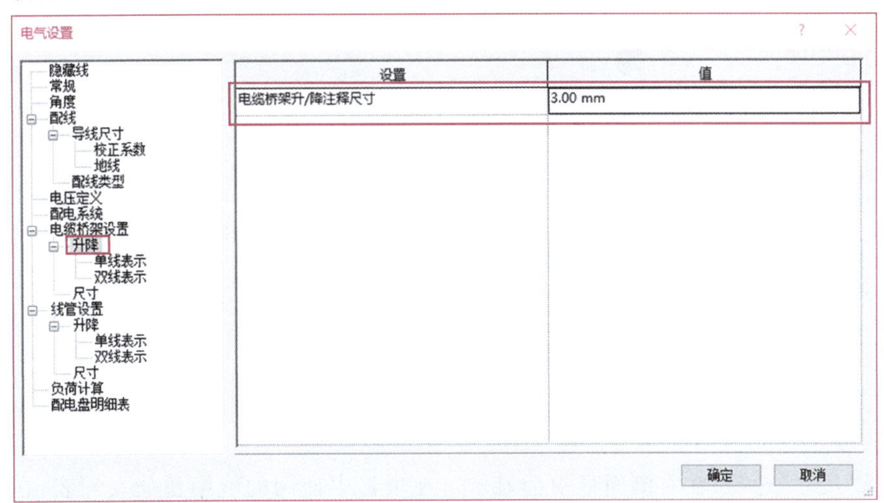

图 7-5

在左侧面板中，展开“升降”选项，选择“单线表示”选项，可以在右侧面板中定义在单线图纸中显示的升符号、降符号。单击相应“值”列并单击 按钮，打开“选择符号”对话框选择相应的符号，如图7－6所示。用同样的方法设置“双线表示”，定义在双线图纸中显示的升符号、降符号，如图7－7所示。

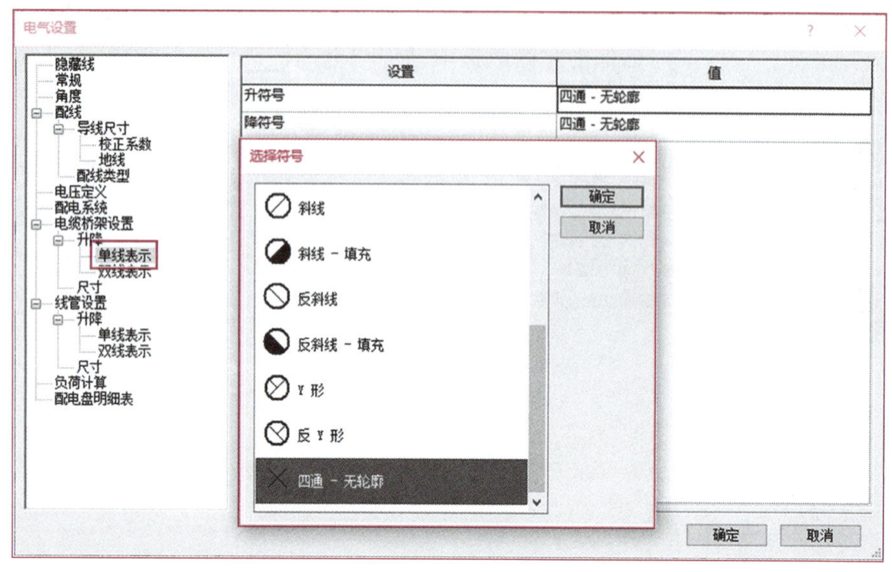

图7－6

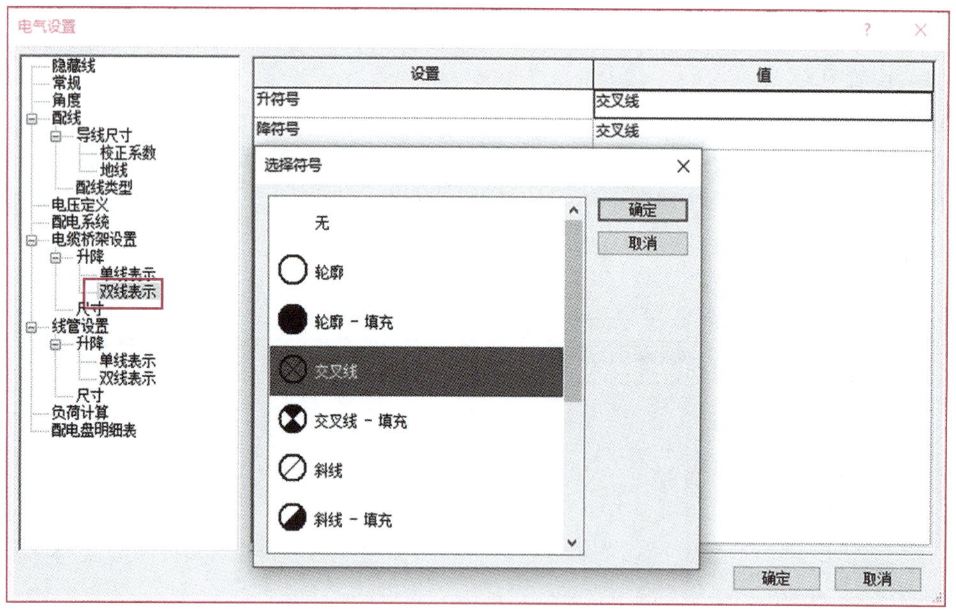

图7－7

（2）设置尺寸

选择“尺寸”选项，在右侧面板中会显示可在项目中使用的电缆桥架尺寸表，在表中可以进行查看、修改、新建和删除操作，如图7－8所示。

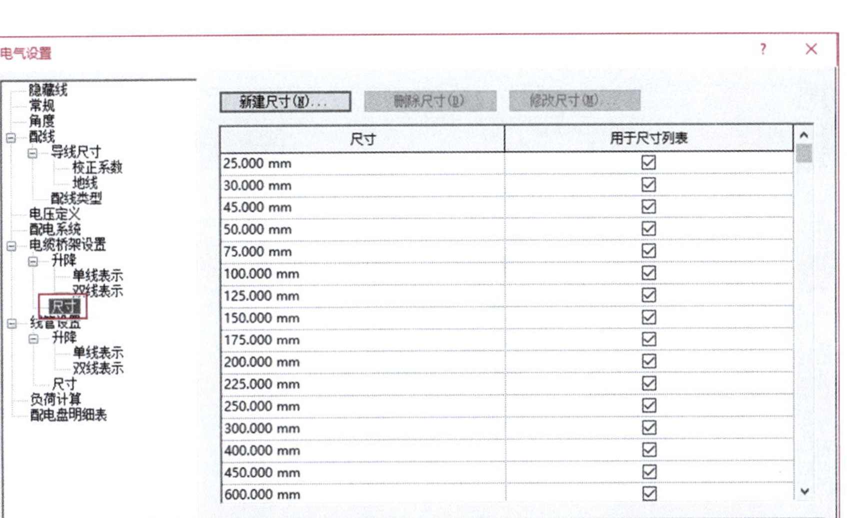

图 7－8

用户可以选择特定尺寸并勾选“用于尺寸列表”:所选尺寸将在电缆桥架尺寸列表中显示,选项栏的尺寸下拉列表如图 7－9 所示,如果不勾选该尺寸,将不会出现在尺寸下拉列表中。

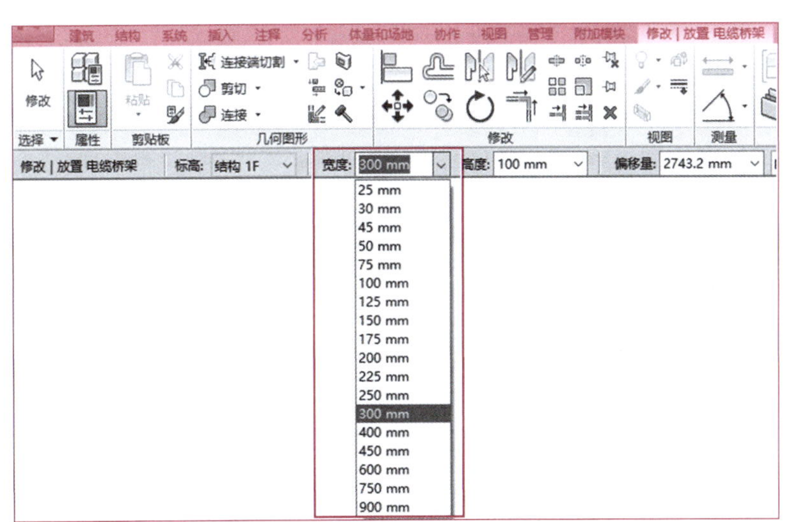

图 7－9

“电气设置”还有一个公用选项“隐藏线”,如图 7－10 所示,用于设置图元之间交叉、发生遮挡关系时的显示。它和“机械设置”的“隐藏线”是同一设置。

7.2.3　线管类型创建

(1) 在“项目浏览器”下拉列表窗口中选择“族”并单击“＋”符号展开下拉列表,选择“线管”→“带配件的线管”选项,系统自带线管类型有“刚性非金属导管(RNC Sch 40)”和“刚性非金属导管(RNC Sch 80)”。选择“刚性非金属导管(RNC Sch 40)”选项,使用鼠标

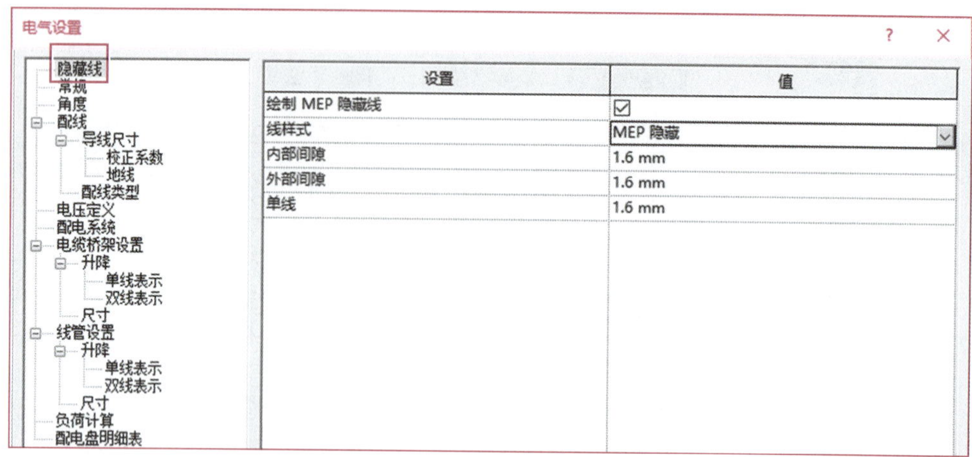

图 7-10

右键复制创建“刚性非金属导管(RNC Sch 40)2”,选择“刚性非金属导管(RNC Sch 40)2”选项,使用鼠标右键选择“重命名”选项,将其重命名为“JDG 金属线管”,如图 7-11 所示。使用同样的方法,可对“KBG 金属导管”“SC 厚壁钢管”“PVC 塑料导管”分别进行创建。

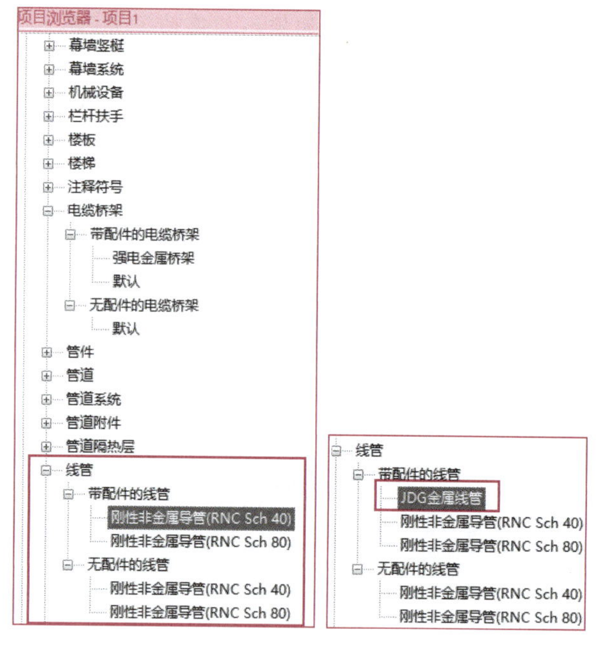

图 7-11

(2) 双击“JDG 金属线管”选项进入“类型属性”对话框,可对其电气、管件、标识数据等参数进行设置,如图 7-12 所示。

“标准”:通过选择标准决定线管所采用的尺寸列表,与“电气设置”→“线管设置”→“尺寸”中的“标准”参数相对应。

“管件”:管件配置参数用于指定与线管类型配套的管件,包括弯头、T 形三通、交叉线、过渡件、活接头。通过这些参数可以配置在线管绘制过程中自动添加的线管配件。

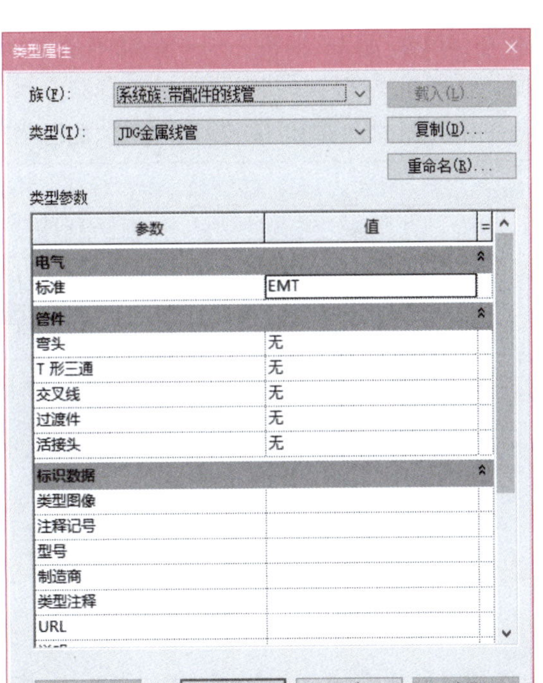

图 7 - 12

7.2.4　线管设置

绘制线管之前,根据项目对线管进行设置。

在"电气设置"对话框中定义"线管设置":进入"管理"选项卡,选择"MEP 设置"→"电气设置"选项,弹出"电气设置"对话框,在"电气设置"对话框的左侧面板中,展开"线管设置"选项,如图 7 - 13 所示。

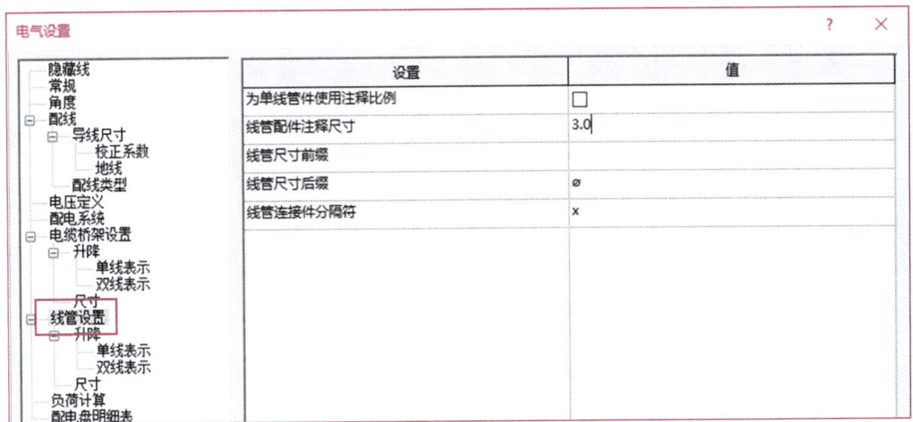

图 7 - 13

线管的基本设置和电缆桥架类似,不再赘述。但线管的尺寸设置略有不同,下面将着重介绍。

（1）单击“线管设置”→“尺寸”选项，如图 7－14 所示，右侧面板可以设置线管尺寸。

首先针对不同“标准”，可创建不同的尺寸列表。单击右侧面板的“标准”下拉按钮，可以选择要编辑的“标准”；单击右侧的 按钮、 按钮可创建、删除当前尺寸列表。

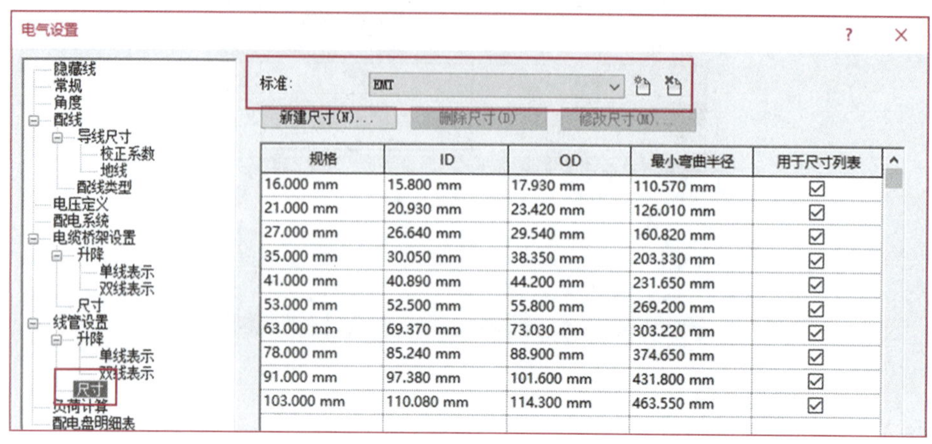

规格	ID	OD	最小弯曲半径	用于尺寸列表
16.000 mm	15.800 mm	17.930 mm	110.570 mm	☑
21.000 mm	20.930 mm	23.420 mm	126.010 mm	☑
27.000 mm	26.640 mm	29.540 mm	160.820 mm	☑
35.000 mm	30.050 mm	38.350 mm	203.330 mm	☑
41.000 mm	40.890 mm	44.200 mm	231.650 mm	☑
53.000 mm	52.500 mm	55.800 mm	269.200 mm	☑
63.000 mm	69.370 mm	73.030 mm	303.220 mm	☑
78.000 mm	85.240 mm	88.900 mm	374.650 mm	☑
91.000 mm	97.380 mm	101.600 mm	431.800 mm	☑
103.000 mm	110.080 mm	114.300 mm	463.550 mm	☑

图 7－14

Revit 软件自带的电气项目样板“Electrical－DefatultCHSCHs. rte”中线管尺寸默认创建了五种标准：EMT、IMC、RMC、RNC 明细表 40、RNC 明细表 80。

（2）在当前尺寸列表中，可以“新建尺寸”“删除尺寸”“修改尺寸”。其中尺寸定义中：

“ID”表示线管的内径。

“OD”表示线管的外径。

“最小弯曲半径”是指弯曲线管时所允许的最小弯曲半径。软件中弯曲半径指的是圆心到线管中心的距离。

新建的尺寸“规格”和现有列表不允许重复。如果在绘图区域已绘制了某尺寸的线管，该尺寸将不能被删除，需要先删除项目中的线管，才能删除尺寸列表中的尺寸。

7.3 任务2：系统建模

7.3.1 子任务1：桥架及线管绘制

任务信息

建筑电气系统建模需要进行桥架及线管的绘制，包括桥架及线管类型、尺寸、偏移量等参数设置方式选择、配件放置等。

绘制桥架及线管在平面视图、立面视图、剖面视图和三维视图中均可进行。

在绘制电缆桥架或线管时使用以下设置。

（1）标高：指定电缆桥架或线管的参照标高。

（2）宽度：指定电缆桥架的宽度。

（3）高度：指定电缆桥架的高度。

（4）直径：指定线管的直径。

(5) 偏移量:指定电缆桥架或线管相对于参照标高的垂直高程。可以输入偏移值或从建议偏移值列表中选择值。

(6) 锁定/解锁:锁定/解锁电缆桥架或线管的高程。锁定后,电缆桥架或线管会始终保持原高程,不能连接处于不同高程的电缆桥架或线管。

(7) 弯曲半径:指定电缆桥架或线管的弯曲半径。

任务实施

1. 桥架绘制

(1) 进入"系统"选项卡,选择"电缆桥架"选项,进入电缆桥架绘制模式,如图 7-15 所示。

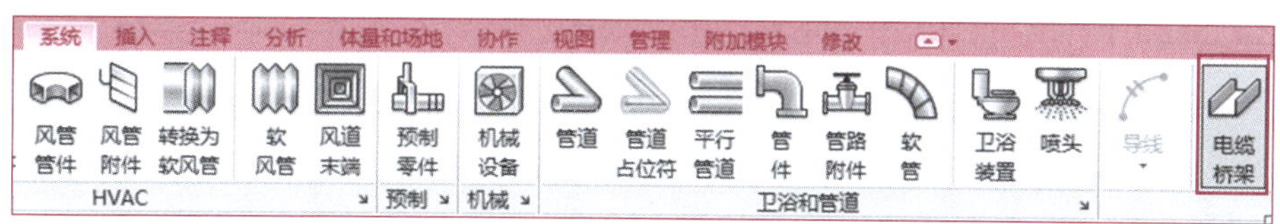

图 7-15

(2) 选择电缆桥架类型:在电缆桥架"属性"选项板中选择所需要绘制的电缆桥架类型,如图 7-16 所示。

(3) 选择电缆桥架尺寸:在"修改|放置电缆桥架"选项栏"宽度"下拉列表中选择所需电缆桥架尺寸。也可以直接输入自定义的绘制尺寸。以同样方法设置"高度",如图 7-16 所示。

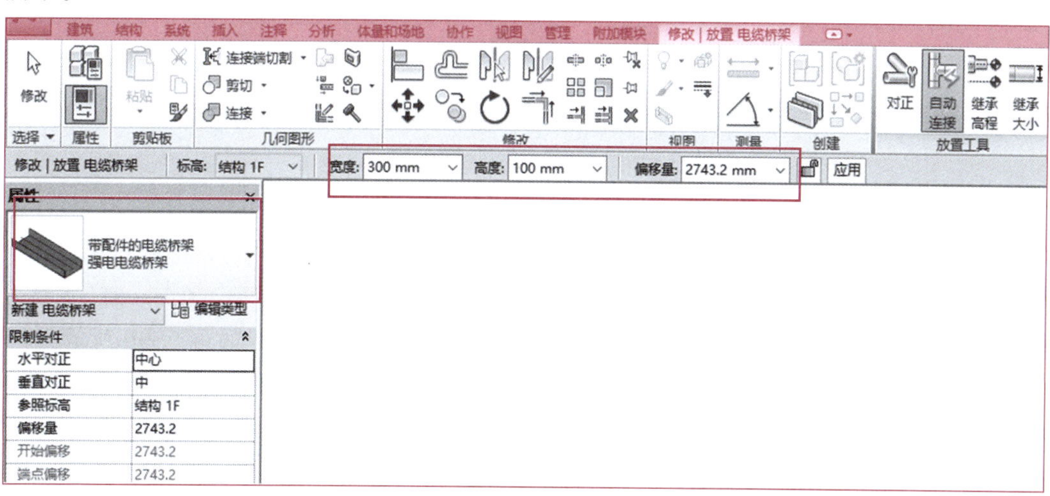

图 7-16

(4) 指定电缆桥架偏移量:默认"偏移量"是指电缆桥架中心线相对于"属性"选项板中所选参照标高的距离。在"偏移量"选项中单击下拉按钮,可以选择项目中已经用到的偏移量,也可以直接输入自定义的偏移量数值,默认单位为 mm。

(5) 指定电缆桥架起点和终点:将鼠标指针移至绘图区域,单击鼠标指针指定电缆桥架起点,移动至终点位置再次单击,完成一段电缆桥架的绘制。

注意：绘制垂直电缆桥架时，可在立面视图或剖面视图中直接绘制，也可以在平面视图绘制；在选项栏上改变将要绘制的下一段水平桥架的“偏移量”，就能自动连接出一段垂直桥架。

（6）电缆桥架放置方式：在绘制电缆桥架时，可以使用“修改 | 放置电缆桥架”选项卡内“放置工具”面板上的命令指定电缆桥架的放置方式。

① 对正：“对正”命令用于指定电缆桥架的对齐方式。此功能在立面和剖面视图中不可用。选择“对正”选项，打开“对正设置”对话框。

- 水平对正。以电缆桥架的“中心”“左”或“右”作为参照，将相邻两段电缆桥架进行水平对齐。“水平对正”的效果与绘制方向有关，自左至右绘制电缆桥架时，选择不同“水平对正”方式的绘制效果如图 7－17 所示。

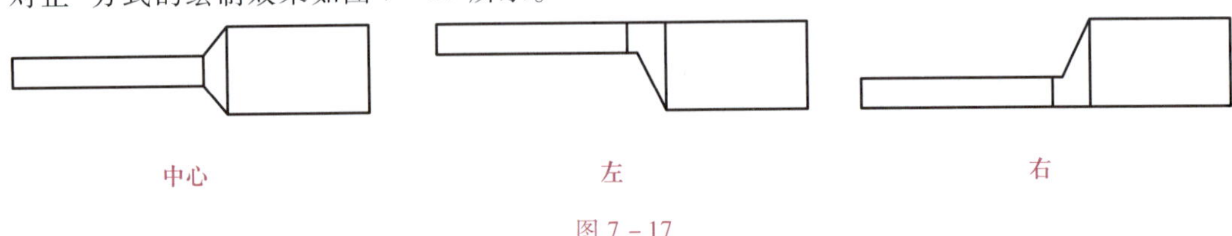

图 7－17

- 水平偏移。用于指定电缆桥架绘制起始点位置与实际电缆桥架位置之间的偏移距离。该功能多用于指定电缆桥架与墙体等参考图元之间的水平偏移距离。“水平偏移”的距离与“水平对正”设置及绘制方向有关。

例如：设置“水平偏移”值为 500 mm，捕捉墙体中心线绘制宽度为 100 mm 的电缆桥架，这样实际绘制位置是按照“水平偏移”值偏移墙体中心线的位置。自左至右绘制电缆桥架，不同“水平对正”方式下电缆桥架绘制效果如图 7－18 所示。

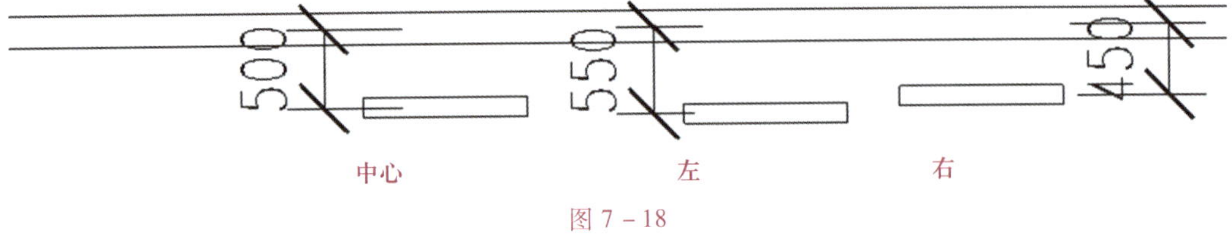

图 7－18

- 垂直对正。以电缆桥架的“中”“底”或“顶”作为参照，将相邻两段电缆桥架进行垂直对齐。“垂直对正”的设置会影响电缆桥架“偏移量”。当默认偏移量为 100 mm 时，高度为 100 mm的电缆桥架，设置不同的“垂直对正”方式下绘制电缆桥架的效果如图 7－19 所示。

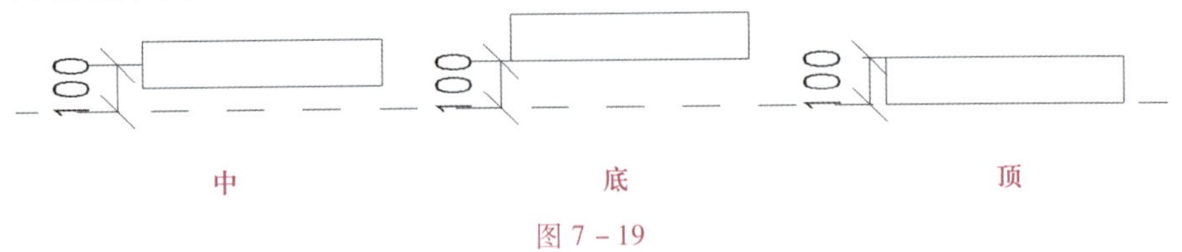

图 7－19

另外，电缆桥架绘制完成后，可以使用“对正”命令修改对齐方式。选中需要修改的电缆桥架，单击功能区中“对正”按钮，进入“对正编辑器”面板，选择需要的对齐方式和对齐方向，单击“完成”按钮，如图 7－20 所示。

② 自动连接：“放置工具”面板中的“自动连接”命令用于自动捕捉相交电缆桥架，并添加电缆桥架配件完成连接。在默认情况下，该命令处于激活的状态，如图 7－21 所示。

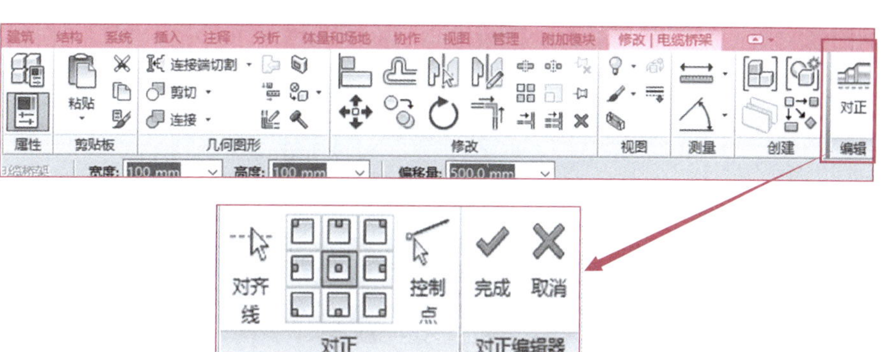

图 7－20

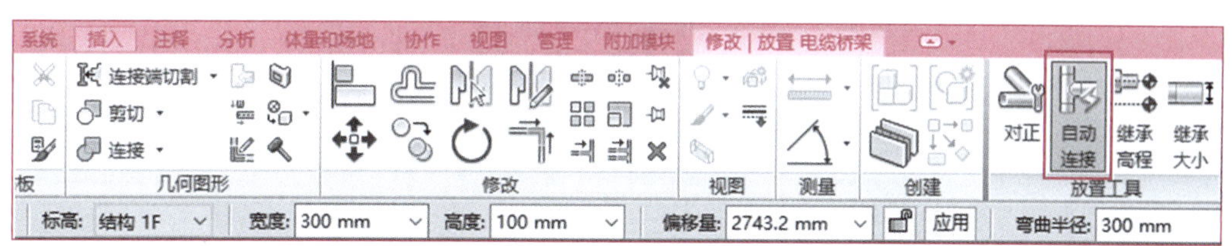

图 7－21

例如：当“自动连接”命令激活时，绘制两段正交的电缆桥架，将自动添加电缆桥架配件完成连接。如果未激活“自动连接”命令，则电缆桥架配件不会自动添加，如图 7－22 所示。

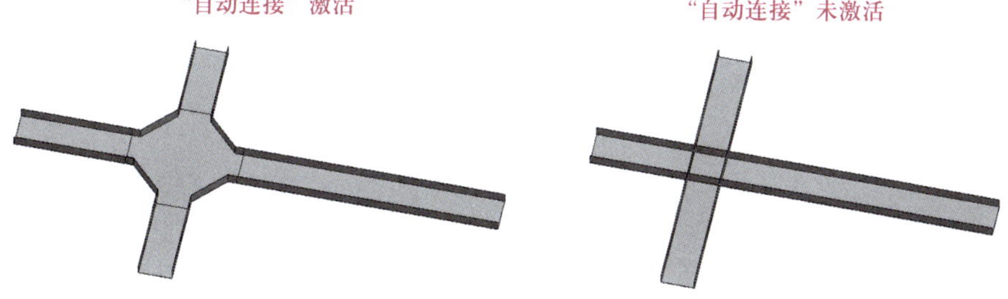

图 7－22

③ 继承高程和继承大小：利用这两个功能，绘制电缆桥架的时候可以自动继承捕捉到的图元的高程、大小。

（7）电缆桥架配件放置：电缆桥架的连接要使用电缆桥架配件，下面将介绍绘制电缆桥架时配件族的使用方法。

① 放置配件：在平面视图、立面视图、剖面视图和三维视图都可以放置电缆桥架配件。

• 自动添加。在绘制电缆桥架过程中自动添加的配件需要在电缆桥架“类型属性”对话框中的“管件”参数中指定，如图 7－23 所示。

• 手动添加。进入“系统”选项卡，选择“电缆桥架配件”选项，在“属性”选项板中选择需要放置的电缆桥架配件，放置到电缆桥架中，如图 7－24 所示。也可以在“项目浏览器”下拉列表窗口中，展开“族”→“电缆桥架配件”选项，直接以拖拽的方式将电缆桥架配件拖至绘图区域所需位置进行放置。

② 电缆桥架配件族：Revit 自带的族库中，提供了电缆桥架配件族。主要有托盘式电缆桥架、梯级式电缆桥架和槽式电缆桥架的配件族。

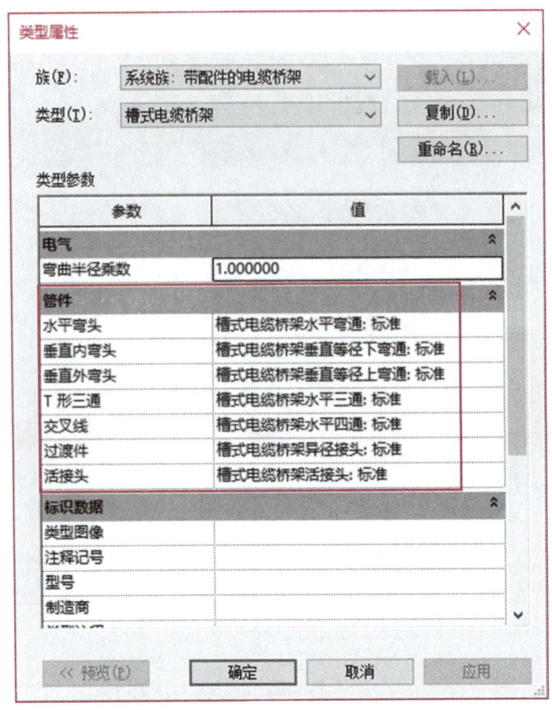

图 7－23

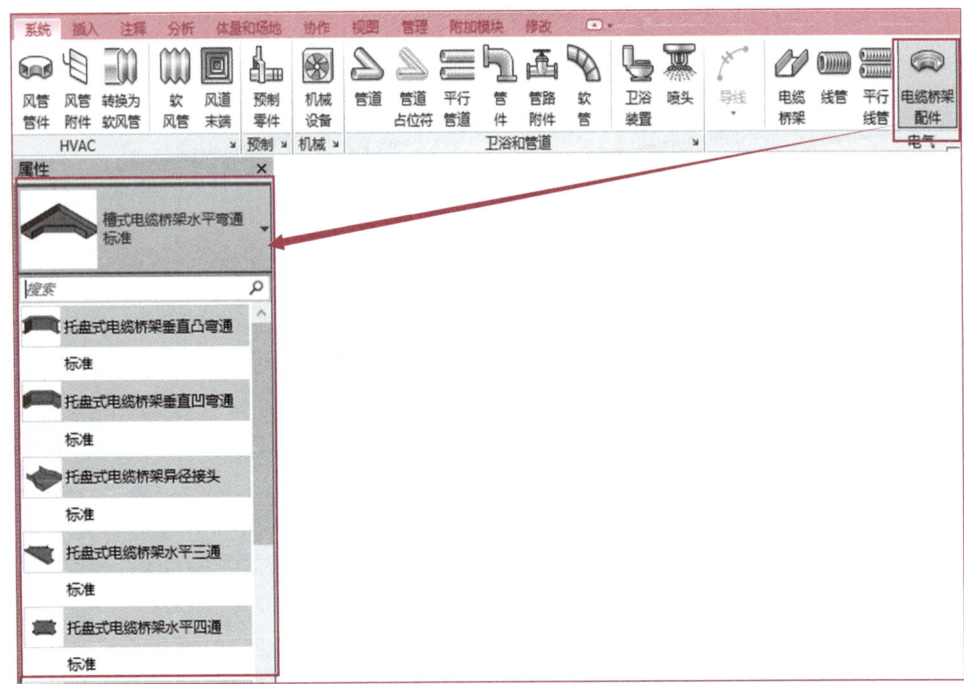

图 7－24

以水平弯通为例，对比族库中提供的几种配件族，如图 7－25 所示。

③ 编辑电缆桥架配件：在绘图区域中单击某一电缆桥架配件后，电缆桥架周围会显示一组控制柄，可用于修改尺寸、调整方向和进行升级或者降级，如图 7－26 所示。

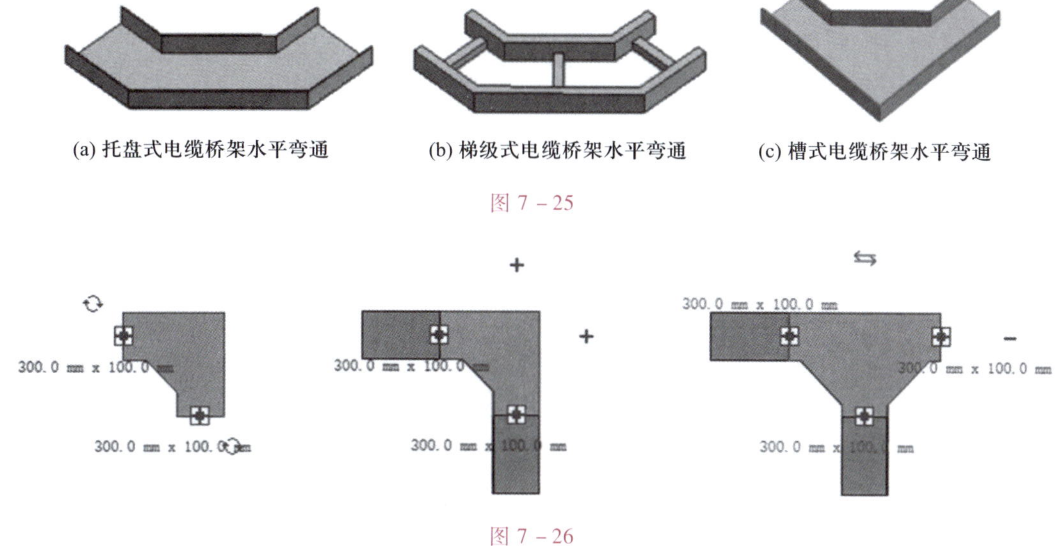

(a) 托盘式电缆桥架水平弯通　(b) 梯级式电缆桥架水平弯通　(c) 槽式电缆桥架水平弯通

图 7－25

图 7－26

（8）带配件和无配件的电缆桥架：绘制“带配件的电缆桥架”和“无配件的电缆桥架”功能上是不同的。

分别用“带配件的电缆桥架”和“无配件的电缆桥架”绘制出的电缆桥架，通过对比可以明显看出这两者的区别，如图 7－27、图 7－28 所示。

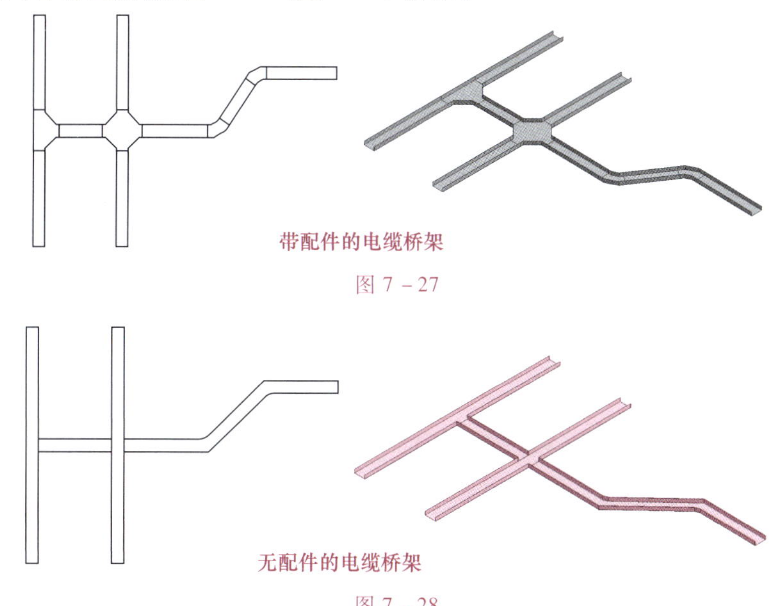

带配件的电缆桥架

图 7－27

无配件的电缆桥架

图 7－28

① 绘制“带配件的电缆桥架”时，桥架直段和配件间有分隔线作为区分。

② 绘制“无配件的电缆桥架”时，转弯处和直段之间并没有分隔。桥架交叉时，桥架自动会打断，桥架分支时也是直接相连而不添加任何配件。

2. 线管绘制

进入“系统”选项卡，选择“线管”选项，进入线管绘制模式，如图 7－29 所示。

图 7－29

绘制线管的具体步骤和电缆桥架绘制类似，此处不再赘述。

(1) 带配件和无配件的线管

线管也分为“带配件的线管”和“无配件的线管”，绘制时要注意这两者的区别。“带配件的线管”和“无配件的线管”的显示对比如图 7－30 所示。

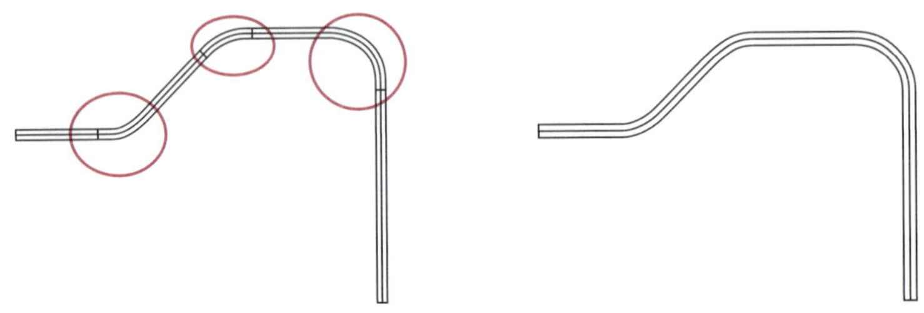

图 7－30

修改线管的“弯曲半径”：对于“带配件的线管”和“无配件的线管”，修改“弯曲半径”的操作有所不同。“无配件线管”可以在项目中直接修改“弯曲半径”，而“带配件的线管”需要进入族编辑器环境修改弯头的弯曲半径。这是由于“带配件的线管”和“无配件的线管”配置的弯头不同。

在族编辑器环境中打开“带配件的线管”的弯头，查看其族类型时，可以发现“弯曲半径”的值是由公式控制的，如图 7－31 所示。而“无配件的线管”的弯头的“弯曲半径”没有公式约束，只有初始默认值，如图 7－32 所示。所以，可以在项目界面中直接修改“无配件的线管”的“弯曲半径”。

族类型

名称(N)： 标准

参数	值	公式	锁定
图形			
使用注释比例 (默认)	☐	=	
尺寸标注			
公称半径 (默认)	8.0	=	
公称直径 (默认)	16.0	= 公称半径 * 2	
管件外径 (默认)	21.3	= size_lookup(线管尺寸查	
线管长度 (默认)	38.1	= size_lookup(线管尺寸查	
中心到端点 (默认)	139.7	= 弯曲半径标签 * tan(角度 /	
弯曲半径 (默认)	101.6	= size_lookup(线管尺寸查	
角度 (默认)	90.000°	=	☐
其他			
线管尺寸查找	M_Conduit Elbow - Plain	=	
管件外半径 (默认)	10.7	= 管件外径 / 2	
弯曲半径标签 (默认)	101.6	= if(弯曲半径 > 管件外半径	

族类型：新建(N)... 重命名(R)... 删除(E)

参数：添加(D)... 修改(M)... 删除(V) 上移(U) 下移(W)

排序顺序：升序(S) 降序(C)

图 7－31

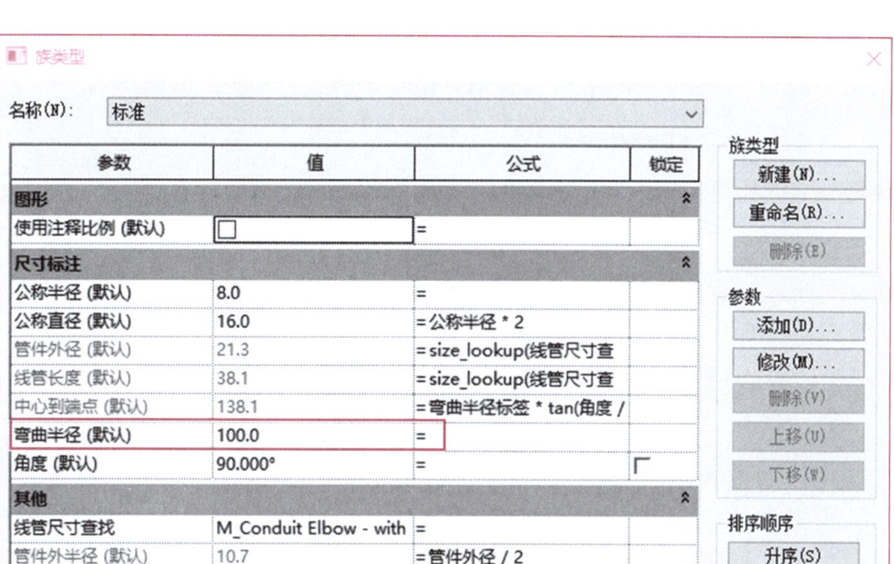

图 7－32

在项目中直接修改“弯曲半径”时，选中“无配件的线管”的弯头，会出现弯曲半径的临时标注，同时选项栏会出现“弯曲半径”这一项，如图 7－33 所示。这时可以直接修改临时标注中的值或在选项栏中修改“弯曲半径”的值。

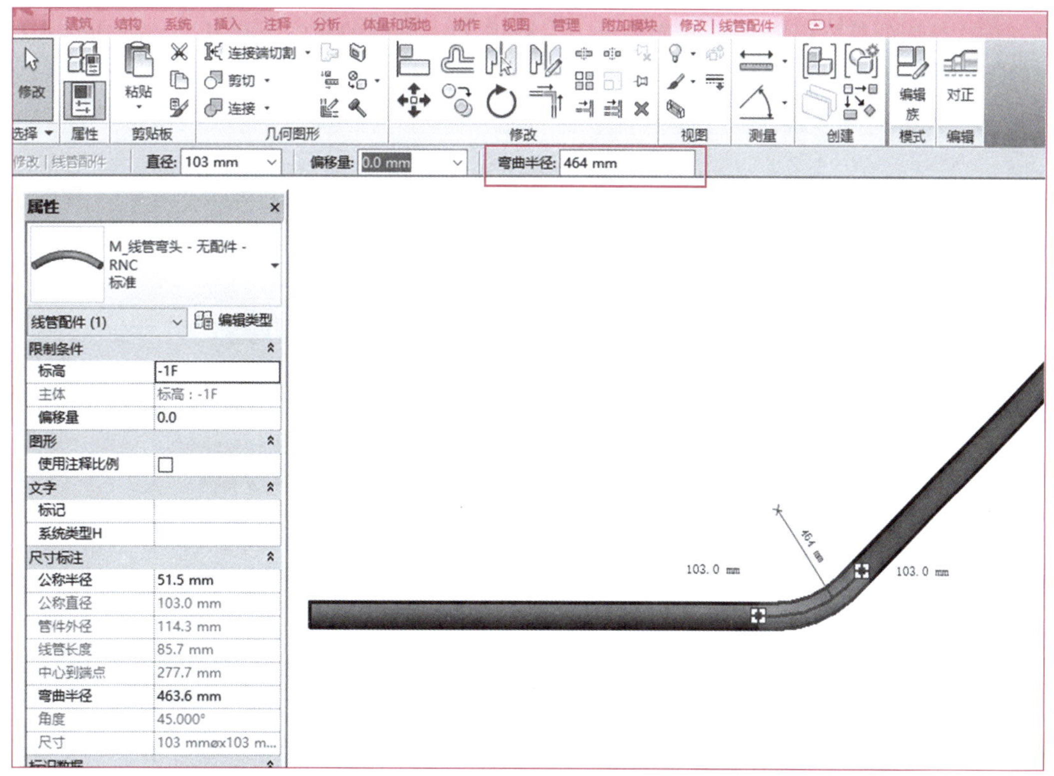

图 7－33

默认初始值取的是“电气设置”→“线管设置”→“尺寸”中的“最小弯曲半径”，修改的弯曲半径值不能小于“最小弯曲半径”，否则将出现如图 7－34 所示的提示框。

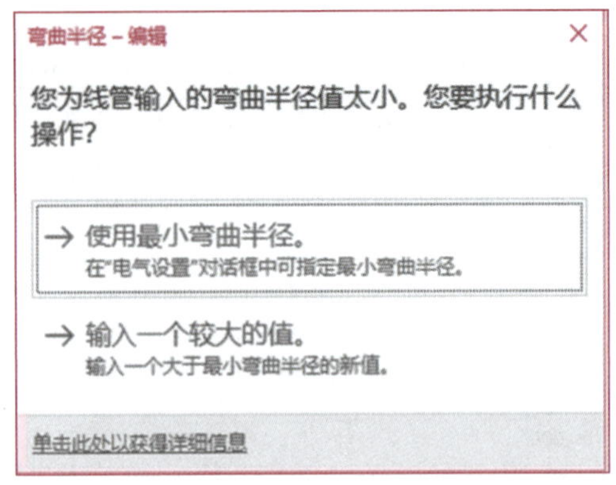

图 7－34

（2）“表面连接”绘制线管

“表面连接”是针对线管创建的一个功能。通过在族的模型表面添加“表面连接件”，在项目中实现从该表面的任何位置绘制一根或多根线管。以一个变压器为例，如图 7－35 所示，在其上表面、左右表面和后表面都添加了“线管表面连接件”。

使用鼠标右键单击某一个表面连接件，选择弹出的快捷菜单中的“从面绘制线管”选项，如图 7－36 所示。可在该表面上移动线管连接件的位置，选择“完成连接”选项，这样就可以从这个面的某一位置引出线管，如图 7－37 所示。同样的做法可以从一个面引出多路线管，如图 7－38 所示。

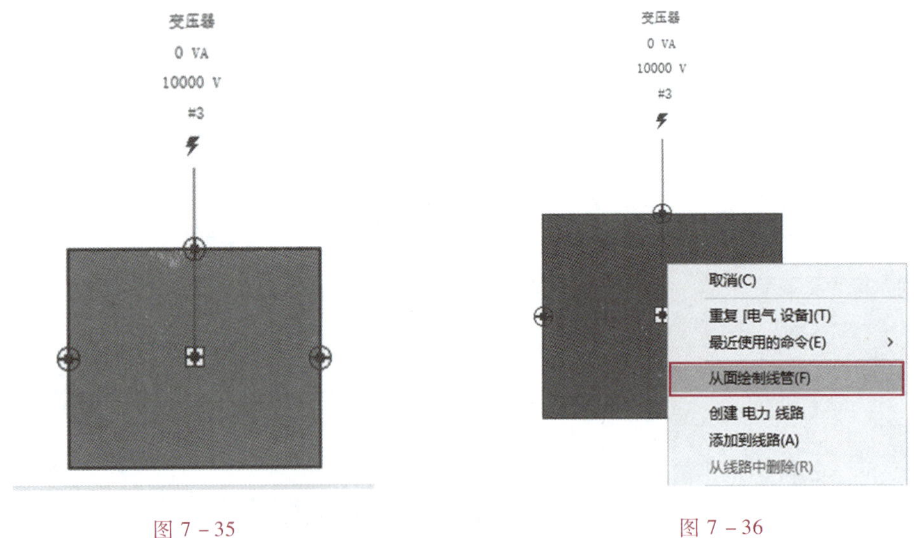

图 7－35　　图 7－36

类似还可以使用鼠标右键单击设备立面方向的线管表面连接件，选择弹出的快捷菜单中的“从面绘制线管”选项，进入设备的立面视图移动线管连接件位置，如图 7－39、图 7－40 所示。

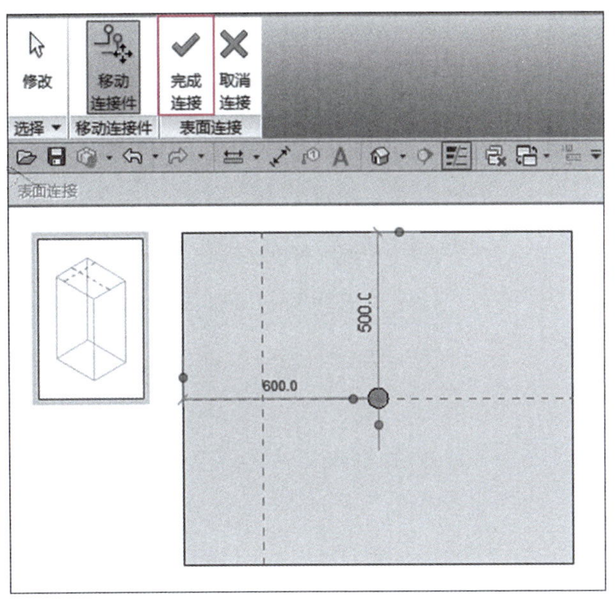

图 7－37

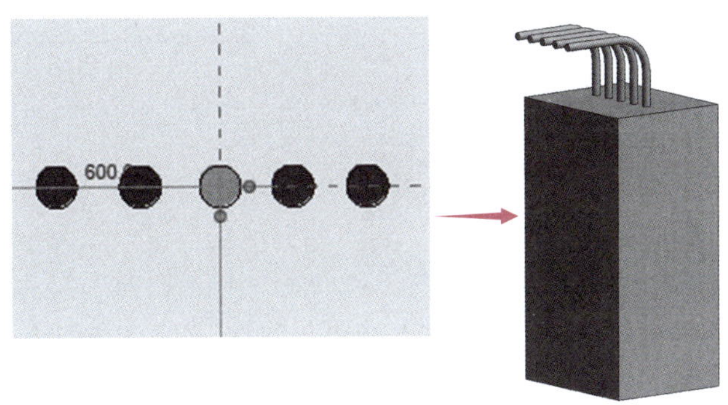

图 7－38

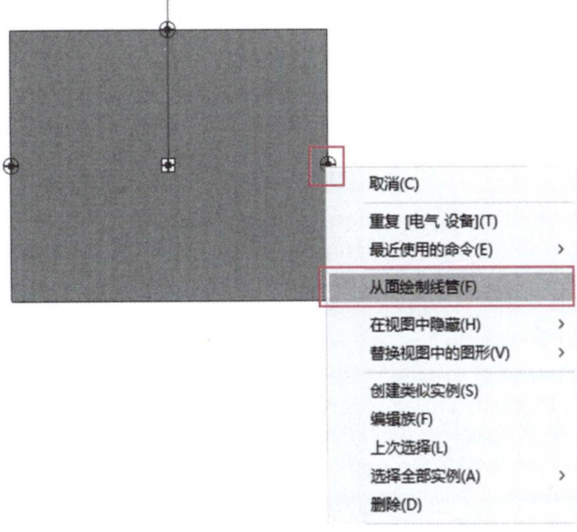

图 7－39

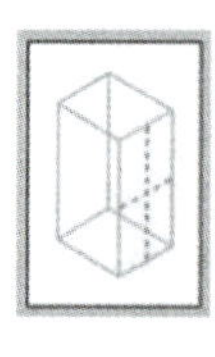

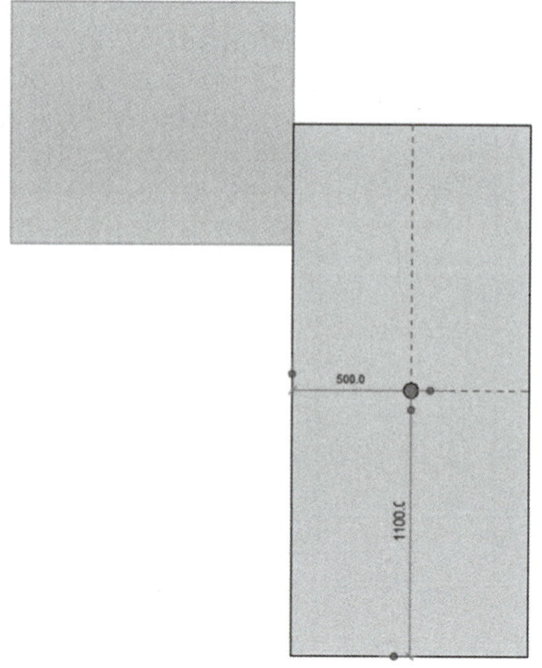

图 7－40

7.3.2 子任务 2：设备的放置

任务信息

建筑电气系统除桥架、线管外，还包括各种电气设备，例如各种供配电设备、用电设备、电箱、灯具、开关插座等。因此，桥架及线管绘制完成后，需要放置电气设备。

电气设备可以是基于建筑结构主体的构件（如必须放置在墙上的配电盘、开关插座等），也可以是非基于主体的构件（如可以放置在视图中任何位置的变压器）。在软件中自带有一些族文件，当软件自带的族文件无法满足用户设计的需求时，用户可根据需要创建电气族，还可以在软件自带族的基础上进行修改，提高效率。

电气设备放置操作方式类似，下面以配电箱为例进行介绍。

任务实施

1. 电气设备载入

进入“系统”选项卡，选择“电气设备”选项，在“属性”选项板中选择需要的电气设备，放置在绘图区域所需位置。

假如当前项目中没有所需的电气设备，可以在“属性”选项板中选择“编辑类型”选项，进入“类型属性”对话框，单击“载入”按钮，进行族的载入。

2. 电气设备放置方法

（1）放置基于面的设备时（如基于工作平面、基于墙、基于天花板等），要选择放置的方式，包含以下三种：放置在垂直面上、放置在面上和放置在工作平面上。以“放置在垂直面上”的配电箱为例，配电盘需要放置到墙体。进入“系统”选项卡，选择“电气设备”选项，在

“属性”选项板中选择配电箱，软件默认“放置在垂直面上”，将光标定位到所要放置的内墙上，这时才能预览到该配电箱，单击放置配电箱，如图 7－41 所示。

修改 | 放置 构件
视图
测量
创建
载入族
内建模型
模式
放置在垂直面上
放置在面上
放置在工作平面上
放置
在放置时进行标记
标记
AL

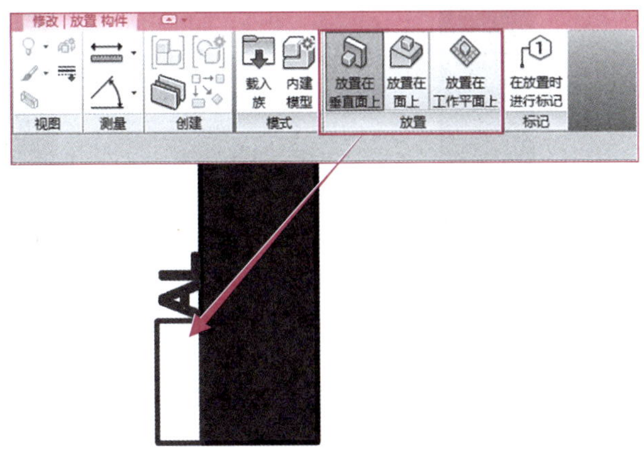

图 7－41

（2）选择放置好的设备，修改“立面”值以编辑放置位置。例如选中已放置的配电箱，在“属性”选项板中指定“立面”值，如图 7－42 所示。

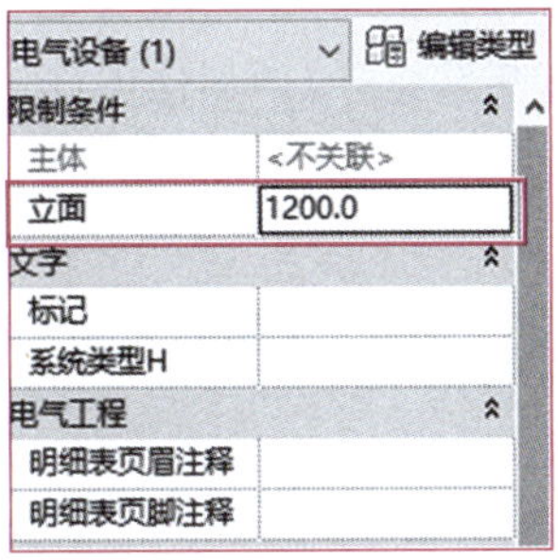

电气设备 (1)
编辑类型
限制条件
主体
<不关联>
立面
1200.0
文字
标记
系统类型H
电气工程
明细表页眉注释
明细表页脚注释

图 7－42

（3）配电箱命名，需选中配电箱图元，在“属性”选项板中修改“配电盘名称”，如图 7－43所示，如命名为“L 1”。

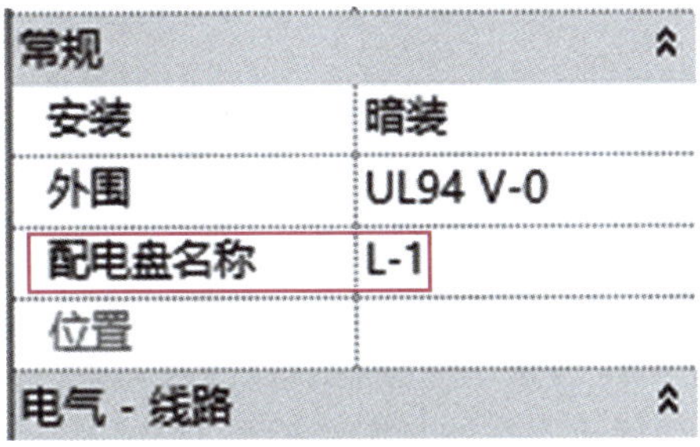

常规
安装
暗装
外围
UL94 V-0
配电盘名称
L-1
位置
电气 - 线路

图 7－43

（4）进入“注释”选项卡，选择“按类别标记”选项，单击需要标记的配电箱图元，可以看到未命名的配电箱的标记在项目中显示为“?”，如图 7－44 所示。配电箱的命名，可以在“属性”选项板中定义配电箱名称，也可以双击“?”标记后直接输入配电箱名称，如“L－2”，如图 7－45 所示。

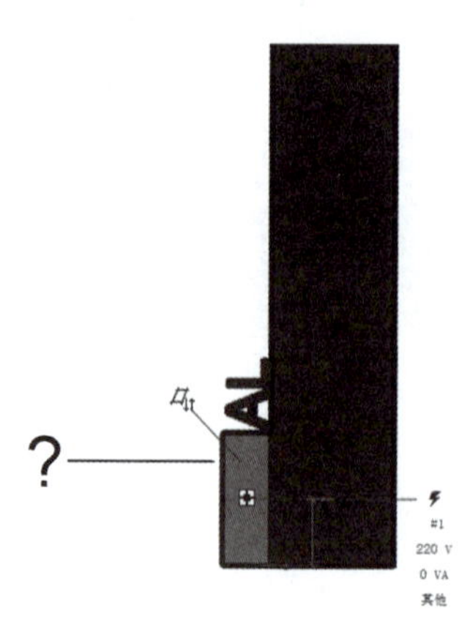

图 7－44

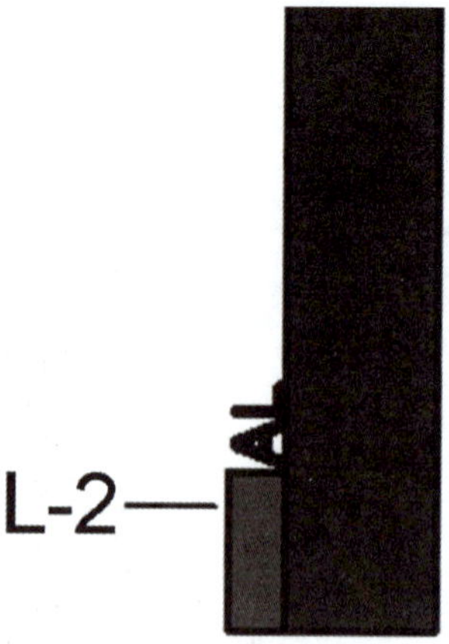

图 7－45

7.4 任务3：模型标注

任务信息

可以给电气构件(包括配电盘和变压器)添加标记,以在项目中标识它们。

只有载入适当的注释族,才可以标记电气设备。添加标记之后,可以使用族编辑器指定该标记显示的参数。

任务实施

7.4.1 载入标记族

载入标记族时,需进入“插入”选项卡,选择“载入族”→“注释”文件夹→“标记”文件夹→“电气”文件夹(例如“导体数”),载入项目文件的标记族将显示在“项目浏览器”→“族”→“注释符号”中。

7.4.2 添加标记

(1) 进入“注释”选项卡,选择“按类别标记”选项。在选项栏上,选择要应用到该标记的选项,如图 7－46 所示。

“方向”:可将标记的方向指定为水平或垂直。

“标记”:可打开“载入的标记和符号”对话框,在其中可以选择或载入特定构件的注释标记,例如“导体数”,如图 7－47 所示。注意:在“过滤器列表”中应勾选“电气”复选框。

“引线”:可为该标记激活确定引线的长度和附着的参数。下拉选项为“附着端点”时,引线不可操作且为直线;下拉选项为“自由端点”时,引线可自由转向;在选择“附着端点”时,可对引线的长度进行设置,选择适当的引线长度。

(2) 设置好标记选项后,单击要在视图中标记的电气构件,即可为其添加标记。

导线默认的标记式样如图 7－48 所示,国内实际导线标注样式如图 7－49 所示,可以使用族编辑器对标记族的标注样式进行修改。

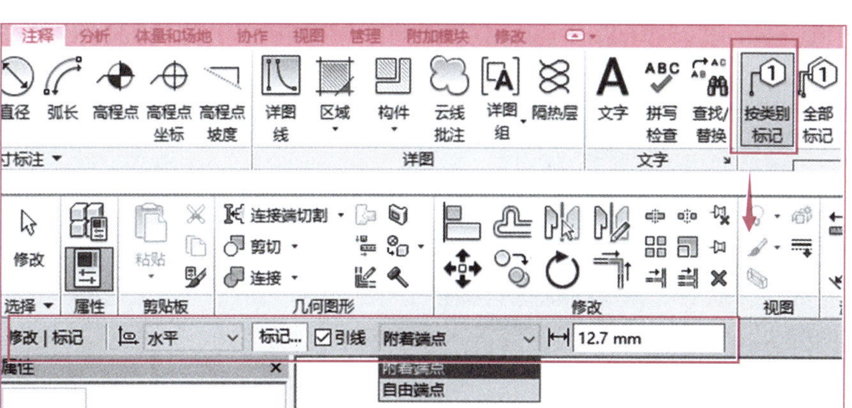

图 7-46

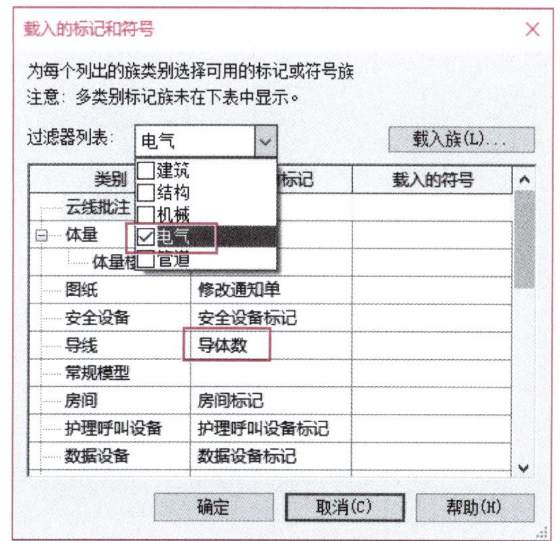

图 7-47

图 7-48　　　　图 7-49

在“电气设置”对话框的“配线”中取消显示记号，如图 7-50 所示。取消显示记号后的标注效果如图 7-51 所示。

电气设置
隐藏线
常规
角度
配线
导线尺寸
校正系数
地线
配线类型
电压定义
配电系统
电缆桥架设置
升降
单线表示
双线表示
尺寸
线管设置
升降
设置
值
环境温度
30 °C
配线交叉间隙
2
火线记号
地线记号
零线记号
横跨记号的斜线
否
显示记号
从不
分支线路导线尺寸的最大电压降
2.00%
馈线线路导线尺寸的最大电压降
3.00%

图 7－50

3

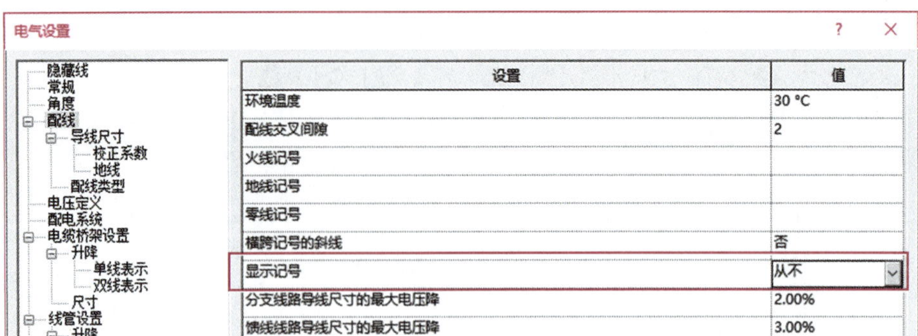

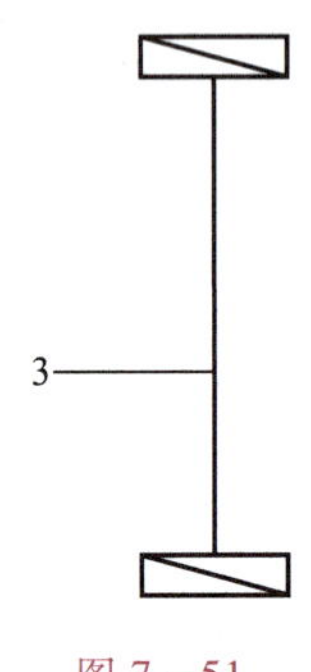

图 7－51

模块三

模型应用

学习情境 8 深化设计阶段应用

8.1 学习情境描述

8.1.1 学习目标

1. 熟悉 BIM 深化设计应用主要内容；
2. 掌握 BIM 软件的深化分析方法；
3. 掌握 BIM 软件的管线综合优化方法。

8.1.2 学习任务

序号	学习任务	任务驱动
1	BIM 深化设计应用主要内容	熟悉 BIM 深化设计应用主要内容及实施流程
2	深化分析	1. 掌握使用房间区域颜色方案定义法进行净高分析； 2. 掌握通过两种 BIM 软件对设备管线进行碰撞检查的方法； 3. 掌握制作净高检查报告表、问题报告表的方法
3	管线综合优化	1. 掌握 BIM 软件中管线优化的几种方法； 2. 掌握支吊架在 BIM 模型中进行精准放置与排布的方法； 3. 掌握预留洞在三维模型上进行放置的方法

8.2 任务 1：深化设计应用内容

任务信息

随着社会的发展，建筑规模越来越大且功能复杂，建筑物内设备管线错综复杂、空间占用大。为满足建筑空间的使用性、可施工性、可维护性等需求和实现项目的精细化管理，需要对施工图进行深化设计。

1. 深化设计的目的

通过在工程实施过程中对原施工图的补充与完善，使图纸更加符合现场实际情况，符合施工优化要求，使之成为可以指导现场实施的施工图。

2. 深化设计的依据

(1) 相关设计、施工规范、行业标准以及标准图集；

(2) 项目合同中规定的技术要求；

(3) 项目施工图纸及变更；

(4) 供货商所提供的图纸以及设备信息；

(5) 专业分包商提供的图纸。

任务实施

8.2.1　深化设计的工作内容

(1) 熟悉合约、技术规格等技术文件及当地设计规范；

(2) 熟悉全专业施工图(包括变更与专项深化设计)的要求；

(3) 对施工图纸未充分表达部分进行补充设计，如安装节点详图、各种支架(吊架和托架)的结构图、预留孔图、预埋件位置和构造等；

(4) 在不改变原有设计的设备工程各系统的设备、材料、规格、型号及原有使用功能的前提下，布置设备的管路、路线系统或做位置的移动与管线避让，使之更趋合理，进行优化设计；

(5) 因优化设计而产生设计变化时应进行复核计算(系统的容量、负荷、管线支吊架等)，发现问题及时向建设单位提出，并提供相关的支持性文件。

8.2.2　深化设计的实施流程

深化设计的实施流程如图 8-1 所示。

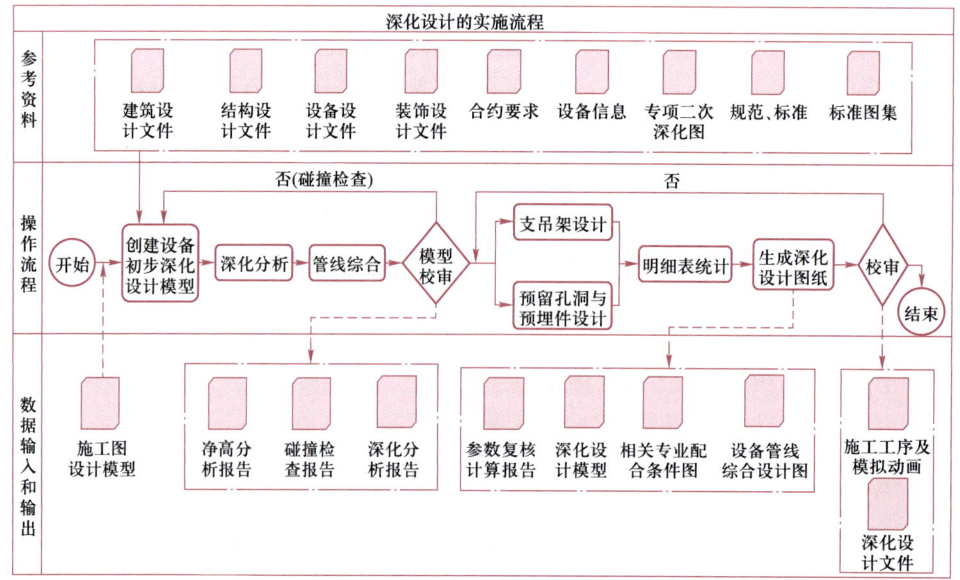

图 8-1

8.3 任务 2：深化分析

8.3.1 子任务 1：净高分析

任务信息

在实际的工程项目中建设方通常对功能空间的净高有较高的要求，往往会导致预留给设备管线的空间较小。在建筑的功能各不相同，结构形式多样，设备管线错综复杂的情况下，合理的布置设备管线满足净高要求需要进行全局性的设备空间规划，利用 BIM 技术可视化的特点进行净高分析。BIM 深化设计团队可采用协同的工作模式进行设计，将建筑结构等其他专业内容进行建模，统计出建筑梁底高程、天花吊顶净高要求和功能空间净高要求并进行净高分析。进行深化设计时，净高分析模型作为设备专业管线建模的参考依据，进行设备管线深化设计并在设计完成后进行净高复核。

任务实施

基于 BIM 技术进行净高分析可采用房间区域颜色方案定义法或标高检测过滤器法。下面主要介绍房间区域颜色方案定义法。

1. 分析控制净高

在进行建筑的房间净高分析时，首先需要汇总项目信息及各方要求，统计汇总各个功能区域底板净高、梁底标高、功能区的天花高程、建设方特殊功能区净高要求，制作汇总表，见表 8－1。

表 8－1 净高分析功能区汇总

功能区名称	板底净高	大梁底标高	小梁底标高	建设方净空要求	天花高度	楼层	净高分析最低要求

通过各功能区的净高汇总统计，分析出各功能区的控制净高，并将分析完的控制净高进行定义房间的净高，分配房间区域颜色方案。

2. 放置房间及设置房间区域颜色方案

（1）在 Revit 中打开项目之后，在“项目浏览器”下拉列表窗口中打开平面视图“一层净高分析”，如图 8－2 所示。进入“建筑”选项卡，选择“房间”选项，如图 8－3 所示。

（2）完成以上操作，Revit 将会自动切换至“修改 | 放置房间”选项卡，选择“在放置时进行标记”选项，在“属性”选项板的“名称”中输入“净高 3.5 m”，并移动至绘图区域中单击以放置房间，房间名称将会自动进行标注，如图 8－4 所示。

（3）将所有的净高分析区域放置完成，如图 8－5 所示。

（4）添加颜色方案：选择“属性”选项板的“颜色方案”选项，弹出“编辑颜色方案”对话框，选择要为其创建颜色方案的“类别”为“房间”，选择“方案 1”选项，设置方案定义的标

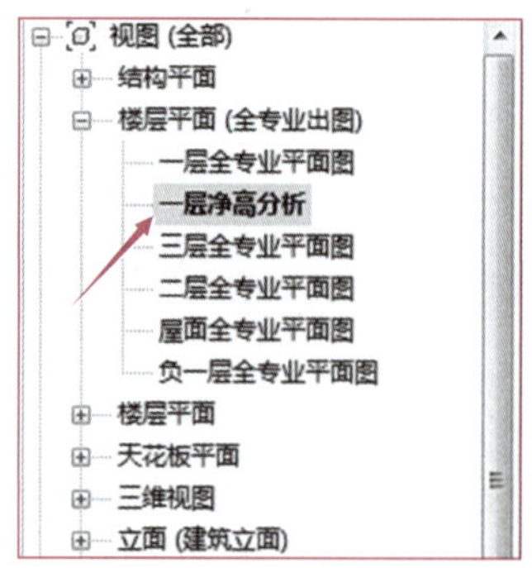

图 8－2

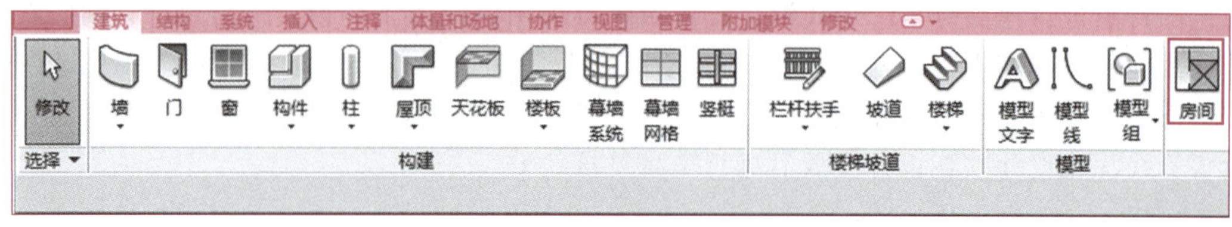

图 8－3

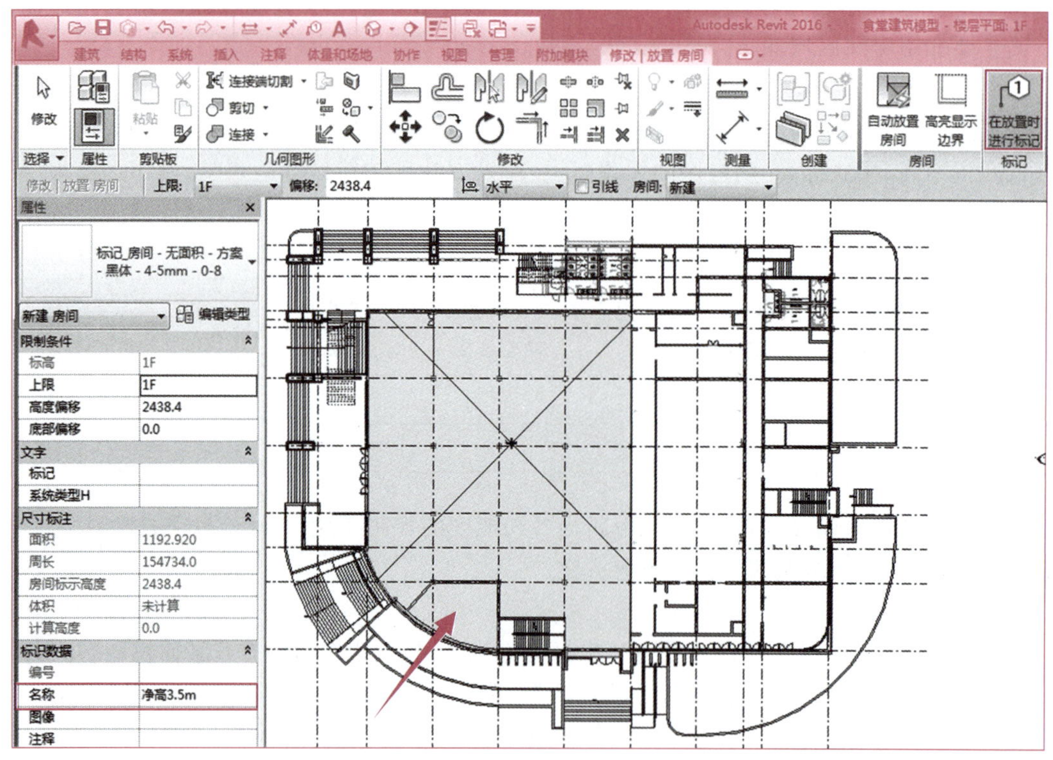

图 8－4

题，设置颜色为“名称”，将会弹出“不保留颜色”对话框，单击“确定”按钮，Revit 将会自动生成颜色配色，如图 8－6 所示。

（5）添加图例：进入“注释”选项卡，选择“颜色填充图例”选项，如图 8－7 所示。

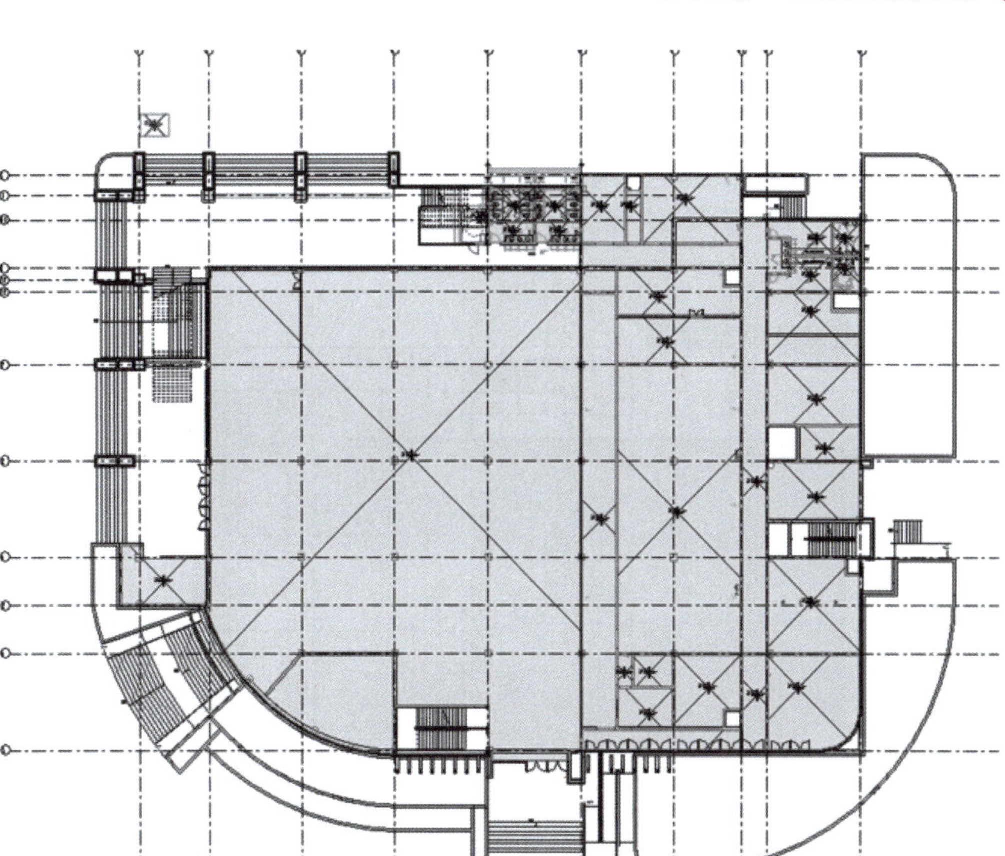

图 8－5

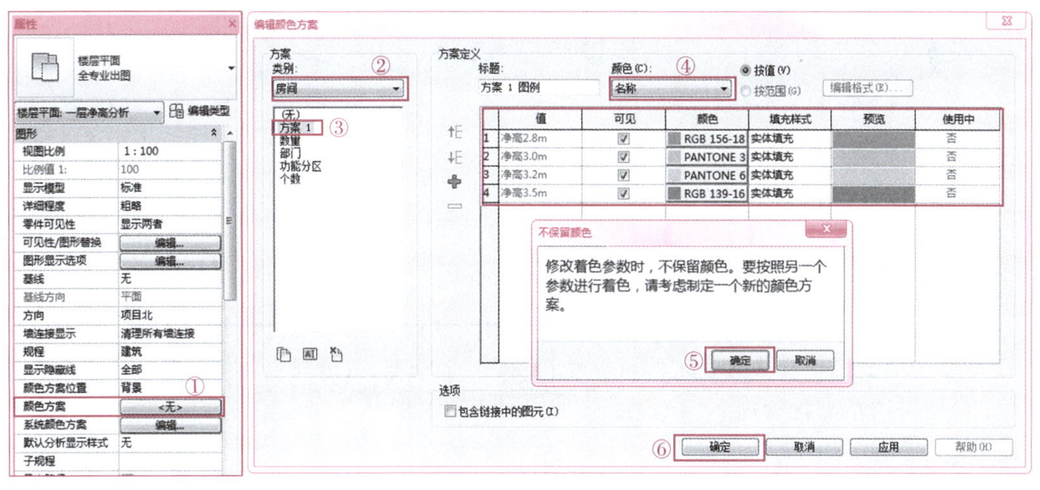

图 8－6

完成以上操作，将会自动切换至“修改|放置填充颜色图例”选项卡，移动鼠标指针至绘图区域中单击空白处，放置填充颜色图例，如图 8－8 所示。

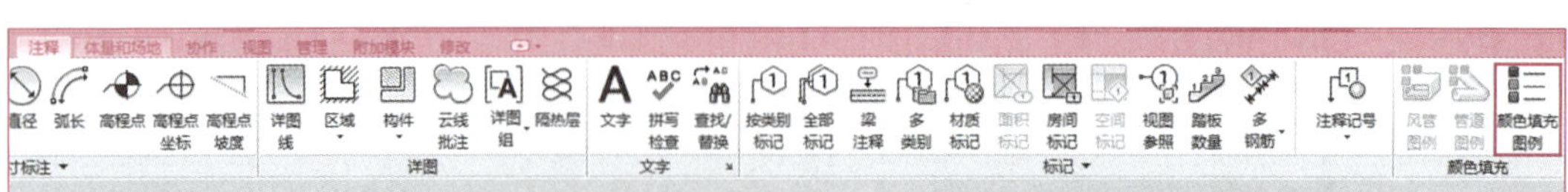

图 8－7

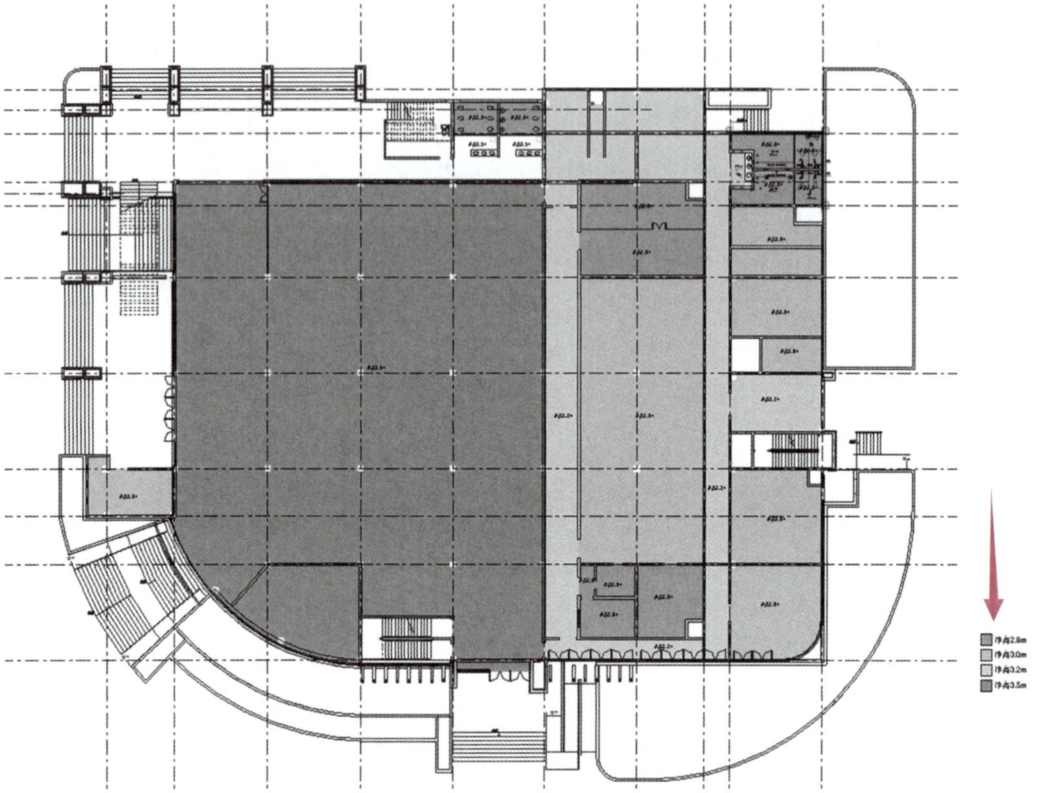

图 8－8

8.3.2　子任务 2：碰撞检查

任务信息

对已整合的 BIM 模型进行碰撞检查，针对相关软硬碰撞问题进行优化设计，减少施工阶段可能产生的错误损失和返工的可能性，并且优化净空、管线排布方案，从而降低安装成本，实现项目的精细化管理。

任务实施

许多 BIM 软件都具有碰撞检查功能，如常用的 Revit 和 Navisworks 都可以实现设备管线的碰撞检查应用。

1. Revit 碰撞检查

（1）在 Revit 中打开项目之后，在“项目浏览器”下拉列表窗口中打开“三维视图”下的模型，进入“协作”选项卡，选择“碰撞检查”→“运行碰撞检查”选项，弹出“碰撞检查”对话框，单击选择需要进行检查碰撞的类别，单击“确定”按钮，如图 8－9 所示。

图 8－9

（2）碰撞检查计算完成之后，弹出“冲突报告”对话框，单击其中碰撞点的“＋”符号，下拉列表显示碰撞点的图元信息。要查看其中一个有冲突的图元，可在“冲突报告”对话框中选择该图元名称，然后单击“显示”按钮，当前视图会显示出碰撞问题，如图 8－10 所示。

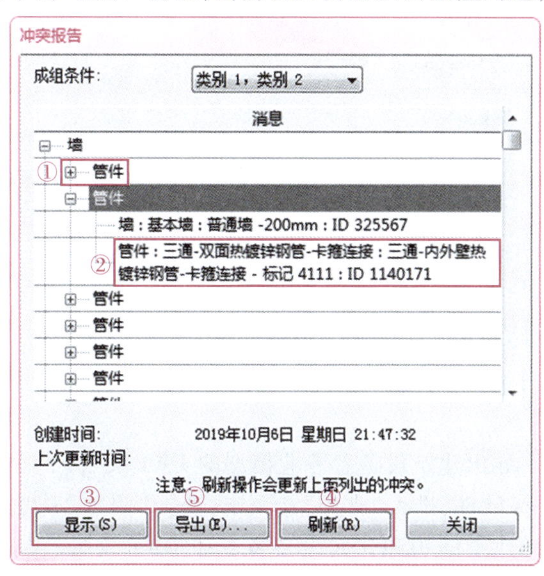

图 8－10

（3）要解决冲突，需在视图内单击图元，然后进行修改。“冲突报告”对话框仍保持可见。解决问题后，在“冲突报告”对话框中单击“刷新”按钮。如果问题已解决，则会从冲突列表中删除之前发生冲突的图元消息，如图 8－10 所示。

（4）在“冲突报告”对话框中单击“导出”按钮。输入名称，定位保存报告的文件夹，然后单击“保存”按钮，将冲突报告保存为独立文件，如图 8－10 所示。

2. Navisworks 碰撞检查

通过 Navisworks 软件进行碰撞检查，需要将项目文件进行处理。在 Revit 中导出各专业的 BIM 数据模型的 DWF 格式文件，启动 Navisworks 软件进行碰撞检查。

（1）BIM 模型交互：在 Revit 中打开项目之后，在“项目浏览器”下拉列表窗口中使用鼠标右键单击复制三维视图为“建筑结构”专业模型，进入“视图”选项卡，选择“可见性/图形替换”选项，弹出“三维视图：建筑结构的可见性/图形替换”对话框，进入“模型类别”选项卡，在“过滤器列表”中勾选“机械”“电气”“管道”选项，单击“全选”按钮取消所有模型类型“可见性”的勾选，完成后单击“确定”按钮，如图 8－11 所示。

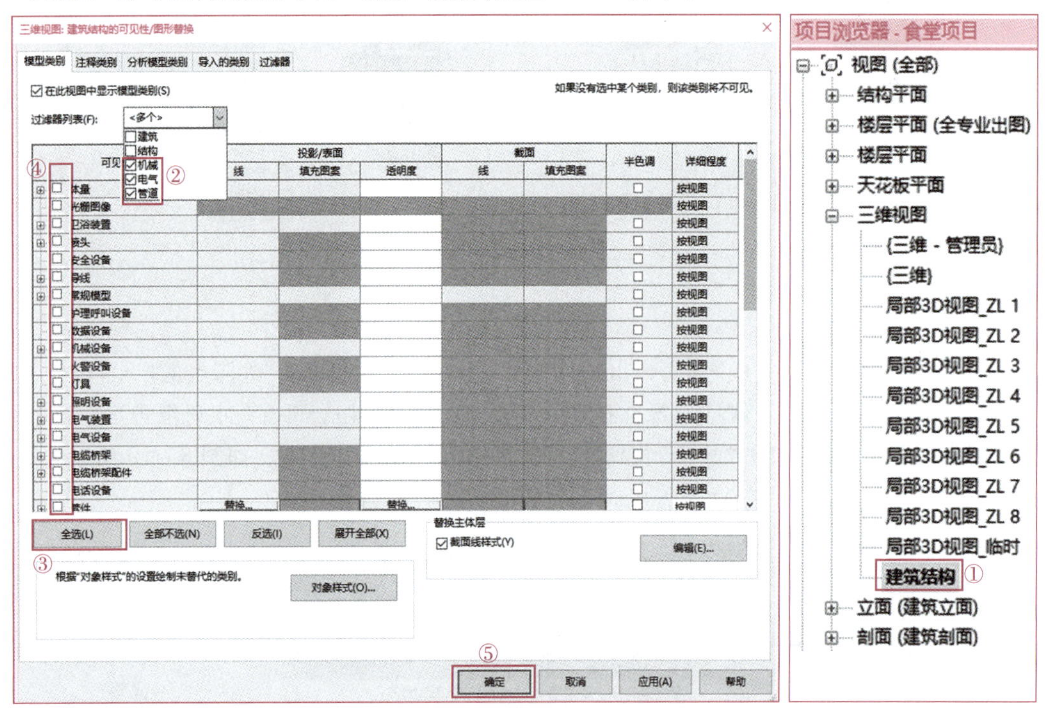

图 8－11

（2）导出 DWF 文件：完成以上操作，选择→“导出”→“DWF/DWFx”选项，Revit 将会弹出“DWF 导出设置”对话框，单击“下一步”按钮，导出建筑结构模型的 DWF 文件，如图 8－12所示。

（3）重复以上操作，导出建筑设备各专业模型的 DWF 文件。

（4）启动 Navisworks 软件，进入“常用”选项卡，选择“附加”选项，弹出“打开”对话框，切换至资料文件夹，添加建筑结构和建筑设备各专业 DWF 文件，单击“打开”按钮，完成模型导入，如图 8－13 所示。

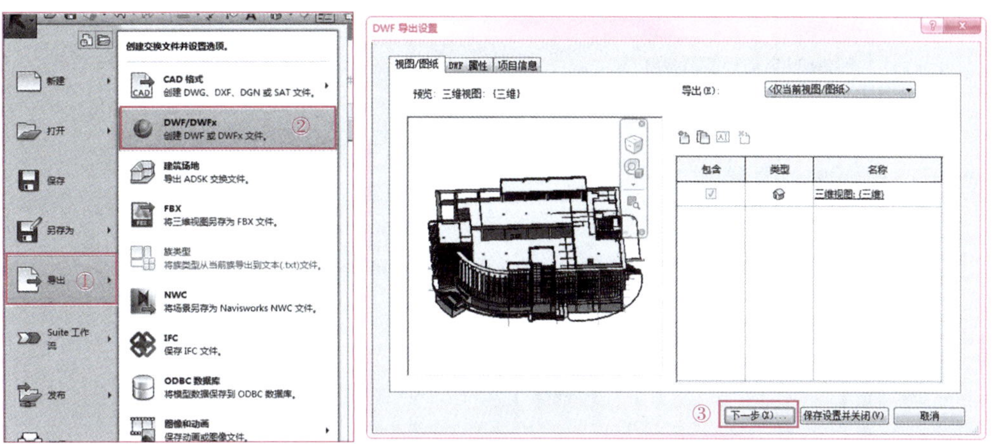

图 8 – 12

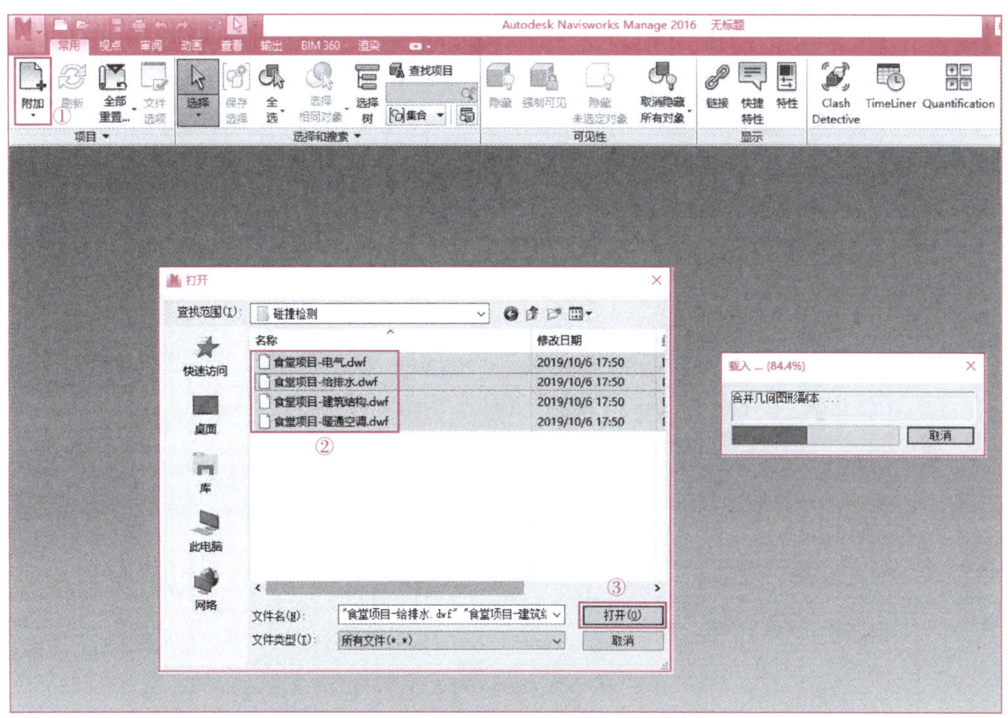

图 8 – 13

（5）碰撞检测：进入“常用”选项卡，选择“Clash Detective”选项，如图 8 – 14 所示。

图 8 – 14

（6）打开“Clash Detective”对话框，单击“添加检测”按钮，如图 8 – 15、图 8 – 16 所示。在“选择 A”和“选择 B”窗格选择需进行碰撞检查的文件，单击“运行检测”按钮，进行碰撞检查。

Clash Detective
当前未定义任何碰撞检测。
添加检测
规则
选择
结果
报告
选择 A
标准
食堂项目-电气.dwf
食堂项目-给排水.dwf
食堂项目-建筑结构.dwf
食堂项目-暖通空调.dwf
选择 B
标准
食堂项目-电气.dwf
食堂项目-给排水.dwf
食堂项目-建筑结构.dwf
食堂项目-暖通空调.dwf
设置
类型: 硬碰撞
公差: 0.1
链接: 无
步长(秒): 0.1
复合对象碰撞
运行检测

图 8－15

Clash Detective
测试 1
上次运行: <无>
碰撞 - 总计: 0 (打开: 0 关闭: 0)
名称
状态
碰撞
新建
活动
已审阅
已核准
已解决
测试 1
新建
0
0
0
0
0
0
添加检测
全部重置
全部精简
全部删除
全部更新
规则
选择
结果
报告
选择 A
标准
食堂项目-电气.dwf
食堂项目-给排水.dwf
食堂项目-建筑结构.dwf ①
食堂项目-暖通空调.dwf
选择 B
标准
食堂项目-电气.dwf
食堂项目-给排水.dwf ②
食堂项目-建筑结构.dwf
食堂项目-暖通空调.dwf
设置
类型: 硬碰撞
公差: 0.001 m
链接: 无
步长(秒): 0.1
复合对象碰撞
运行检测 ③

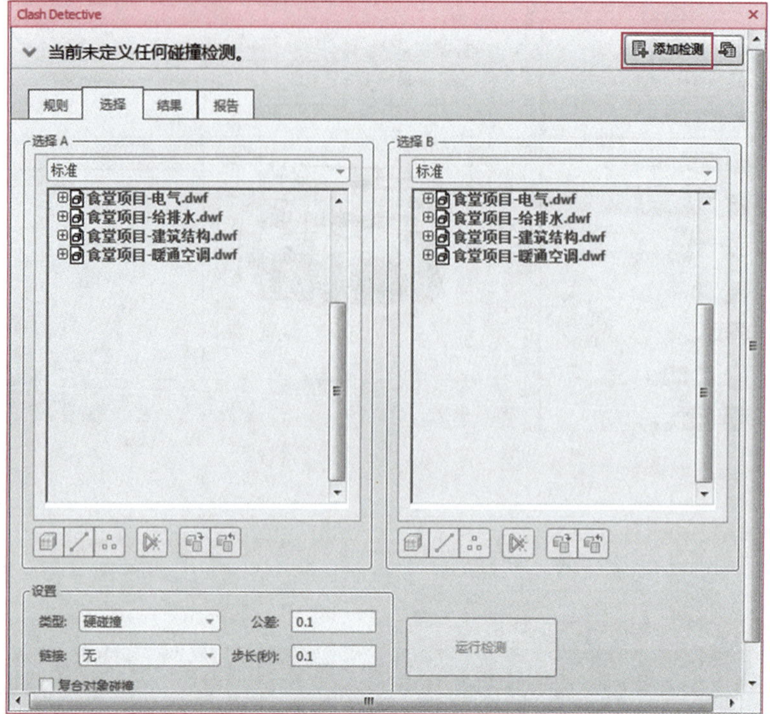

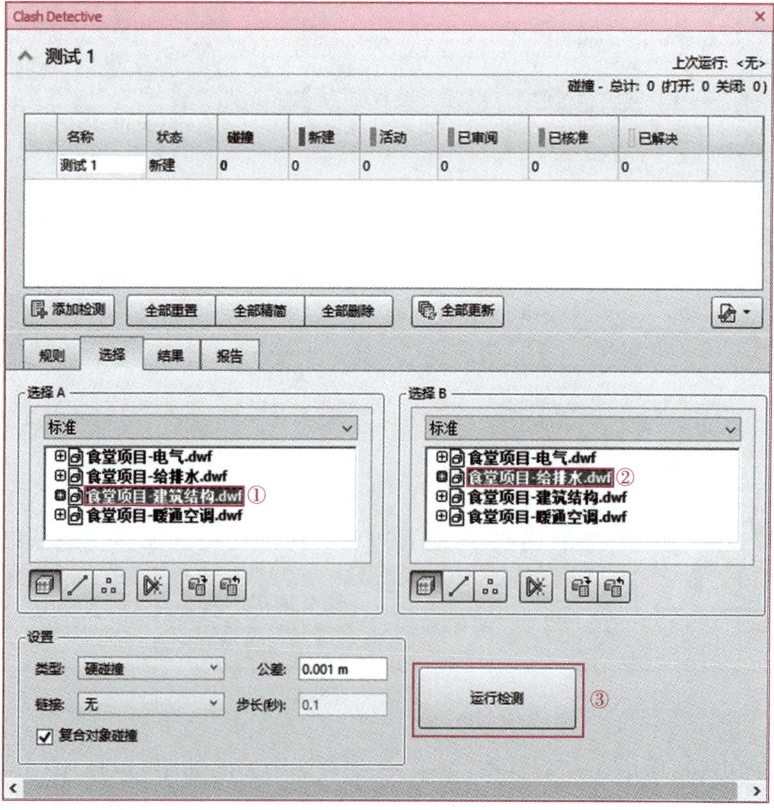

图 8－16

(7) 完成碰撞检查,可进入"结果"选项卡进行查看,如图 8 - 17 所示。

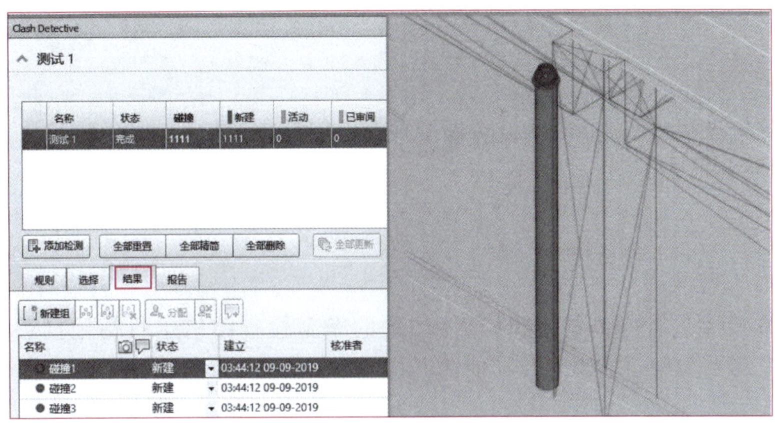

图 8 - 17

(8) 如需导出碰撞报告,进入"报告"选项卡进行"输出设置"单击"写报告"按钮,如图 8 - 18 所示。

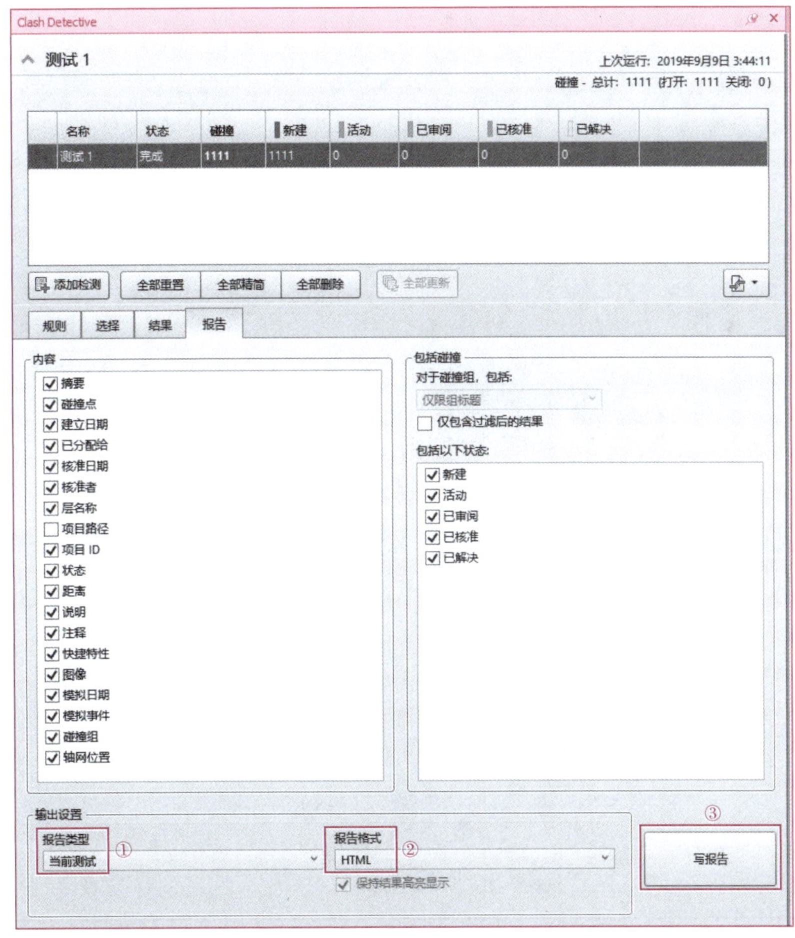

图 8 - 18

8.3.3　子任务 3：问题标记及管理

任务信息

在深化分析过程中，项目团队可对模型存在的问题进行标记，保存标记及视图并进行管理，最后编制问题报告。

任务实施

1. 净高检查报告表

利用 BIM 模型进行净高检查，将具体位置的净高检查结果进行标记描述，并将建设方的净高要求汇总至表中进行比对，以便为技术交底、多方论证优化方案做准备，如表 8－2 所示。

表 8－2　净高检查报告表

<table>
<tr><td>位置</td><td></td><td>专业</td><td></td><td>编号</td><td></td></tr>
<tr><td>楼层</td><td></td><td>图元 ID</td><td></td><td>记录时间</td><td></td></tr>
<tr><td>图名</td><td colspan="5"></td></tr>
<tr><td>业主净高要求</td><td colspan="5"></td></tr>
<tr><td>二维</td><td colspan="5"></td></tr>
<tr><td>三维</td><td colspan="5"></td></tr>
<tr><td>问题情况</td><td colspan="5"></td></tr>
<tr><td>回复意见</td><td colspan="5"></td></tr>
</table>

2. 问题报告表

通过应用 BIM 技术，在 BIM 模型中进行问题标记，将图纸的问题、设计问题与各专业碰撞的问题汇总至碰撞检查问题报告表，如表 8－3 所示。

将具体的位置进行描述，并发送至相关参建方进行快捷的可视化沟通。碰撞检查问题报告表可用于三维图纸会审、BIM 专项协调会，以便为技术交底、多方论证优化方案做准备。

表 8－3 碰撞报告

<table>
<tr><td>位置</td><td colspan="2"></td><td>图元 ID</td><td colspan="2"></td><td>专业</td><td></td><td>问题编号</td><td></td></tr>
<tr><td>记录时间</td><td></td><td>报告编号</td><td></td><td>类型分类</td><td></td><td>回复时间</td><td></td><td>回复人</td><td></td></tr>
<tr><td>记录人</td><td></td><td>图纸</td><td colspan="7"></td></tr>
<tr><td>问题描述</td><td colspan="9"></td></tr>
<tr><td>优化意见</td><td colspan="9"></td></tr>
<tr><td colspan="5">二维图纸</td><td colspan="5">三维图纸</td></tr>
<tr><td colspan="5"></td><td colspan="5"></td></tr>
</table>

3. 审阅 BIM 数据模型问题批注

可以在审阅 BIM 模型时进行批注，记录 BIM 模型问题，以便后期对 BIM 模型进行修改。例如通过 Navisworks 软件对 BIM 模型进行问题批注。

（1）启动 Navisworks 软件，在审阅 BIM 模型时，进入“审阅”选项卡，选择“绘图”选项，如图 8－19 所示。

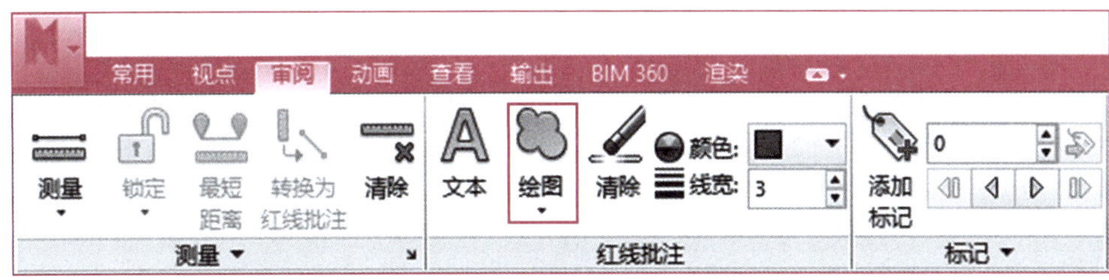

图 8－19

（2）添加批注：单击“绘图”工具下拉列表中的任意功能（例如“云线”功能），在场景中将问题进行点选，如图 8－20 所示。

（3）完成批注区域的绘制，通过进入“审阅”选项卡，选择“文本”选项，单击问题区域，将会弹出提示“输入红线批注文本”对话框，输入出现的问题，单击“确定”按钮，如图 8－21 所示。

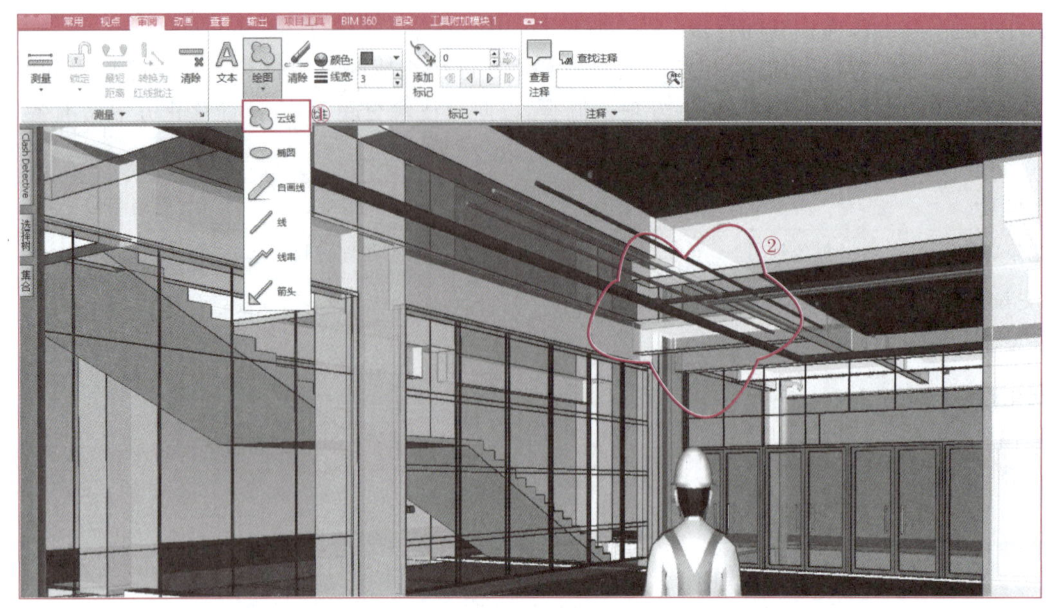

图 8－20

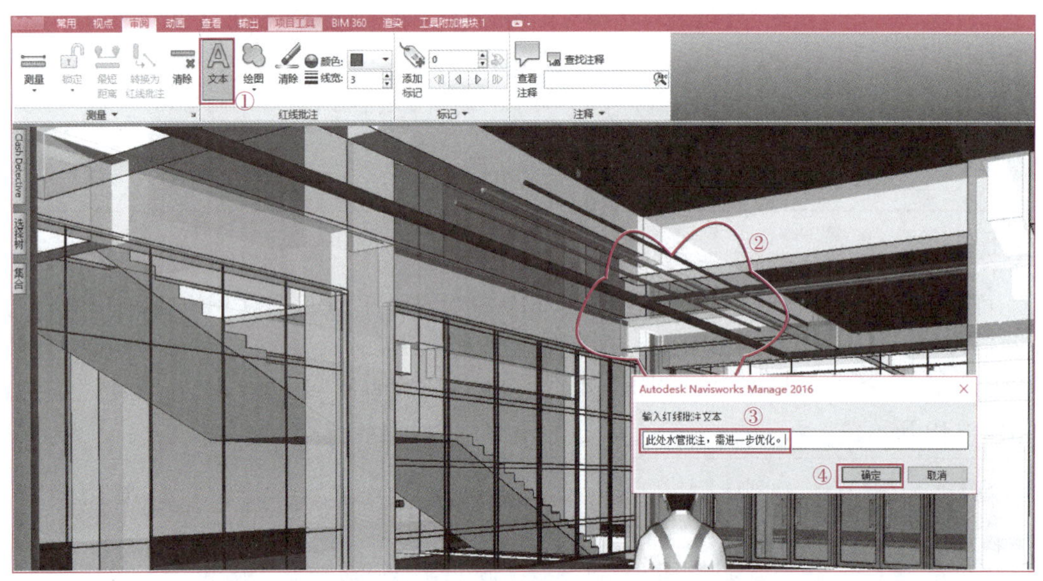

图 8－21

8.4 任务 3：管线综合优化

8.4.1 子任务 1：管线优化调整

在设备管线深化设计阶段，通过应用 BIM 技术整合各专业模型，并对 BIM 模型进行深

化分析，汇总问题报告作为管线综合前期技术文档。根据深化设计内容与管线综合的排布原则及避让原则进行管线综合优化设计。

1. 管线综合排布的主要原则

在深化设计阶段，需要考虑以下设备专业管线综合排布的主要原则。

（1）满足规范要求：设备各专业系统在进行深化设计时应遵循设计原理，确保各系统符合设计规范要求。各系统在安装时，需要在符合施工规范的要求下进行深化。

（2）满足建筑的空间要求：建筑特殊功能房间的净空要求，需要与建设方进行确认，以满足其使用功能；管线排布应设计合理，在满足方便施工、造价合理的前提下，尽可能地集中管线排布，系统主干管集中排布于公共区域。协调与其他各专业互相干涉及专业特殊要求。

（3）满足安装与维护要求：了解设备安装要求，满足施工安装的同时，还需要考虑设备管线的维护检修空间，以保证可维护性。尤其是设备管道、阀门、设备和开关在使用与维护时不受影响，需预留一定的空间，避免软碰撞。

（4）满足功能空间装饰装修的要求：考虑功能空间的装修要求，对管线的排布需要美观、整齐、合理。充分考虑设备末端与装饰装修的协调，使其使用功能及观感不受影响。

（5）满足结构安全的要求：针对管线穿梁、结构墙时，需与结构专业进行沟通协调，分析是否影响其结构的稳定性、安全性。

（6）功能空间的复核：在完成深化设计后，需对深化结果进行复核，检查是否满足以上原则要求。

2. 管线综合的避让原则

（1）小管道避让大管道；

（2）有压管道避让无压管道；

（3）金属管道避让非金属管道；

（4）低压管道避让高压管道；

（5）临时管道避让长久管道；

（6）电气避让蒸汽、热水管道；

（7）冷水管道避让热水管道；

（8）热水管道避让冷冻管道；

（9）常温管道避让高温、低温管道；

（10）强弱电分设原则；

（11）附件少避让附件多的管道；

（12）工程量少、造价低管道避让工程量多、造价高管道。

3. 管线综合优化排布的步骤

（1）确定管线综合深化设计小组组织架构，确保设计、施工的连续性。

（2）确定设备专业各管线的大致标高与位置，规划初步的空间管理方案。

（3）确定电气桥架、风管、管道平面的位置定位排布，以便进行管线综合。

（4）根据满足功能空间需求、安装需求，进行管线碰撞检查，优化调整冲突位置。

任务实施

（1）根据管线综合的目标与设计依据、布置主要原则、避让原则、排布方法进行优化调整。管线优化调整一般包括以下操作。

① 移位管线：不同专业的管线重合或局部满足不了标高要求时，可以将影响较低的管线移位。

② 改变管线截面尺寸：当管线无法移位，管线综合优化空间不足时，在不改变原设计参数情况下，可以采用改变管线截面尺寸的方式进行调整。

③ 管线穿梁：遇到管道需穿梁才可以保证净高要求时，需与结构工程师核对，进行受力验算复核，在不影响结构安全的情况下，采用穿梁安装方案。尽量安排有压管、小管道穿梁，确保结构安全。

④ 降低净高：前期控制净高值预留的管线空间无法将管线完全排布，满足不了预设净高要求，需与建设方协商，适当降低标高。

⑤ BIM 管线避让优化。

（2）在深化设计规划完成管线标高之后，通常会遇到局部碰撞，需要考虑对管线进行避让优化。下面将管线的避让操作进行举例说明。

① 确定避让优化方案：在 Revit 中打开项目之后，由三维视图可以检测出喷淋管道与消火栓管道发生碰撞，由于喷淋管道管径小，消火栓管道管径大，因此需要将喷淋管道上翻。在“项目浏览器”下拉列表窗口中双击打开碰撞问题的相关楼层的三维视图和平面视图，如图 8－22 所示。

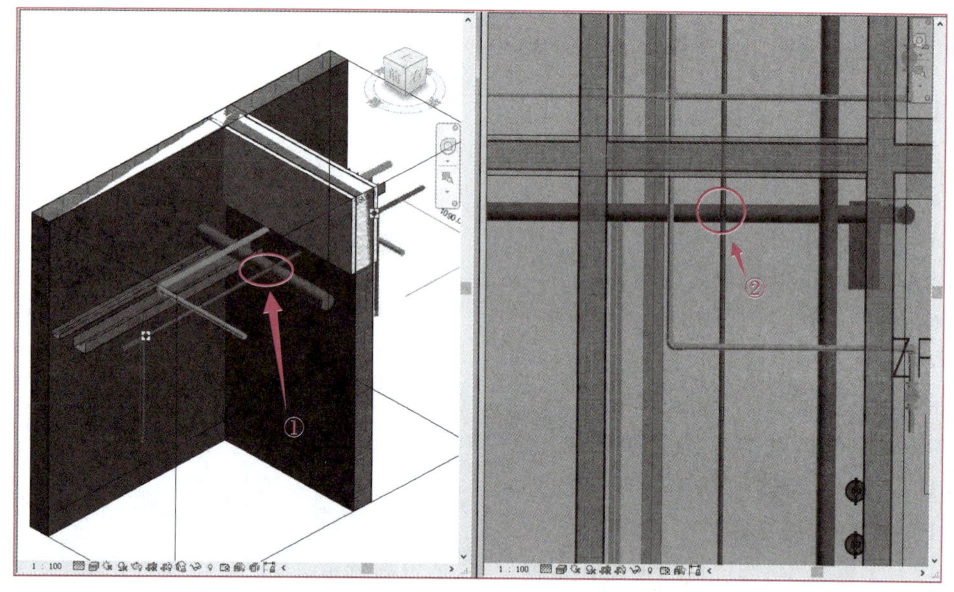

图 8－22

② 拆分管道：切换至右边平面视图，进入“修改”选项卡，选择“拆分图元”选项，移动至平面视图，在碰撞位置的管道两边不同位置拆分两次，如图 8－23 所示。

将两边拆分的图元删除，得出中间断管，如图 8－24 所示。

③ 修改标高：选择拆分完成后留下的管道，在“属性”选项板中修改“偏移量”选项，在目前的偏移量上增加“100”，修改为“3650.0”，如图 8－25 所示。

④ 单击管道两边的拖拽点，将点拖拽至中间管道，使其连接，如图 8－26 所示。

建筑
结构
系统
插入
注释
体量和场地
协作
视图
管理
附加模块
修改
连接端切割
剪切
连接
粘贴
修改
选择
属性
剪贴板
几何图形
修改
视图
测量
删除内部线段
①
②
③
④
⑤
图 8 – 23

建筑
结构
系统
插入
注释
体量和场地
协作
视图
管理
附加模块
修改 | 选择多个
管道系统
连接端切割
剪切
连接
粘贴
修改
选择
属性
剪贴板
几何图形
修改
视图
测量
修改 | 选择多个
直径:
激活尺寸标注
①
②
③
图 8 – 24

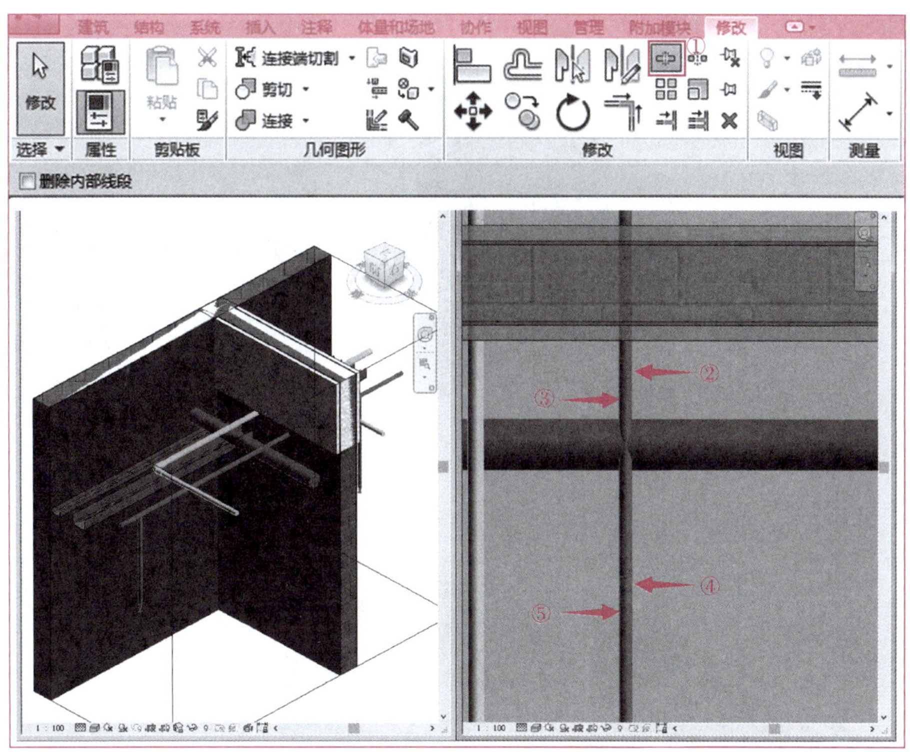

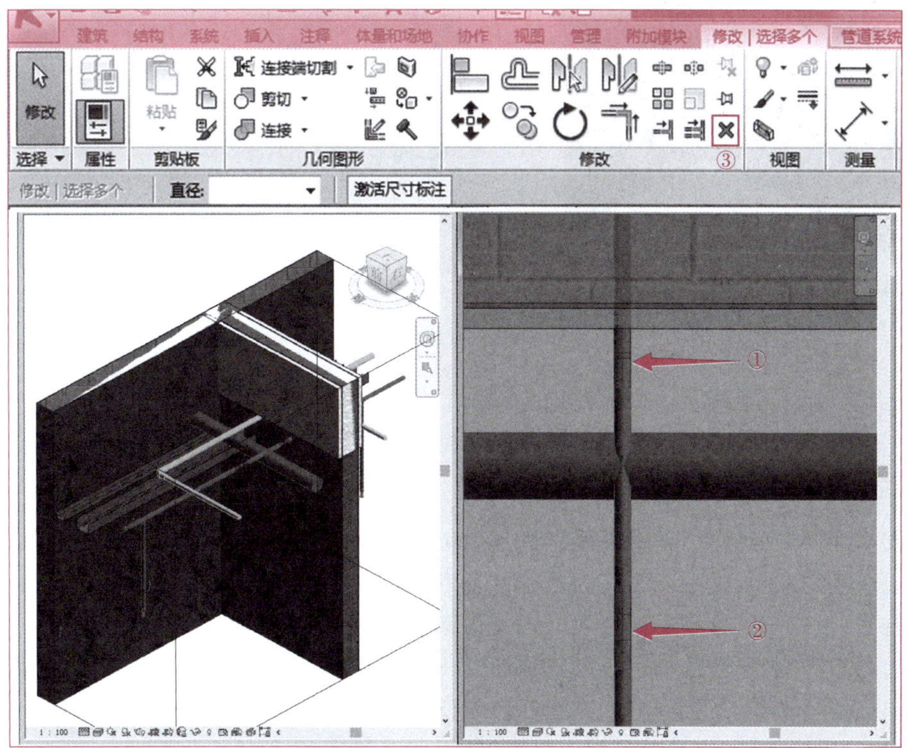

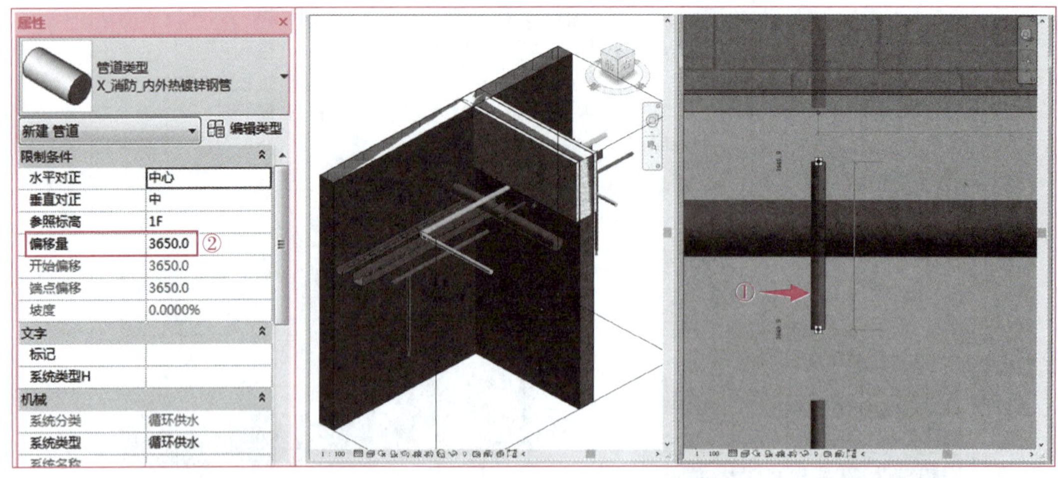

图 8－25

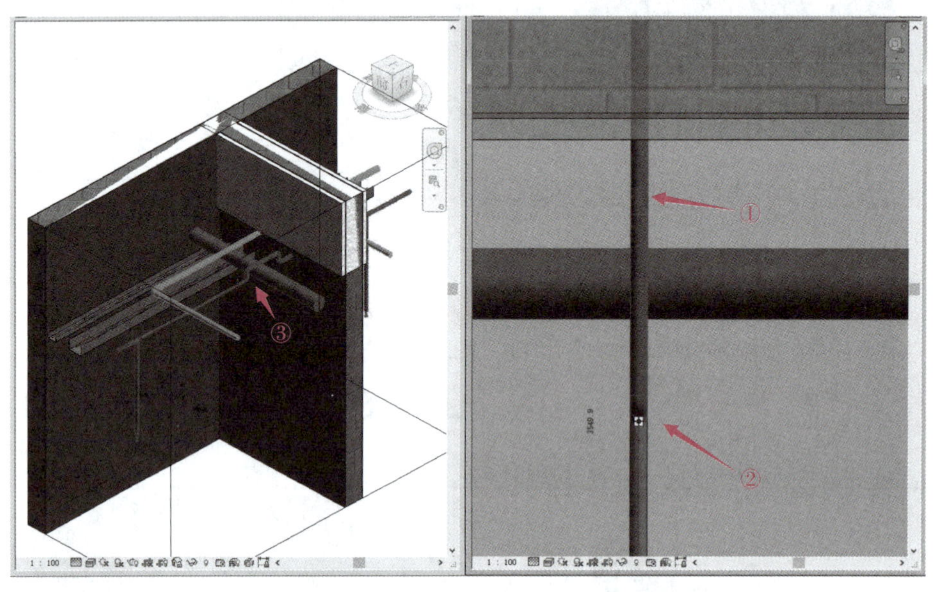

图 8－26

8.4.2 子任务2：支吊架布置

任务信息

在支吊架安装的时候，常常需要考虑支吊架垂直槽钢的放置空间、支吊架类型、支吊架的生根点、锚固方式与锚栓。在已完成管线深化、碰撞优化后的管线综合 BIM 模型上进行支吊架排布，可在三维排布中直观地分析支吊架所需的空间及支吊架的类型，确定支吊架的生根点，预先在安装位置的结构里放置预埋件，避免锚栓对结构的破坏。支吊架模型应能详细地反映出整个支架的组成部件，能较好地与设备管线进行模拟安装。可通过 BIM 技术准确统计出各区域所需的支吊架及相应材料，便于施工把控，达到精细化管理。

（1）支吊架：用于地上架空敷设管道，作为管道支撑的一种结构件。管道支吊架又被称

作管道支座、管部等。它作为管道的支撑结构，根据管道的性能和布置要求，可分为固定支吊架、滑动支吊架、导向支吊架、滚动支吊架等。

(2) 综合支吊架：支吊架进行综合设计优化，整合各专业管线单独设置的支吊架，达到节约材料、节省安装空间且管线安装美观的目的。

(3) 抗震支吊架：当需要设置抗震支吊架时，应根据不同情况与计算进行选型，类型包括单管侧撑、单管双撑、风管侧撑、风管双撑、空调水管侧撑、空调水管双撑、多管侧撑、多管双撑、跨专业组合侧撑、跨专业组合双撑等。

任务实施

支吊架应根据专业的安装要求进行选型。在 BIM 模型中，将支吊架按要求进行精准放置。放置支吊架时，可在剖面图放置管道末端支架，在平面视图中通过复制工具进行放置。下面举例说明。

(1) 确定支吊架放置位置：在 Revit 中打开项目之后，在“项目浏览器”下拉列表窗口中双击并打开需要放置支吊架的相关楼层平面视图，并创建此风管位置的水平与垂直方向的剖面，如图 8－27 所示。

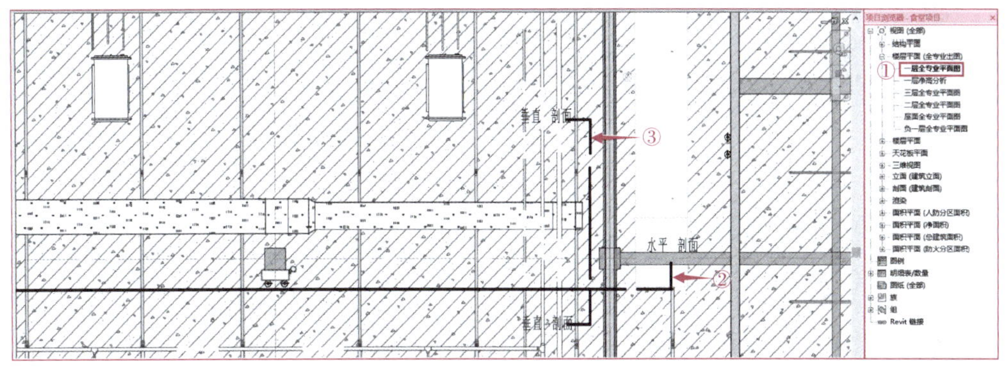

图 8－27

(2) 放置支吊架：进入“建筑”选项卡，选择“构件”→“放置构件”选项，如图 8－28 所示。

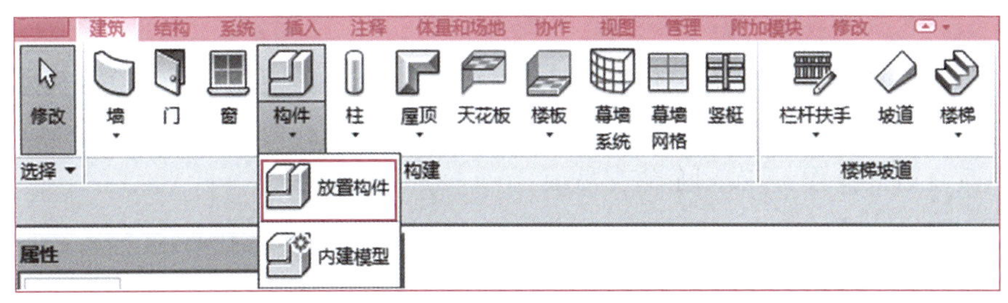

图 8－28

完成以上操作，界面将自动切换至“修改 | 放置构件”选项卡，在“属性”选项板中选择“吊架—风管”支吊架族，单击风管需放置支吊架处，如图 8－29 所示。

(3) 修改支吊架数据：由于风管的宽度为 630 mm，支吊架与风管之间的间距预留 50 mm，支吊架的长度为 730 mm，支吊架高度 1 175 mm，支吊架立面的位置放置在风管底部，标高为“暖通 3.700”，偏移量修改为“－165.0”，如图 8－30 所示。

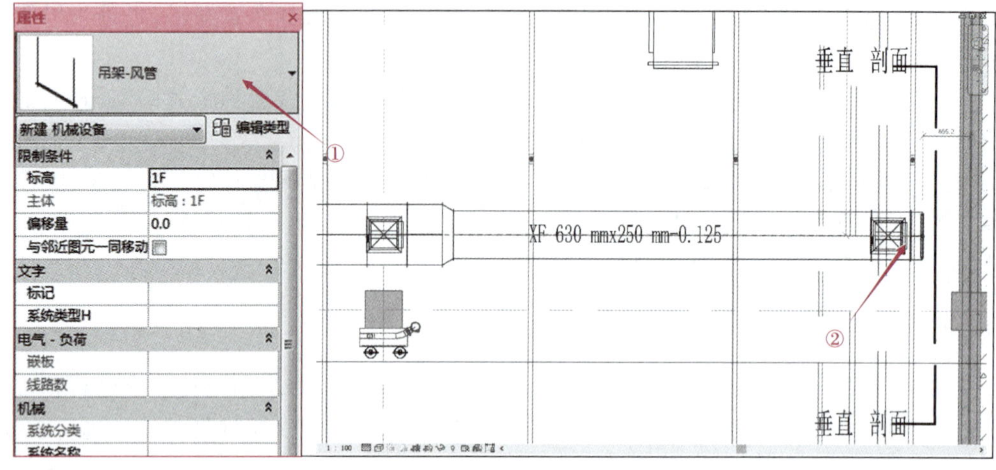

图 8 - 29

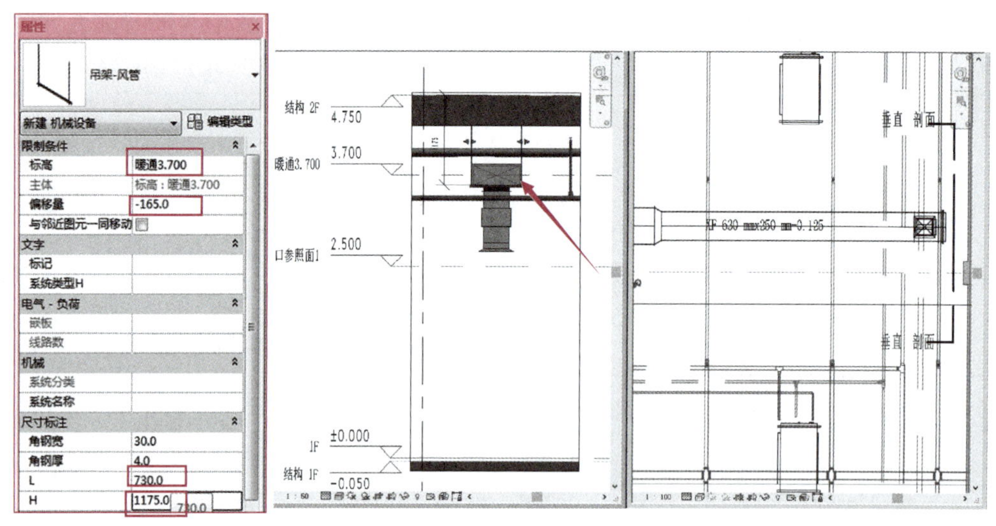

图 8 - 30

（4）排布支吊架：确定支吊架间距为 2m 进行排布，在平面视图中选择已经放置完成的支吊架，使用“复制”命令，将支吊架复制到距此左侧 2 000 mm 处，如图 8 - 31 所示。

（5）重复以上操作，排布剩余的支吊架。

8.4.3 子任务 3：预留预埋布置

任务信息

预留预埋布置通常需要在深化设计之后，并需绘制预留套管的图纸。在施工过程中，在楼板、梁、墙上预留孔、洞、槽和预埋件时，应由专人按设计图纸对管道及设备的位置、标高尺寸进行测定，标好孔洞的部位，将预制好的模盒、预埋件在绑扎钢筋前按标记固定，盒内塞入纸团等物。在浇注混凝土过程中应有专人配合校对，以免模盒、预埋件移位。

设备管线深化预留预埋时应注意以下事项。

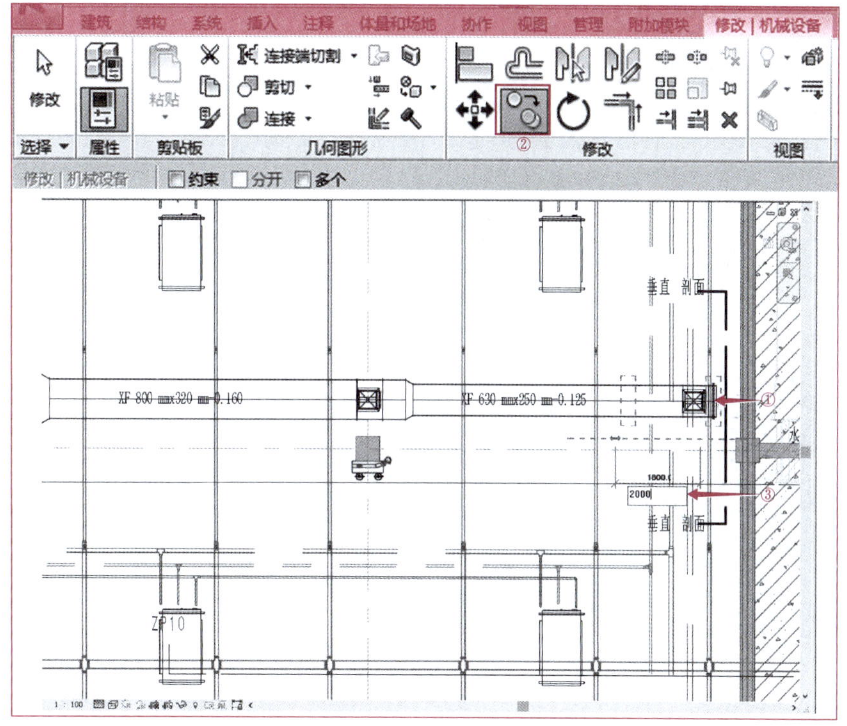

图 8－31

（1）在设备管道深化时，设备管道如需穿梁，则开洞尺寸必须小于1/3 梁高度，且小于250 mm。开洞位置位于梁高度的中心处。在平面的位置，位于梁跨中的1/3 处。穿梁定位需要经过结构专业工程师确认，并在结构图纸进行标注。

（2）在剪力墙上穿洞时，如遇大于300 mm×300 mm 的洞口或遇到暗梁、暗柱，需要与结构专业工程师确认，设备管线留洞在墙中心位置，不可在端点或拐角处，避免与暗柱碰撞。人防区域必须提前预留，管线综合时定位需要准确。

（3）在梁上穿洞和开洞尺寸必须小于1/3 梁高度且小于800 mm。

（4）结构楼板上，柱帽范围不可穿洞。

（5）预埋套管管径需按技术规范确定，并进行预埋定位标注。

任务实施

将设置好的预留孔、洞、槽和预埋件在BIM 模型上进行放置，对墙、梁、板进行开洞操作。下面举例说明。

（1）确定预埋套管放置位置：在Revit 中打开项目之后，在“项目浏览器”下拉列表窗口中双击并打开需要放置预埋套管的相关楼层平面视图，并创建此管道位置的垂直方向的剖面，如图8－32 所示。

（2）放置预埋套管：进入“建筑”选项卡，选择“构件”→“放置构件”选项，如图8－33 所示。

完成以上操作，界面将自动切换至“修改|放置构件”选项卡，在“属性”选项板中选择“室内预埋套管”管道附件族，移动至管道处单击，套管自动拾取管道进行放置，如图8－34 所示。

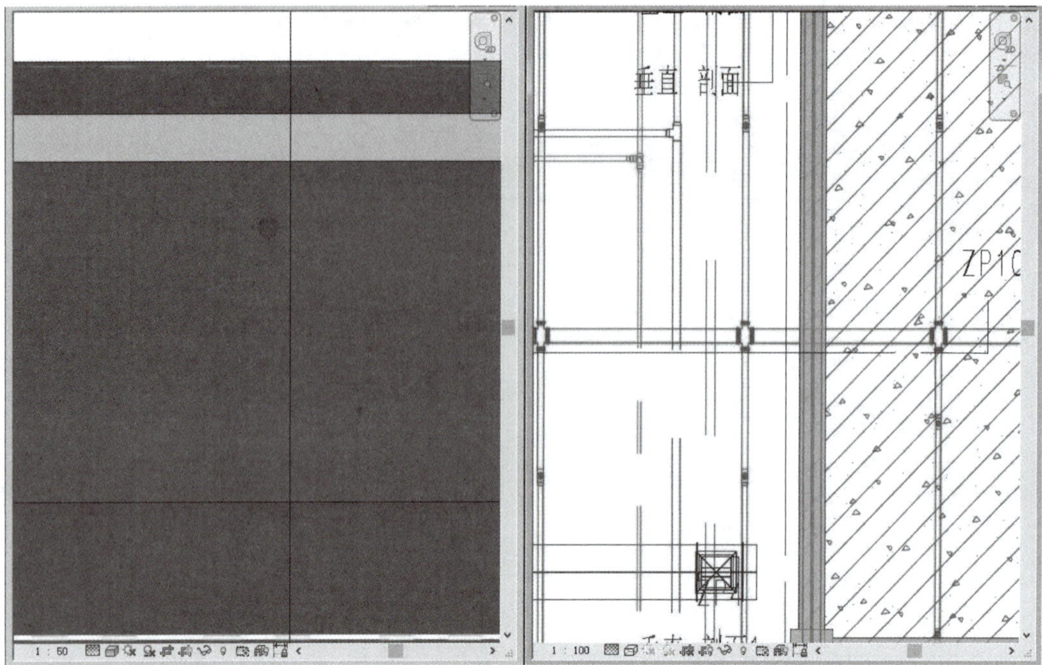

图 8－32

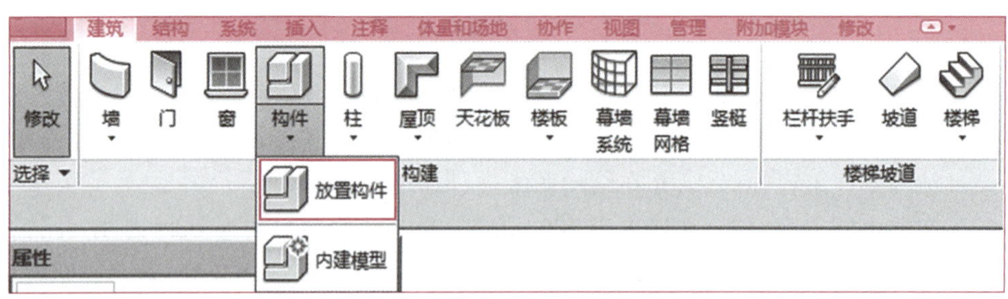

图 8－33

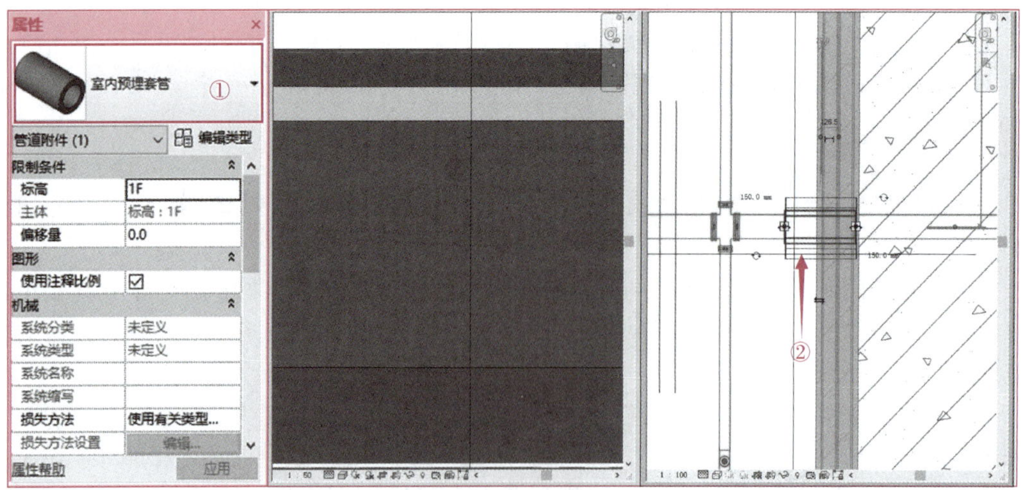

图 8－34

学习情境 9 预制装配式 BIM 应用

 9.1 学习情境描述

9.1.1 学习目标

1. 掌握设备机房水管预制加工阶段 BIM 应用的方法；
2. 掌握通风系统风管预制加工阶段 BIM 应用的方法。

9.1.2 学习任务

序号	学习任务	任务驱动
1	设备机房水管预制加工	1. 掌握设备机房水管装配式预制加工的模型创建方法； 2. 掌握设备机房水管模型分段、编号、输出加工图纸的操作
2	通风系统风管预制加工	1. 掌握通风系统风管装配式预制加工的模型创建方法； 2. 掌握通风系统风管模型分段、编号、输出加工图纸的操作

 9.2 任务 1：设备机房水管预制加工

任务信息

随着我国国民经济的发展，城市建设速度的加快，对绿色施工技术提出了新的要求。为此，我国建筑设备安装行业不断开展技术创新，并结合 BIM 技术在工艺流程上加以改进。

建筑的装配式安装是目前绿色建筑的发展方向，以此开发了建筑设备的预制装配式 BIM 应用。该应用以 BIM 的精细深化设计及精准的测量为基础，使所有构配件在工厂进行机械化预制和装配，现场拼装，具有管道零焊接、施工无噪声、速度快、品质高、安全环保的优点。

目前在BIM结合装配式机房的技术领域,机房设备及管道的装配式已起步,下一阶段将实现机电管井、卫生间、公共管廊等的装配式安装。预制装配过程需要根据图纸及现场实际情况进行模块拆分、制作标准件、异型件提前拆分预制,最终实现建筑设备的全面装配,节约工期和成本。预制装配式BIM应用流程如图9-1所示。

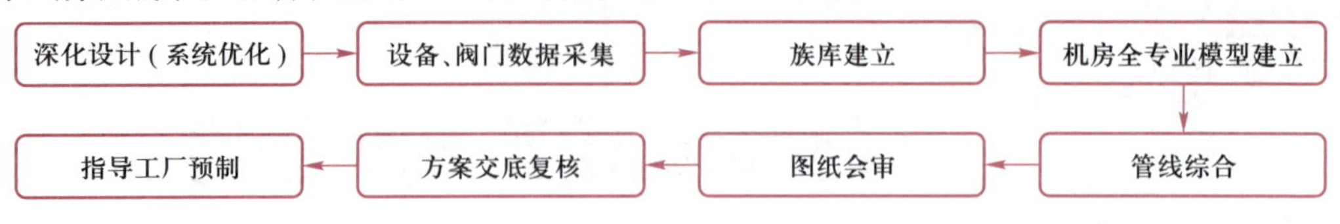

图9-1

任务实施

9.2.1 创建机房水管模型

1. 搜集资料

在模型创建前期,需要搜集以下各类资料。

(1)原始全套建筑、结构及设备设计施工图纸。

(2)设计使用管材信息,管道保温材料信息,管道支吊架信息,系统选用阀门信息,管道防腐、冲洗、试压信息等。

(3)实际采购的各项设备厂家、详细设备清单资料,资料中应包含且不限于设备的详细尺寸、设备接口尺寸及准确位置等信息。

(4)其他与预制加工相关的资料。

2. 精细化设备模型创建

(1)结合现场机房情况及能耗分析,确定设备选型。

(2)在建模前期做好构件库建立工作,根据厂家提供的设备及阀门尺寸、接口尺寸及位置等信息,用BIM建模软件建立对应的构件库,对机房内的机械设备、阀部件等构件进行1:1毫米级的精细化建模,保证库中设备、阀门与现场实际尺寸一致,减少最后装配的误差,如图9-2所示。

图9-2

(3)不断积累扩充形成真实产品标准构件库。解决原设备模型几何精度不达标、信息集成欠缺、厂家构件库不完善的问题,使标准构件库能够发挥循环使用、信息集成、数据提取、按需载入、方便快捷的效果，如图 9－3 所示。

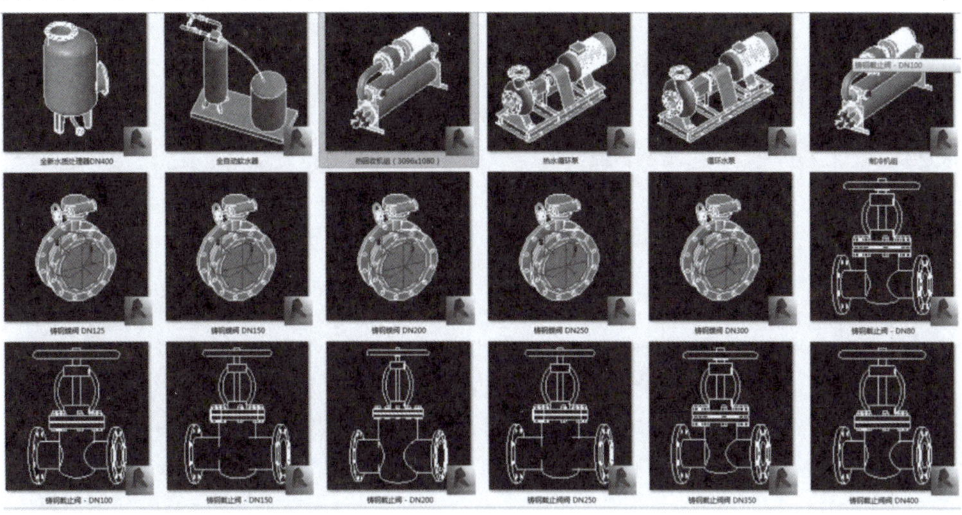

图 9－3

3. 建立机房模型

（1）根据土建及结构施工图纸，建立土建及结构模型，模型中包含以下内容：结构楼板、柱子、结构梁、地面、墙体、门、吊顶、排水沟、设备基础等。

（2）根据建筑设备施工图纸及已建立的设备族，对整个机房内的所有设备及其配件和所有附件均以 1∶1 比例建模，包括风管、水管、桥架、线槽、设备器具、阀门、暖气片、灯具、消防喷头等模型。链接的建筑和结构模型必须与现场复核且一致，如图 9－4 所示。

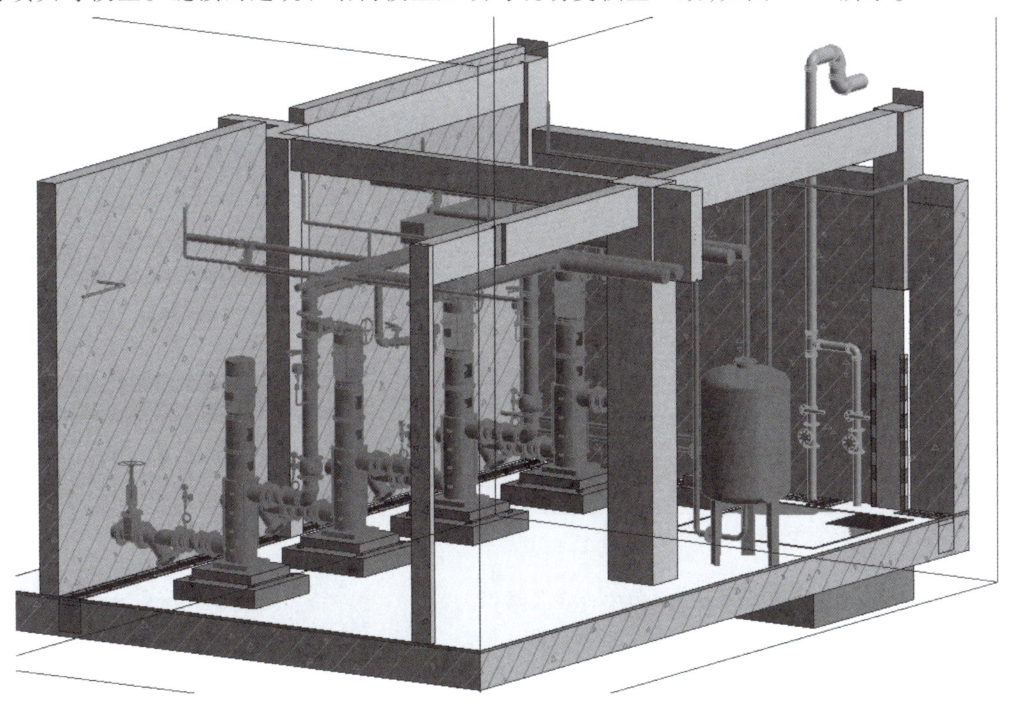

图 9－4

4. 模块化设计

基于 BIM 模型的高精度、可视化特点,将水泵、阀门、管道、支吊架进行一体化整合设计,形成水泵单元模块组和管段模块等,见表 9－1。

表 9－1　模化块设计方案

方案名称	方案内容	图示
水泵单元模块组	根据水泵使用功能设计,水泵模块分为消火栓水泵模块单元、喷淋水泵模块单元和稳压泵模块单元,水泵单元模块组包括水泵组、水泵进出水管和阀门以及水泵主管段的一部分	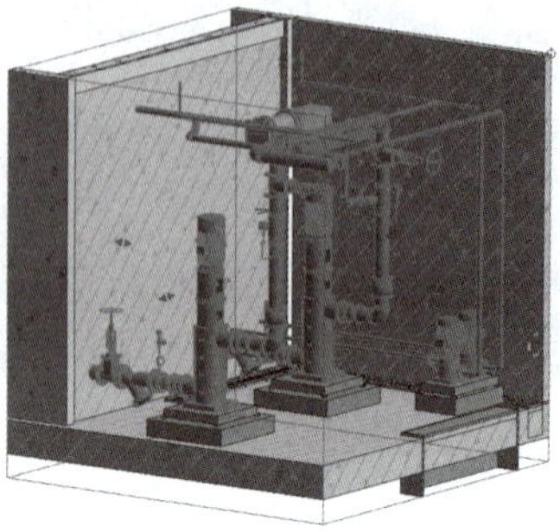
管段模块	为减少现场装配量,对整个管段系统划分多个管段模块,管段模块包括单一同种规格的相邻管段以及同一系统的相邻管段	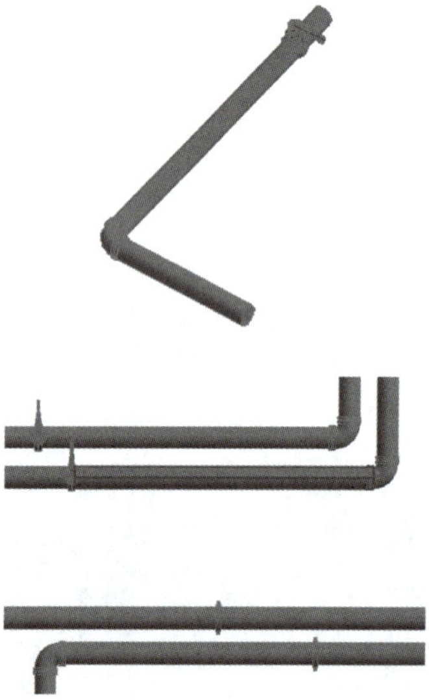
预留管段模块	管段在下料、加工过程中存在各类误差,误差的累积造成管段与设备接口存在偏差,设置预留管段模块把装配误差缩减到最小	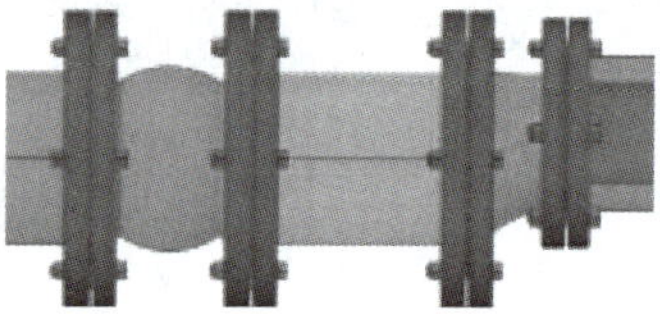

续表

方案名称	方案内容	图示
阀门组合模块	在水泵的进出水管段上阀件集中排布，根据管段系统，划分为水泵进水管段阀门组合模块、水泵出水管段阀门组合模块，阀门组合模块中包含闸阀、Y 形过滤器、可曲挠橡胶接头、止回阀、蝶阀等	

装配单元模块划分因素：水泵的选型、数量、系统分类等；机房内的综合布置情况；装配单元的运输、吊装就位、安装条件等限制因素。

模块化的创新点：标准设计，效率翻倍；高度集成，减少误差；预制加工，提升质量；整体装配，缩减工期。

5. 模型方案优化集成

BIM 模型调整完成后，组织建设单位、设计单位和监理单位进行模型会审，对整个建筑设备模型的布置情况逐一过审。需考虑设备、管道、阀门、线槽安装空间、检修空间的合理性，及时发现设备、各专业管线、阀门等布置中的冲突及缺陷；对设备位置进行合理排布，对管道顺序、路径进行合理优化，以及考虑对部分设备及管道进行集成，节省设备管道占用面积，使整体机房设备管线排布有序、美观。模型方案的优化集成能及时解决这些问题，合理布置各设备及管路，避免后期施工后的返工。

9.2.2　机房水管模型分段

模型会审合格后，结合加工工序、安装工序等因素，把最终的机房模型拆分为若干个预制加工单元。首先，按照结构间距、机房现场基础、水泵设备模块组的分块将设备机组分为几大分段；其次，将大的分段按照管段、阀门组进行合理分段，分为数十个小分段，并绘制详细的加工下料图，工厂根据分段图和下料图进行下料和预制。

9.2.3 水管模块分段编号

对水泵单元模块管段进行编号，操作步骤见本学习情境任务2。管段编号前后效果对比如图9－5、图9－6所示。

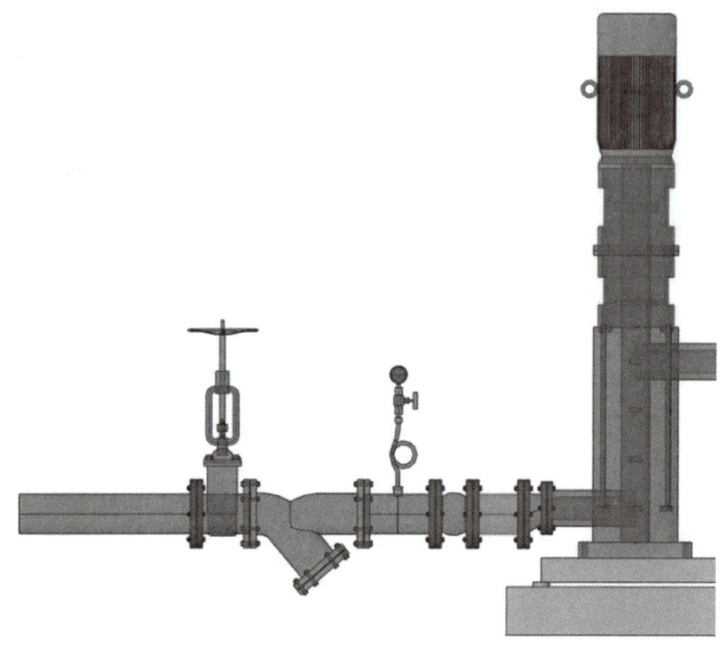

图9－5

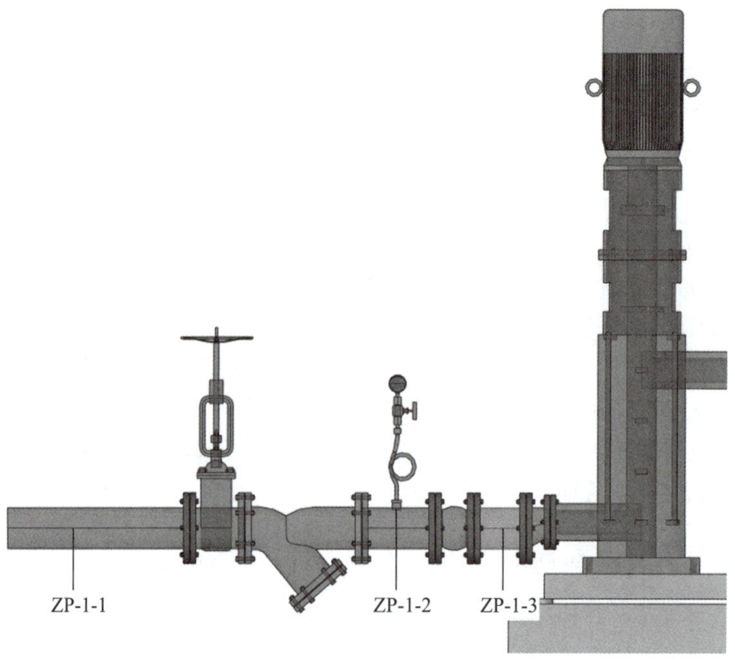

图9－6

9.2.4 输出预制加工图纸

预制加工图纸输出阶段需根据调整完成的模型绘制管段分段图和下料图。加工图纸中包含对预制分段进行详细的管段编号及加工长度定位等信息。加工工厂根据预制加工订单图纸、下料工程量表等进行准确加工。进水管模块下料图如图 9 - 7 所示。

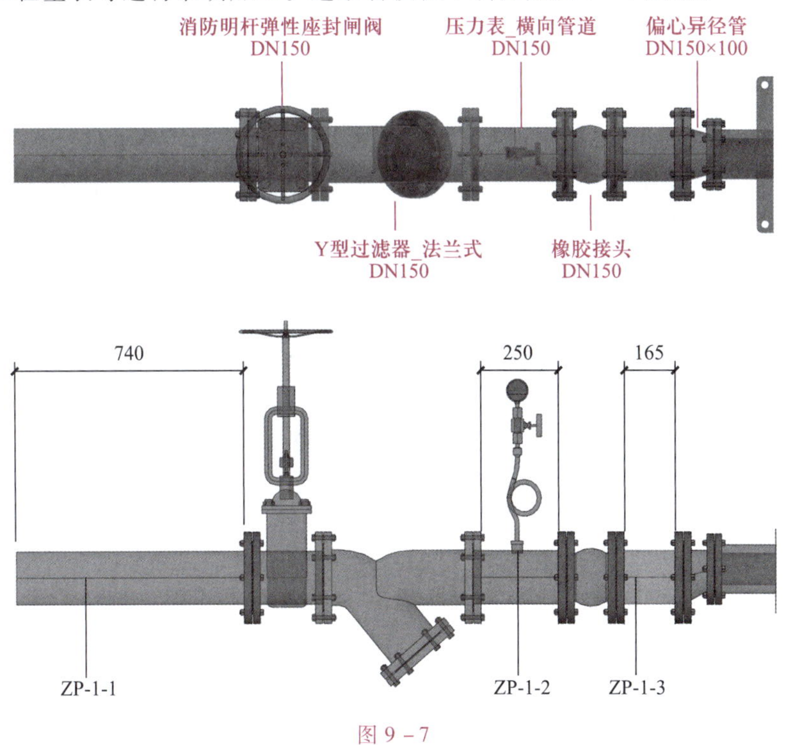

图 9 - 7

9.3 任务 2：通风系统风管预制加工

任务信息

风管工厂化预制加工技术已经走入成熟阶段，风管加工厂基本都引进了较为先进的风管加工设备来进行风管的批量预制生产。风管的集中预制加工，自始至终由一个作业组负责下料，做到“量体取材”，避免了现场材料乱截、大材小用等现象。风管加工的关键工作就是保证风管模型的精确度，为加工厂出具所需的管段图。

任务实施

9.3.1 创建风管模型

根据实际采购清单资料中的风管、附件及设备详细尺寸、接口尺寸及位置等信息，进行精细化建模，如图 9 - 8 所示。风管模型建立和信息录入是风管 BIM 加工设计的重要环节，准确的数据是工厂加工生产的前提。

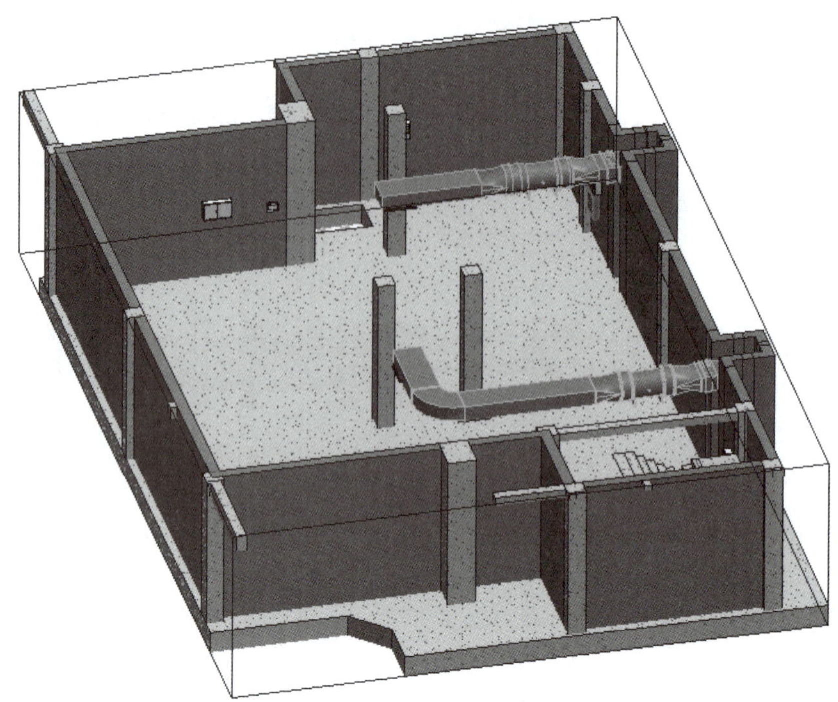

图 9－8

9.3.2 风管模型分段

(1) 了解风管管段材质及长度规格,按此长度规格对风管进行拆分。

(2) 在平面视图中,进入“修改”选项卡,选择“拆分图元”选项对风管进行分段,如图 9－9所示。

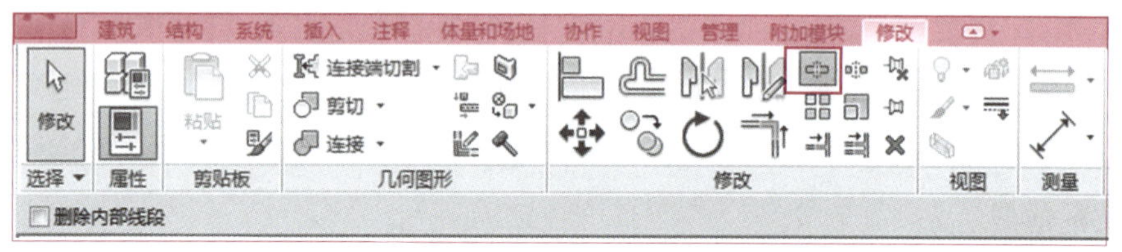

图 9－9

(3) 将鼠标指针移至需要分段的管线,此时会出现临时标注尺寸,可利用临时尺寸对拆分的长度进行调整及查看,例如按每段 1250mm 的长度对风管进行拆分,完成分段后的效果如图 9－10 所示。

9.3.3 风管分段编号

(1) 新建一个风管标记族,将“注释”添加到标签参数中,如图 9－11 所示。完成后保存该族,族名称可为“风管分段编号”并载入项目中。

(2) 选择需要编号的管段,在“属性”选项板中 “注释”选项中填入对应的管段编号,其他管段依次填入,如图 9－12 所示。

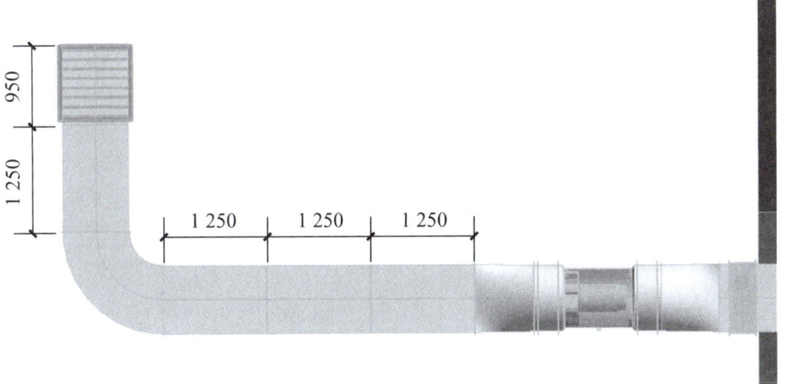

图 9－10

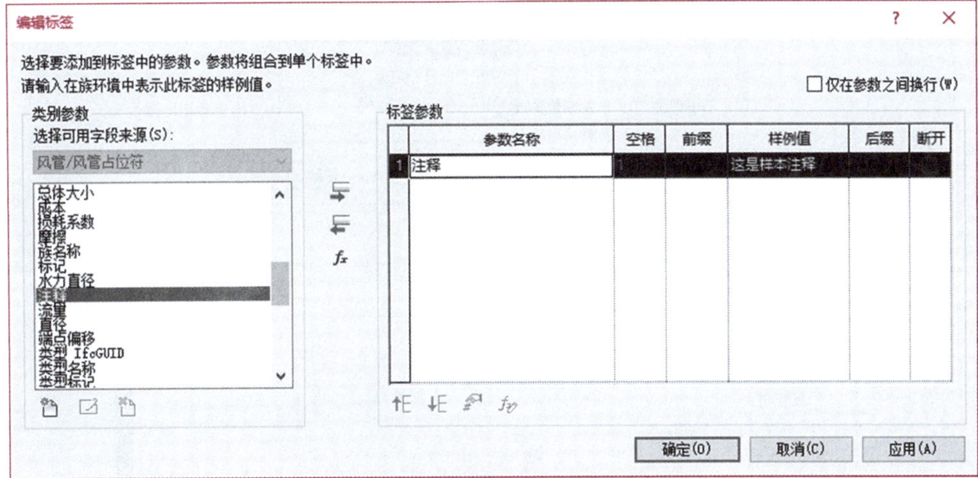

图 9－11

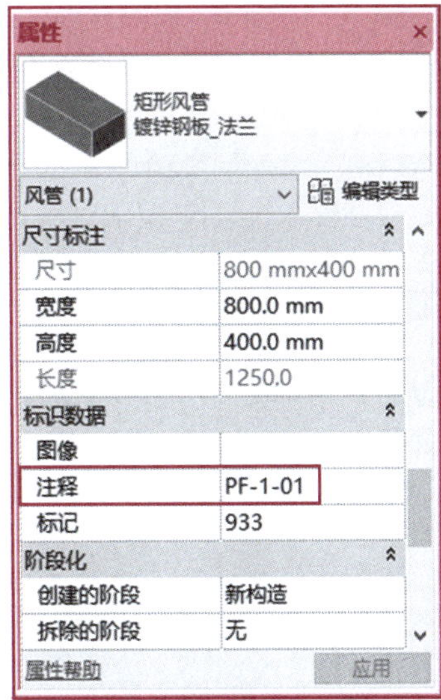

图 9－12

（3）进入“注释”选项卡，选择“全部标记”选项，进入“标记所有未标记的对象”对话框，在“风管标记”中选择刚刚载入的“风管分段编号”，单击“确定”按钮，如图 9－13 所示。标注完成效果如图 9－14 所示。

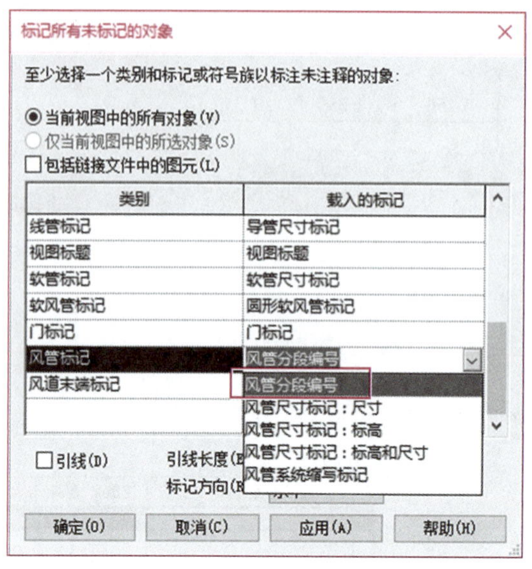

图 9－13

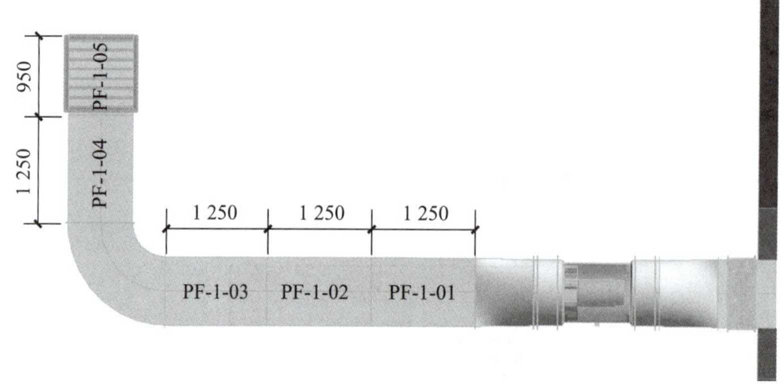

图 9－14

9.3.4　输出风管加工图

加工图纸中包含对预制分段进行详细的管段编号及加工长度定位等信息。加工工厂根据预制风管加工下料图、风管管件加工图等进行准确加工。风管下料图如图 9－15 所示，管件加工图如图 9－16 所示。

单叶送风口800×800
高效混流风机
连接件
连接件
方形变径头
方形变径头
70℃矩形防火阀
矩形弯头-弧形-法兰
800
400
俯视图
侧视图

1 250
1 250
1 250
PF-1-03
PF-1-02
PF-1-01
主视图

图 9－15

707
800
777
(a) 平面图
800
857
460
400
860
(b) 右面图
400
777
707
(c) 正面图
(d) 轴测图

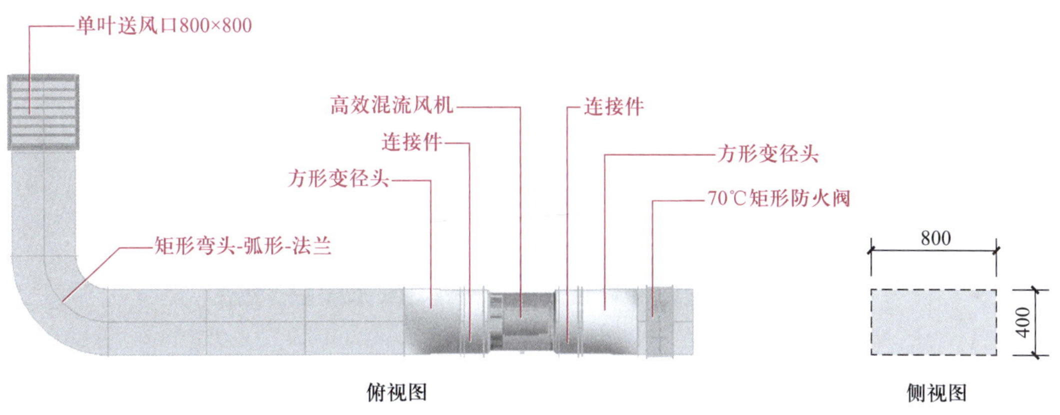

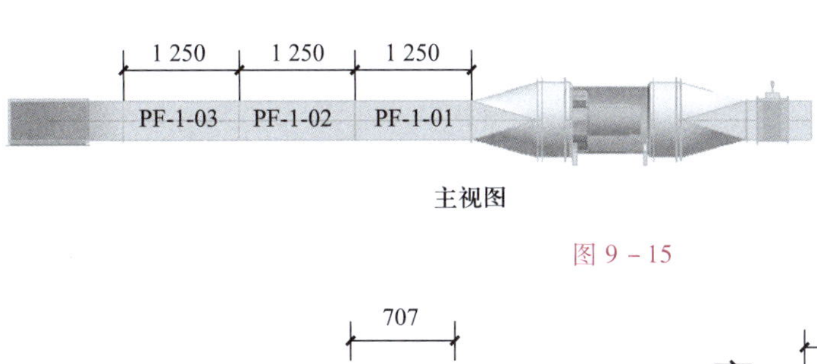

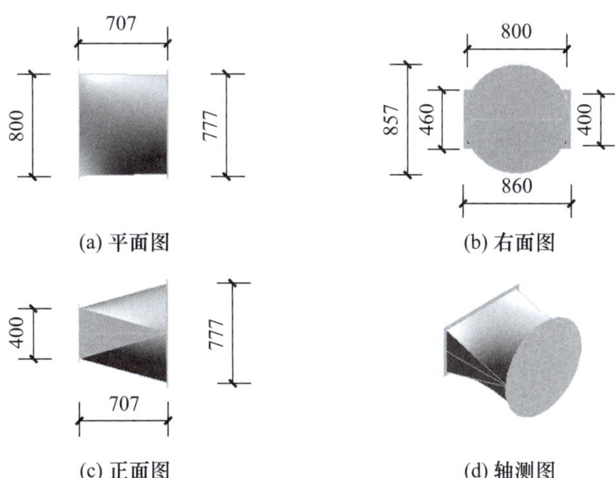

图 9－16

学习情境 10　仿真模拟与虚拟建造

10.1　学习情境描述

10.1.1　学习目标

1. 掌握通过 BIM 仿真模拟软件进行模型浏览的方法；
2. 掌握通过 BIM 仿真模拟软件进行施工进度模拟的方法；
3. 掌握通过 BIM 仿真模拟软件进行施工工艺模拟的方法；
4. 掌握通过 BIM 仿真模拟软件进行模型渲染的方法。

10.1.2　学习任务

序号	学习任务	任务驱动
1	模型浏览	1. 掌握 BIM 仿真模拟软件模型浏览的操作方法； 2. 掌握 BIM 仿真模拟软件制作路径漫游动画的操作方法
2	施工进度模拟	1. 掌握 BIM 仿真模拟软件施工进度模拟任务创建的操作方法； 2. 掌握 BIM 仿真模拟软件施工进度模拟设置的操作方法； 3. 掌握 BIM 仿真模拟软件施工进度模拟动画导出的操作方法
3	施工工艺模拟	1. 掌握 BIM 仿真模拟软件施工工艺模拟动画制作的操作方法； 2. 掌握 BIM 仿真模拟软件施工工艺模拟动画导出的操作方法
4	模型渲染	1. 掌握 BIM 仿真模拟软件中模型渲染的材质设置操作方法； 2. 掌握 BIM 仿真模拟软件中模型渲染的操作方法

10.2　任务 1：模型浏览

任务信息

通过 Navisworks 可以实现在场景中实时漫游，主要是通过导航栏上的一些工具来实现，如图 10－1 所示。

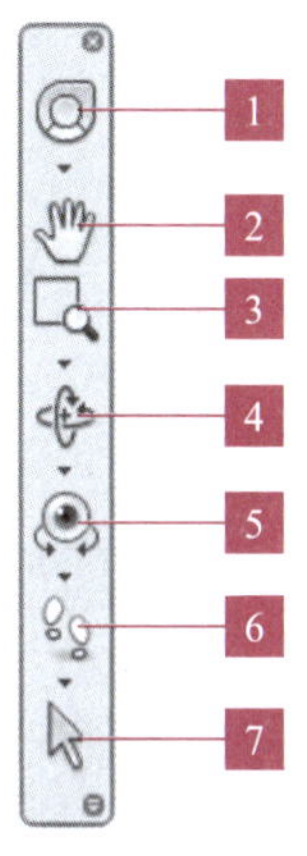

图 10－1

工具功能：

1 全导航控制盘。用于在专用导航工具之间快速切换的控制盘集合。

2 平移工具。激活平移工具并平行于屏幕移动视图。

3 缩放工具。用于增大或减小模型的当前视图比例的一组导航工具。此功能生效时可在视图当中把此缩放点设置为模型的旋转轴心。

4 动态观察工具。用于在视图保持固定时围绕轴心点旋转模型的一组导航工具。

5 环视工具。用于垂直和水平旋转当前视图的一组导航工具。

6 漫游和飞行工具。用于围绕模型移动和控制真实效果设置的一组导航工具。

7 选择工具。用于选择当前模型中的组成构件。

任务实施

10.2.1 模型查看

（1）在 Revit 中打开项目之后，单击→导出→NWC 选项，如图 10－2 所示。

（2）用 Navisworks 打开刚才导出的 NWC 格式文件，如图 10－3 所示。

（3）单击“动态观察”按钮，按住鼠标左键可旋转模型，浏览模型外观，如图 10－4 所示。

10.2.2 模型漫游

（1）进入“视点”选项卡，选择“漫游”→“真实效果”选项，可打开第三人称视角浏览模型及内部结构，如图 10－5、图 10－6 所示。

（2）路径漫游：进入“视点”选项卡，选择“保存视点”→“保存视点”选项，保存当前一个视点，如图 10－7 所示。将该视点命名为“视图 1”，再通过键盘方向键移动到下一个视点，并继续保存视点，最后使用鼠标右键单击“保存的视点”控制面板空白处，在弹出的快捷菜单中，选择“添加动画”选项，将保存的视点全部移动到动画目录下，如图 10－8 所示。单击“视点”选项卡中“播放”按钮，可播放当前由“视点”制作的动画，即路径漫游，如图 10－9 所示。

视图
管理
附加模块
修改
创建交换文件并设置选项。
新建
打开
保存
另存为
导出
Suite 工作流
发布
打印
关闭
CAD 格式
创建 DWG、DXF、DGN 或 SAT 文件。
DWF/DWFx
创建 DWF 或 DWFx 文件。
建筑场地
导出 ADSK 交换文件。
FBX
将三维视图另存为 FBX 文件。
族类型
将族类型从当前族导出到文本(.txt)文件。
NWC
将场景另存为 Navisworks NWC 文件。
gbXML
将项目另存为 gbXML 文件。
体量模型 gbXML
将概念能量模型保存为 gbXML 文件。
IFC
保存 IFC 文件。
ODBC 数据库
将模型数据保存到 ODBC 数据库。
选项
退出 Revit
重新载入最新工作集
放弃全部请求
同步
显示历史记录
恢复备份
管理模型
复制/监视
协调查阅
坐标设置
协调主体
碰撞检查
坐标
远剪裁激活

图 10－2

Autodesk Navisworks Manage 2016
Clash Detective
TimeLiner
Quantification
Autodesk Rendering
Animator
Scripter
Appearance Profiler
Batch Utility
DataTools

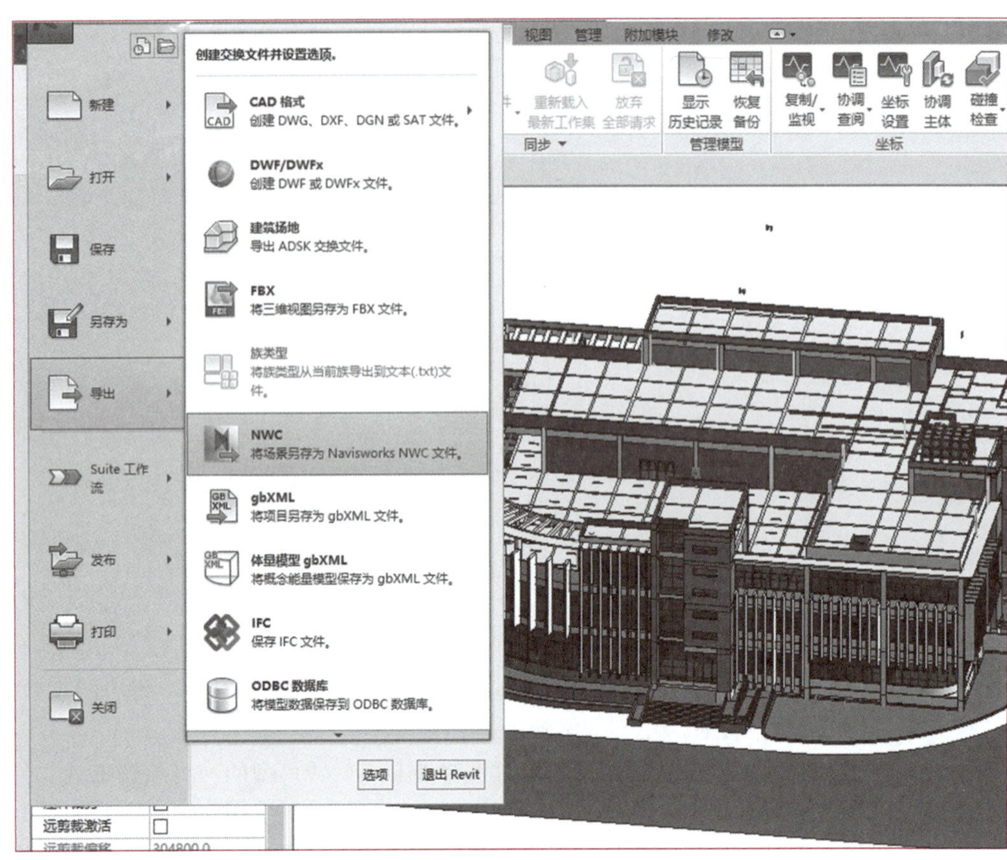

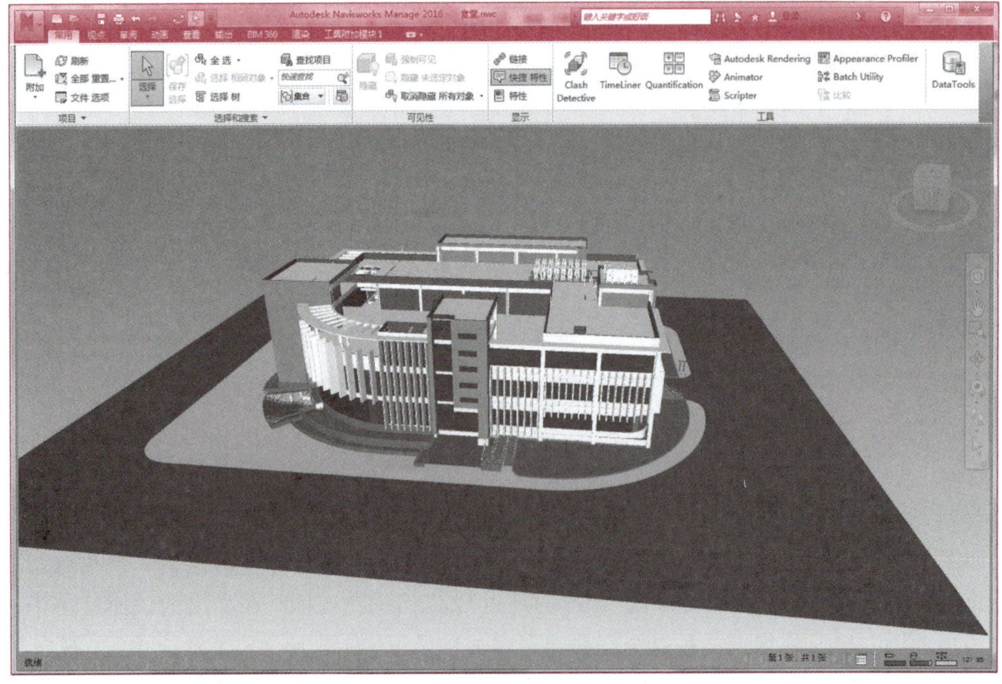

图 10－3

Autodesk Navisworks Manage 2016
Clash Detective
TimeLiner
Quantification
Autodesk Rendering
Animator
Scripter
Appearance Profiler
Batch Utility
DataTools
工具

图 10－4

Autodesk Navisworks Manage 2016
保存视点
透视
对齐相机
显示倾斜控制栏
Steering Wheels
平移
缩放窗口
动态观察
环视
漫游
3Dconnexion
真实效果
碰撞
重力
蹲伏
第三人
光源
模式
启用剖分
图像
保存、载入和回放
相机
导航
渲染样式
剖分
导出
A(-12)-5(2) : 1F
就绪
第1张，共1张

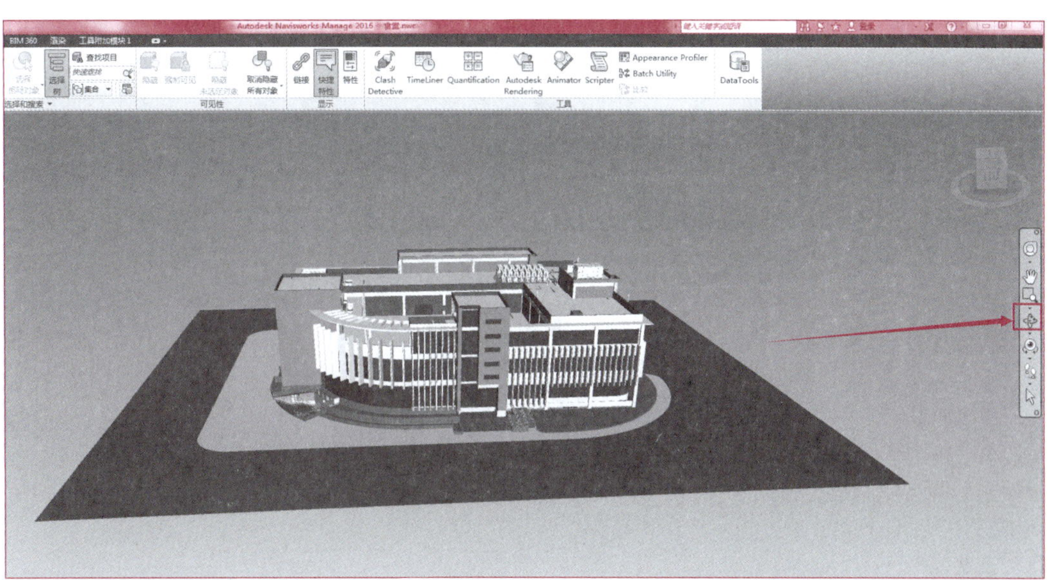

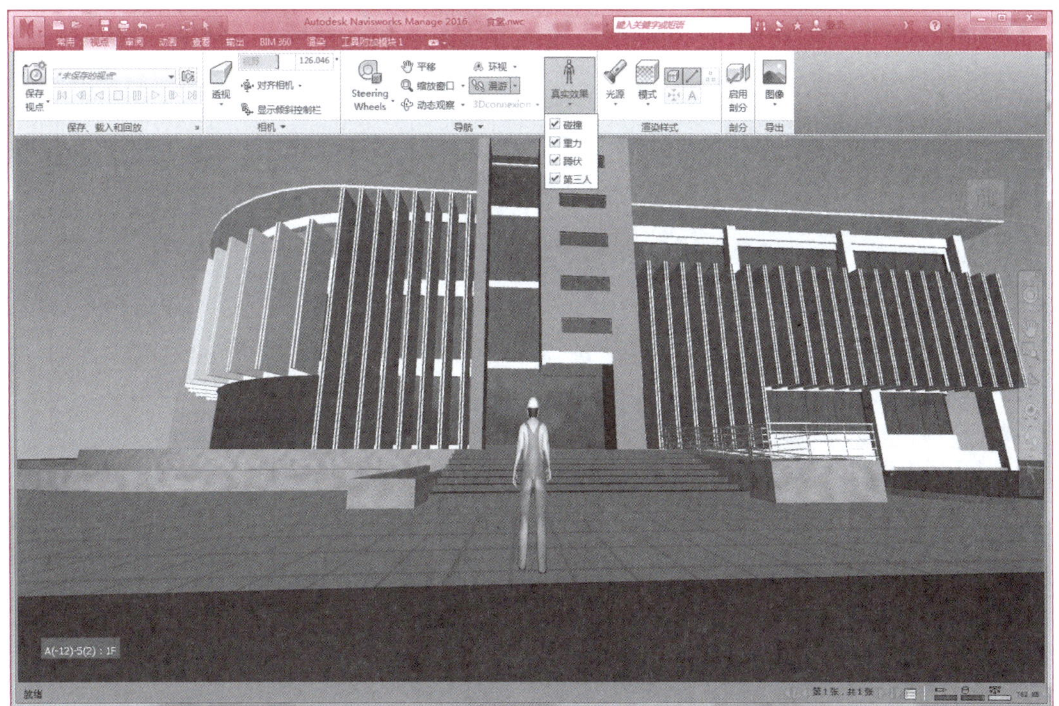

图 10－5

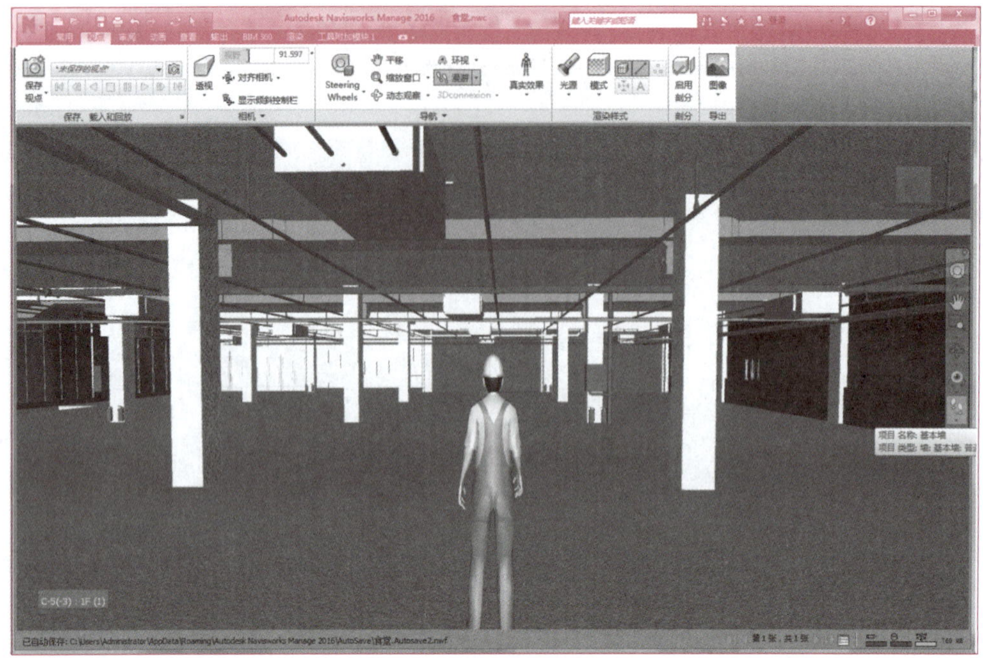

图 10－6

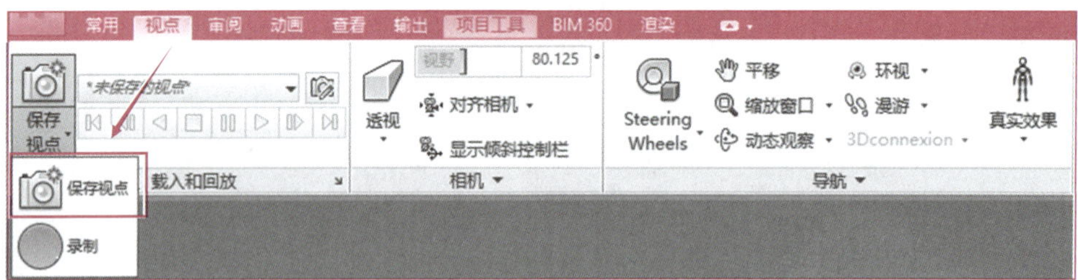

图 10－7

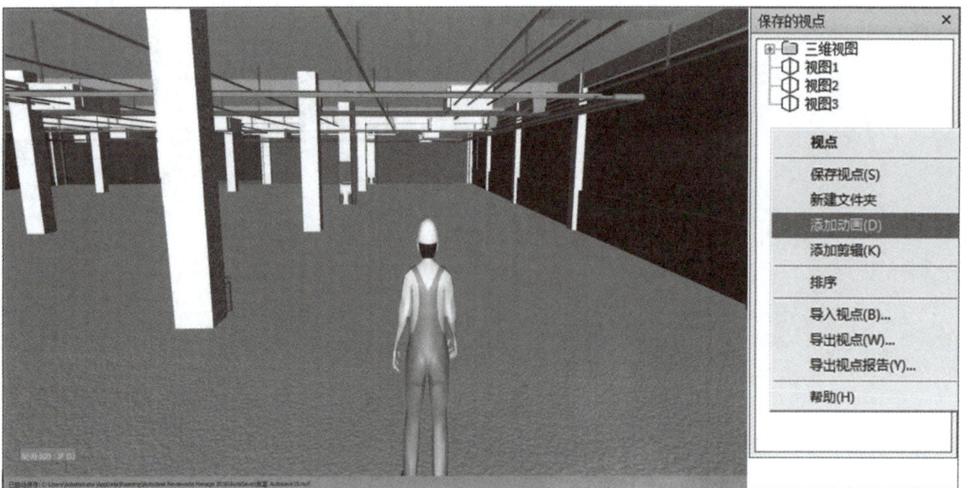

图 10－8

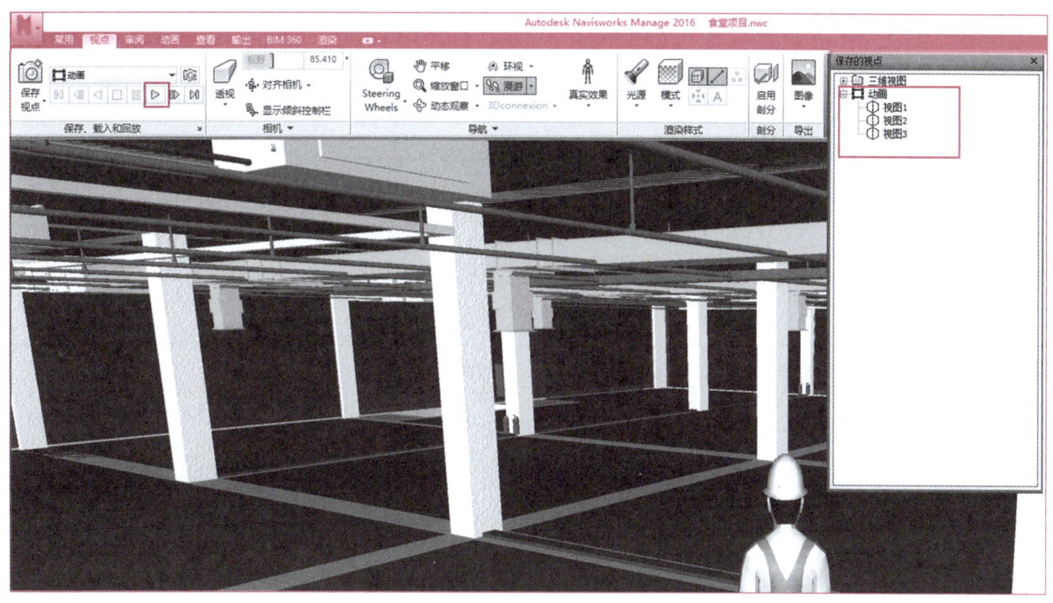

图 10－9

10.3　任务 2：施工进度模拟

任务信息

通过 TimeLiner 工具可以向 Navisworks 中添加四维进度模拟。TimeLiner 从多种格式的数据源导入进度后，使用模型中的对象连接进度中的任务以创建四维模拟，从而能够看到进度在模型上的效果，并将计划日期与实际日期相比较。TimeLiner 还能够基于模拟的结果导出图像和动画。如果模型或进度更改，TimeLiner 将自动更新模拟。

进入“常用”选项卡，选择 TimeLiner 选项，打开如图 10－10 所示的 TimeLiner 窗口。

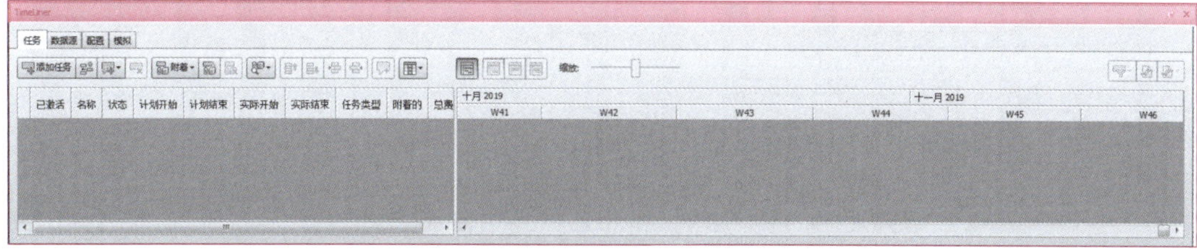

图 10－10

1．“任务”选项卡

（1）“任务”视图

① 任务显示在包含多列的表格中，通过此表格可以灵活地显示记录。可以执行以下操作：

a．移动列或调整其大小；

b．按升序或降序顺序对列数据进行排序；

c. 向默认列集中添加新用户列。

② 任务层次结构:从数据源(例如 Microsoft Project)导入时,TimeLiner 支持分层任务结构。分别单击任务左侧的加号或减号可以展开或收拢层次结构。

③ 状态图标:每个任务都使用图标来标识自己的状态。会为每个任务绘制两个单独的条形图,显示计划与当前的关系。颜色用于区分任务的最早(蓝色)、准时(绿色)、最晚(红色)和计划(灰色)部分。虚线标记计划开始日期和计划结束日期。将鼠标指针放置在状态图标上会显示工具提示,说明任务状态,见表 10-1。

表 10-1　工具任务状态含义

图形	含义	图形	含义	图形	含义
	表示在计划开始之前完成		表示早开始,早完成		表示晚开始,按时完成
	表示早开始,按时完成		表示早开始,晚完成		表示晚开始,晚完成
	表示按时开始,早完成		表示按时开始,按时完成		表示在计划完成之后开始
	表示按时开始,晚完成		表示晚开始,早完成		表示没有比较

(2) 甘特图

甘特图是一个说明项目状态的彩色条形图,每个任务占据一行。水平轴表示项目的时间范围(可分解为增量,如天、周、月和年),而垂直轴表示项目任务。任务可以按顺序或以并列方式运行。可以将任务拖动到不同的日期,也可以单击并拖动任务的任一端来延长或缩短其持续时间。所有更改都会自动更新到"任务"视图中,如图 10-11 所示。

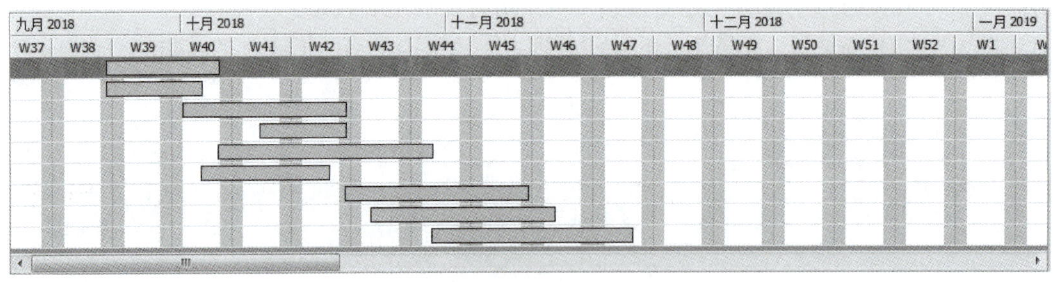

图 10-11

2. "数据源"选项卡

"数据源"选项卡如图 10-12 所示。

(1) 添加:创建到外部项目文件的新连接。单击此按钮将显示一个菜单,该菜单列出了当前计算机上所有可能连接的项目源。

(2) 删除:删除当前选定的数据源。如果在将数据源删除之前刷新了数据源,则从该数据源读取的所有任务和数据都将保留在"任务"选项卡中。

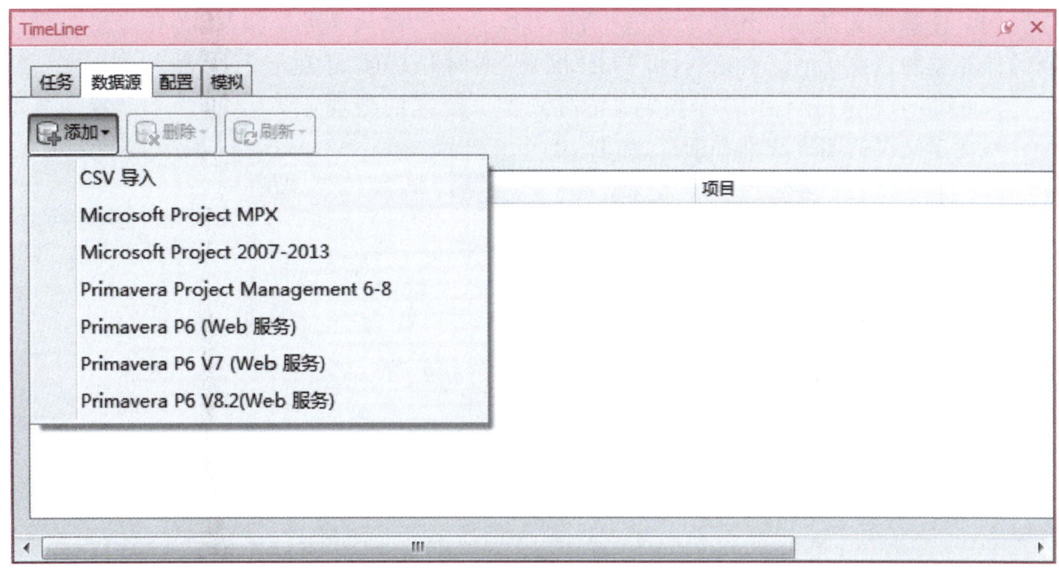

图 10 - 12

（3）刷新：显示“从数据源刷新”对话框，从中可以刷新选定数据源。

3．“配置”选项卡

“配置”选项卡如图 10 - 13 所示。

TimeLiner

任务　数据源　配置　模拟

添加　删除　外观定义...

名称	开始外观	结束外观	提前外观	延后外观	模拟开始外观
构造	绿色(90% 透明)	模型外观	无	无	无
拆除	红色(90% 透明)	隐藏	无	无	模型外观
临时	黄色(90% 透明)	隐藏	无	无	无

图 10 - 13

（1）任务类型：任务类型显示在多列的表中，可以双击“名称”列来重命名任务类型，或双击任何其他列来更改任务类型的外观。

① 构造：适用于要在其中构建附加项目的任务。默认情况下，在模拟过程中，对象将在任务开始时以绿色高亮显示，并在任务结束时重置为设定的模型外观。

② 拆除：适用于要在其中拆除附加项目的任务。默认情况下，在模拟过程中，对象将在任务开始时以红色高亮显示，并在任务结束时隐藏。

③ 临时：适用于其中的附加项目仅为临时的任务。默认情况下，在模拟过程中，对象将在任务开始时以黄色高亮显示，并在任务结束时隐藏。

（2）添加：添加一个新的任务类型。

（3）删除：删除选定的任务类型。

(4) 外观定义：使用“外观定义”对话框可以自定义默认任务类型，或者在必要时创建新的任务类型。要访问该对话框，可单击“配置”选项卡上的“外观定义”按钮。

TimeLiner 附带一个由 10 个预定义的外观定义组成的外观定义集，可用于配置任务类型。外观定义了透明度级别和颜色，如图 10－14 所示。

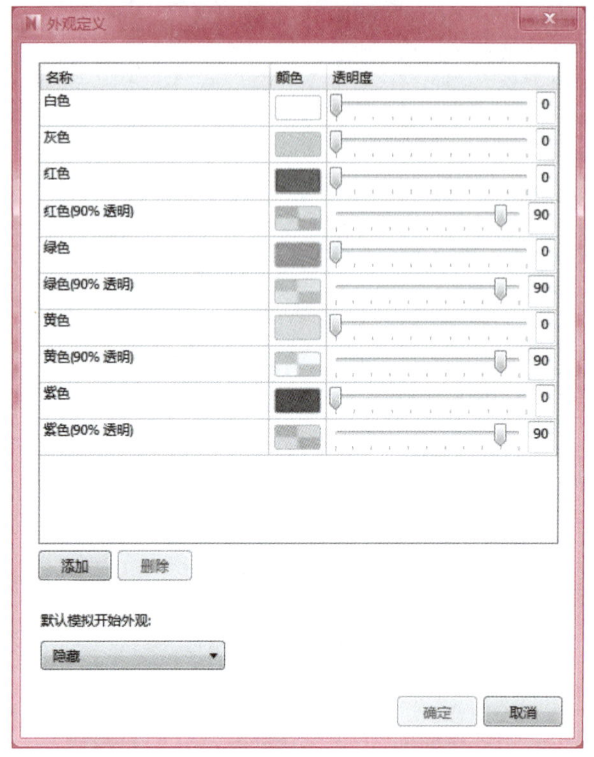

图 10－14

① 名称：指定外观定义名称。单击名称以根据需要对其进行更改。

② 颜色：指定外观定义颜色。单击颜色以根据需要对其进行更改。

③ 透明度：指定外观定义透明度。使用鼠标拖曳滑块或者输入值以根据需要更改透明度。

④ 添加：单击该按钮以添加外观定义。

⑤ 删除：单击该按钮以删除当前选定的外观定义。

⑥ 默认模拟开始外观：此下拉列表指定了要在模拟开始时应用于模型中所有对象的默认外观。默认值为“隐藏”，该值适合于模拟大多数构建序列。

4. “模拟”选项卡

通过“模拟”选项卡可以在项目进度的整个持续时间内模拟 TimeLiner 序列，如图 10－15所示。

进入“模拟”选项卡，单击“设置”按钮，弹出“模拟设置”对话框，如图 10－16 所示。

① “开始/结束日期”可以替代运行模拟的开始日期和结束日期。勾选“替代开始/结束日期”复选框可启用日期框，可以从中选择开始日期和结束日期。通过执行此操作，可以模拟整个项目的较小的子部分。日期将显示在“模拟”选项卡中。这些日期也将在导出动

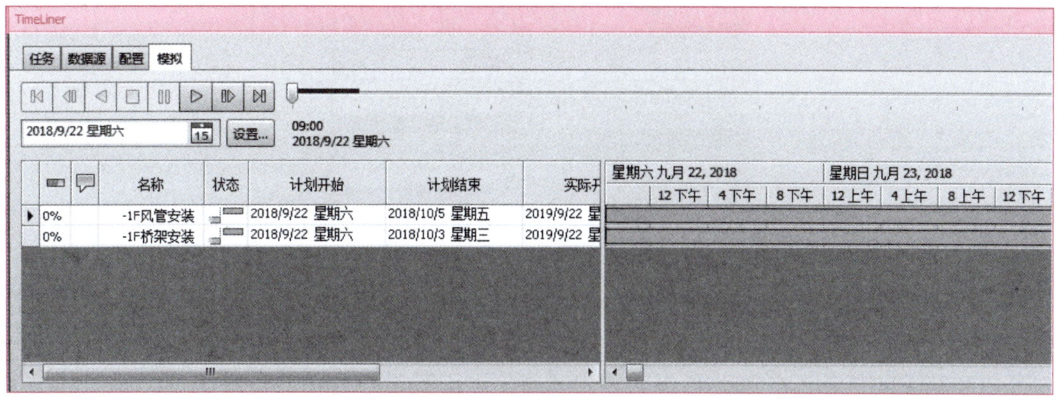

图 10－15

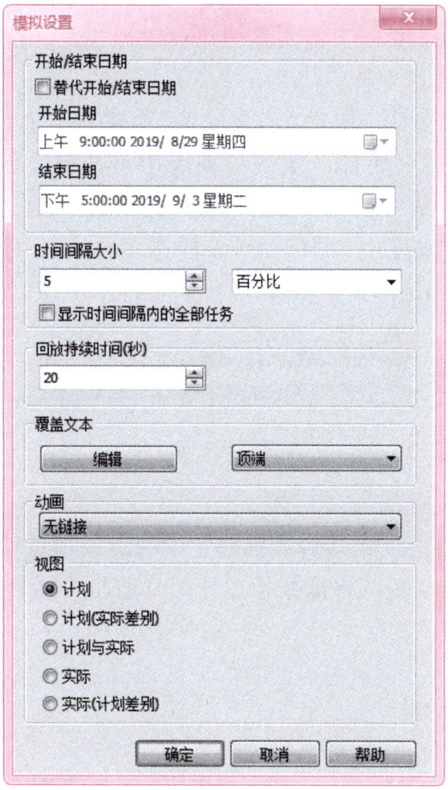

图 10－16

画时使用。

②“时间间隔大小”可以定义要在使用播放控件执行模拟时使用的时间间隔大小。“时间间隔大小”既可以设置为整个模拟持续时间的百分比，也可以设置为绝对的天数或周数等。可以使用下拉列表选择间隔单位，然后使用向上和向下箭头按钮增加或减小间隔大小，如图 10－17 所示。

还可以高亮显示间隔中正在处理的所有任务。通过勾选“显示时间间隔内的全部任务”复选框并假设将“时间间隔大小”设置为 5 天，会将此 5 天之内所有已处理的任务（包括

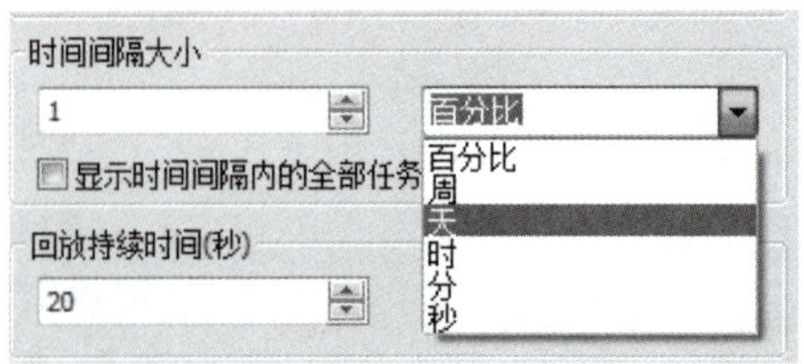

图 10 - 17

在时间间隔范围内开始和结束的任务)设置为它们在“场景视图”中的“开始外观”。“模拟”滑块将通过生成一条蓝线来显示此操作。如果取消选中此复选框,则在时间间隔范围内开始和结束的任务不会以此种方式高亮显示,并且需要与当前日期重叠才可在“场景视图”中高亮显示。

③“回放持续时间”可以定义整个模拟的总体持续时间(从模拟开始一直播放到模拟结束所需的时间)。使用向上和向下箭头按钮可以增加或减少持续时间(以秒为单位)。还可以直接在此字段中输入持续时间。

④“覆盖文本”可以定义是否应在“场景视图”中覆盖当前模拟日期,以及覆盖后此日期是应显示在屏幕的顶部还是底部。从下拉列表中可选择“无”(不显示覆盖文字)、“顶端”(在窗口顶部显示文字)或“底部”(在窗口底部显示文字)。

⑤“动画”可以向整个进度中添加动画,以便在 TimeLiner 序列播放过程中,Navisworks 播放指定的视点动画,如图 10 - 18 所示。

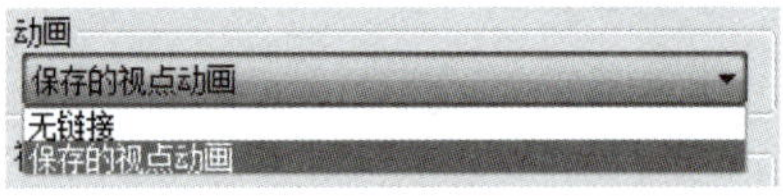

图 10 - 18

- 无链接:将不播放视点动画。
- 保存的视点动画:将进度链接到当前选定的视点或视点动画。

⑥“视图”区域。每个视图都将播放描述计划日期与实际日期关系的进度。

任务实施

10.3.1　创建任务

将项目模型载入 Navisworks,然后进入“常用”选项卡,选择“TimeLiner”选项。

1. 创建对象集

进入“常用”选项卡,选择“选择树”选项,同时在“常用”选项卡中选择“集合”→“管理集”选项,如图 10 - 19 所示。

这时候会出现两个下拉列表窗口,分别是“选择树”和“集合”。在“集合”下拉列表窗口中创建名为“ - 1F”“1F”“2F”“3F”“屋面”等文件夹。展开“选择树”下拉列表窗口中的对象,选中想要组合成集合的对象,在“集合”下拉列表窗口中相应文件夹处单击鼠标右键,在弹出的快捷菜单中选择“保存选择”选项。例如:创建“ - 1F 给排水”集合,首先打开“选择树”下拉列表窗口,展开“ - 1F”下拉列表,选中“ - 1F”中所有与给排水有关的管件、附件

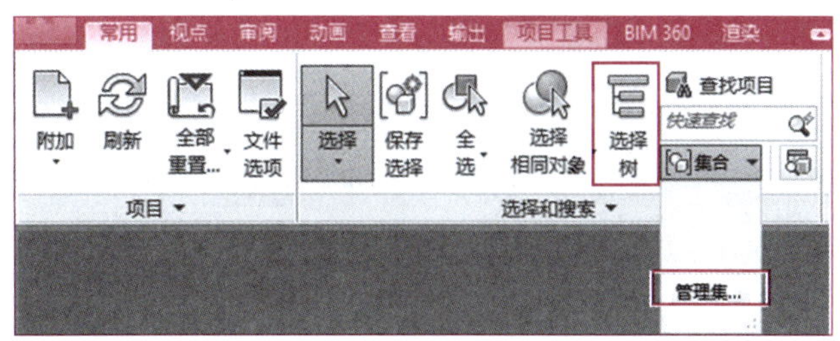

图 10－19

及管道等内容，选择时按住 Ctrl 键进行多选，选择完毕后在“集合”下拉列表窗口中用鼠标右键单击“－1F”文件夹，在弹出的快捷菜单中选择“保存选择”选项，将新集合命名为“－1F 给排水”，完成－1F 给排水集合的创建。后面的照明设备、桥架、风管等也是按照同样的方法创建集合，如图 10－20 所示。

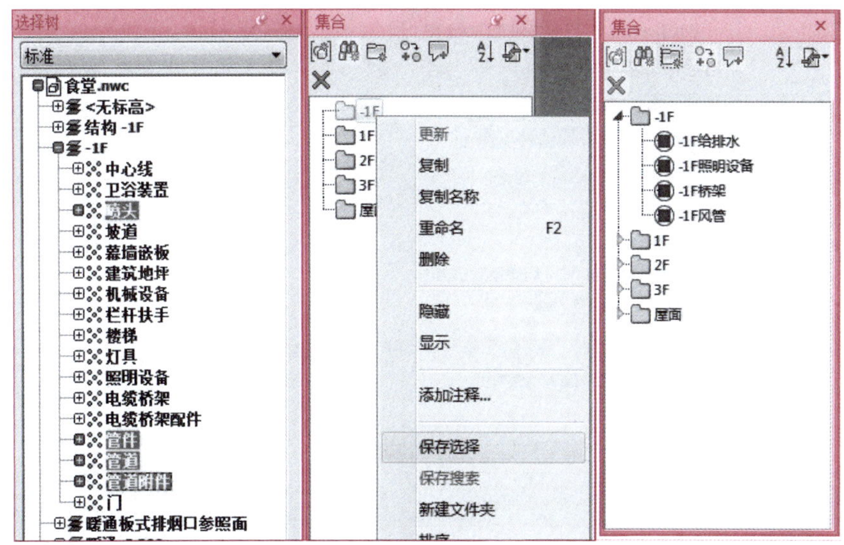

图 10－20

2. 添加任务并附着对象

（1）方法一：手动添加任务。

进入“TimeLiner”窗口中“任务”选项卡，单击“添加任务”按钮，按如图 10－21 所示填写任务信息及附着的相对应的对象集。

（2）方法二：导入 Microsoft Project 的 ＊. mpp 文件。

① 在 Microsoft Project 中创建任务进度表：在 Microsoft Project 中，其默认日期格式为年、月、日，如果希望 Project 项目中的日期精确到小时、分钟，需要修改日期格式。选择“文件”→“选项”选项，打开“Project 选项”对话框，在“常规”→“Project 视图”→“日期格式”下拉列表中选择日期格式，如图 10－22 所示。

选择“文件”→“新建”→“空白项目”选项，进入“任务”选项卡，单击“信息”按钮，在信息页面的右侧“开始时间”选择框中选择一个日期。按如图 10－23 所示填写任务信息并保存项目文件。

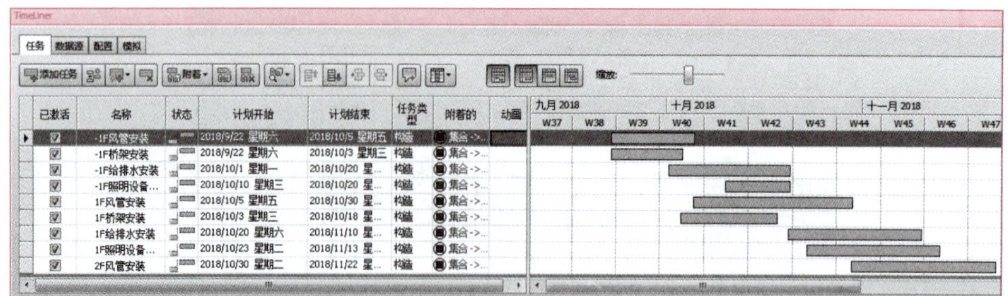

图 10－21

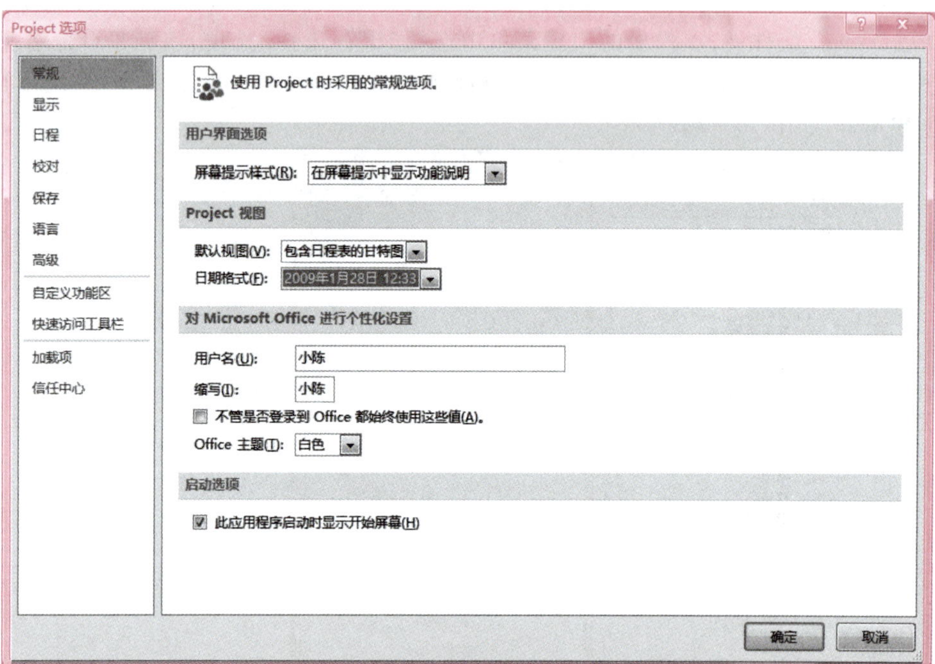

图 10－22

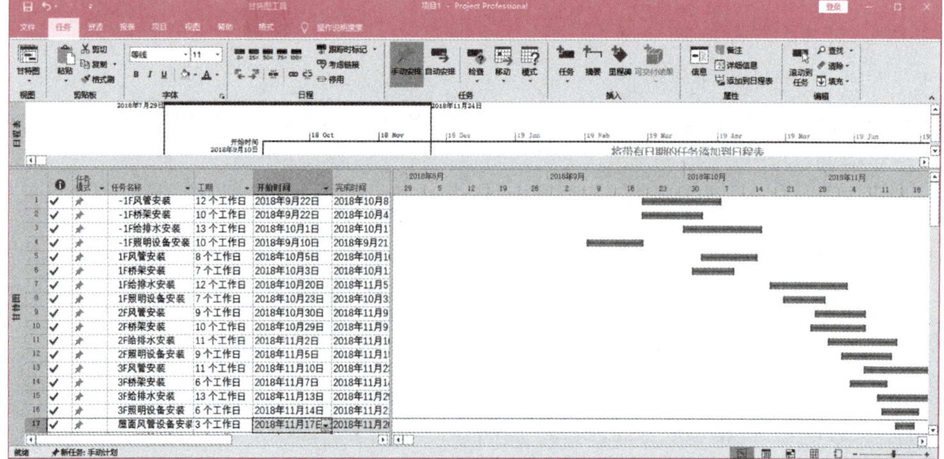

图 10－23

② 在 Navisworks 中导入任务进度表：在“TimeLiner”窗口的“数据源”选项卡中单击“添加”按钮，在下拉列表中选择“Microsoft Project 2007—2013”选项，并选择前面创建的任务进度表，在弹出的“字段选择器”对话框中将 Navisworks 的“列”和 Microsoft Project 的“外部字段名”一一对应，如图 10 - 24 所示。

图 10 - 24

在“数据源”选项卡中使用鼠标右键单击导入的 Project 项目，在弹出的快捷菜单中选择“重建任务层次”选项，此时在“任务”选项卡中生成 Project 项目中的任务列表，如图 10 - 25 所示。

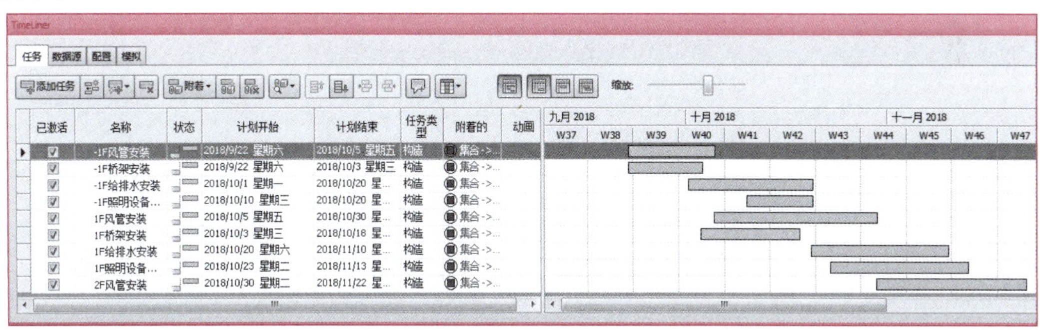

图 10 - 25

在“TimeLiner”窗口的“任务”选项卡中将所有任务的“任务类型”均设置成“构造”，并为每个任务附着相应的对象集。

10.3.2　模拟进度

1. 配置外观

进入“TimeLiner”窗口中的“配置”选项卡，定义模拟过程中模型的外观，如图 10 - 26 所示。

图 10－26

2. 模拟设置

进入“TimeLiner”窗口中的“模拟”选项卡，单击“设置”按钮，弹出“模拟设置”对话框，定义“模拟设置”，如图 10－27 所示。

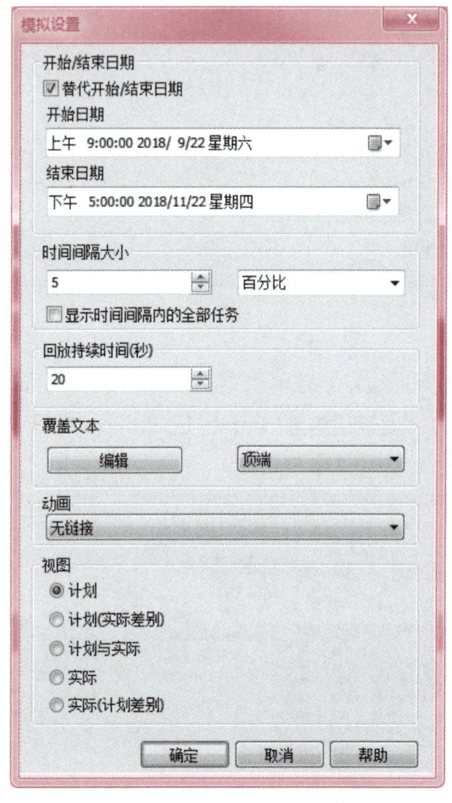

图 10－27

10.3.3　导出动画

当动画制作完成，且播放后没问题，用户可将施工进度模拟动画导出成视频。

进入“输出”选项卡，选择“动画”选项，弹出“导出动画”对话框。导出动画的参数设置如图 10－28 所示。

1. 源

可以选择导出的来源，包括“当前 Animator 场景”，也就是常说的场景动画；“TimeLiner

图 10－28

模拟”,也就是进度模拟动画;“当前动画”,是指当前选中的“保存的视点”窗口中的相机动画。此次需要导出的是进度模拟动画,所以选择“TimeLiner 模拟”选项,如图 10－29 所示。

2. 渲染

选择“视口”模式,此种模式导出的视频或图像相对会比较快。而选择 Autodesk 模式,Navisworks 会使用自带的渲染引擎,对当前动画进行逐帧渲染,这样导出的内容会比较精美,但导出动画所需时间较长,如图 10－30 所示。

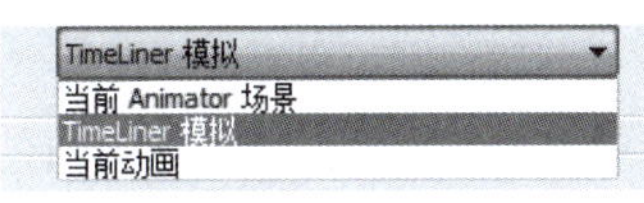

图 10－29

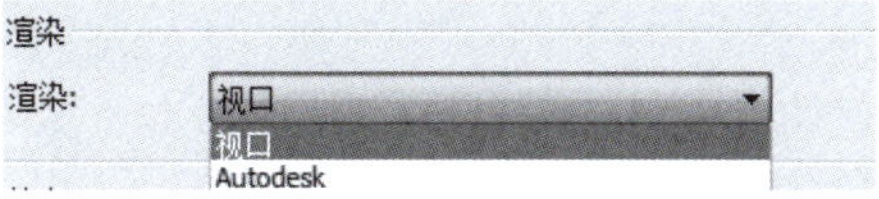

图 10－30

3. 输出

对输出的 AVI 视频格式,可以在后面的“选项”里设置一些相关参数。例如,可以选择视频压缩格式,默认情况下是“全帧(非压缩的)”类型,此种格式就是上述的逐帧渲染的视频格式,如图 10－31 所示。

4. 尺寸

对于视频的导出尺寸,可选“显式”“使用纵横比”和“使用视图”三种类型。“显式”是属于自定义视频尺寸的形式,如果选择这种类型,建议设置为一些常用的 4∶3 或 16∶9 的尺寸;“使用纵横比”也是属于自定义视频尺寸的形式,是按当前场景窗口的纵横比控制尺寸的比例关系;“使用视图”是当前场景窗口所占的尺寸大小,这个值是自动提取的场景窗口的值,无法自定义,如图 10－32 所示。

5. 选项

“每秒帧数”建议设置为 24 帧或以上,这样导出的视频质量会比较流畅。“抗锯齿”如果设置过大,可能因为平滑过度而产生一些色晕效果,这个需要根据实际需求进行设置,如图10－33所示。

图 10-31

图 10-32

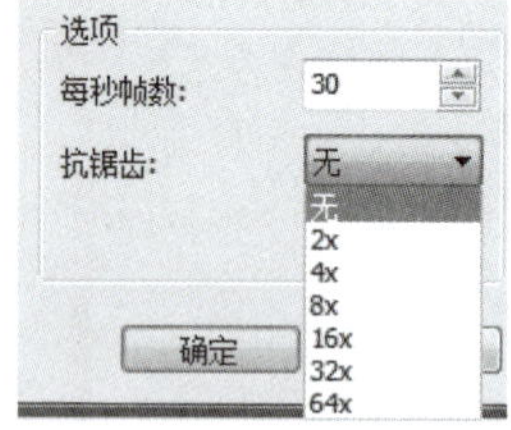

图 10-33

以上参数都设置好后，单击“确定”按钮，选择视频保存路径，完成视频导出，结果如图 10-34 所示。

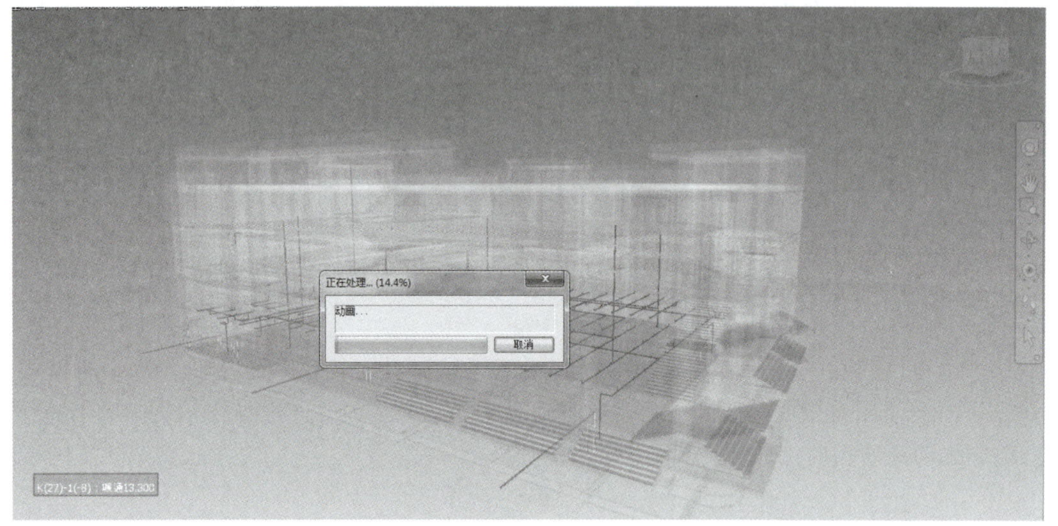

图 10-34

10.4 任务 3：施工工艺模拟

任务信息

可通过 Navisworks 创建场景动画，场景动画指的是在一定的时间、空间内发生的，为完成某一情节而定制的动画，大多数时候它属于对象动画。对象动画可以控制模型构件的颜色、透明度、大小、角度以及位置的变化，由此可以衍生出各种动画行为来为用户需要表达的动画情节服务，其中就包括施工工艺模拟动画。例如机械设备动画（挖掘机动画、塔吊动画等工序动画），或者某一局部节点安装顺序模拟等动画。在此过程中，还可以结合视点动画使情节更加丰富。例如，漫游的过程中开门、关门，或者进行一段当前视点跟随电梯一起同步上升的运动等。

场景动画是在 Animator 工具窗口中创建的。下面先来了解一下场景动画创建的工作界面和几个常用术语，如图 10-35 所示。

Animator 动画窗口分为控件工具栏、树形视图、时间轴视图以及手动输入栏几个功能区。

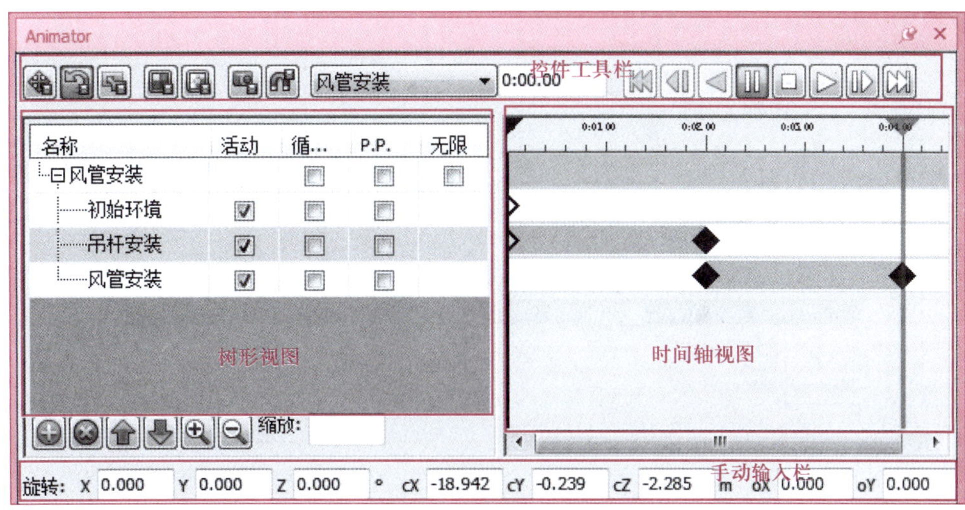

图 10 - 35

控件工具栏区域有多个控件及功能按钮，如表 10 - 2 所示。主要是对参与动画的模型构件产生位置、角度、大小及外观变化的控制功能。

表 10 - 2　控件工具栏功能和说明

按钮	功能	控件	说明
	平移动画集		对模型构件在动画状态下进行移动的功能
	旋转动画集		对模型构件在动画状态下进行旋转的功能
	缩放动画集		对模型构件在动画状态下进行缩放的功能
	更改颜色功能		对模型构件在动画状态下进行颜色修改的功能
	更改透明度功能		对模型构件在动画状态下进行透明度修改的功能
	捕捉并创建关键帧		对当前模型更改创建快照记录，并作为时间轴里新的关键帧
	打开/关闭捕捉		对上述小控件在场景视图中拖动时启用/关闭捕捉功能

任务实施

10.4.1 制作动画

在 Navisworks 中打开项目模型，进行施工工艺模拟需要进入“常用”选项卡选择“Animator”选项，或者进入“动画”选项卡，选择“Animator”选项，如图 10-36 所示。下面以制作风管安装工艺模拟动画为例。

图 10-36

（1）了解风管的安装工艺流程：定位放线→安装吊架→风管排列连接→风管安装→校验。

（2）打开“Animator”动画窗口，选择 →“添加场景”选项，如图 10-37 所示。将“场景 1”命名为“风管安装”。

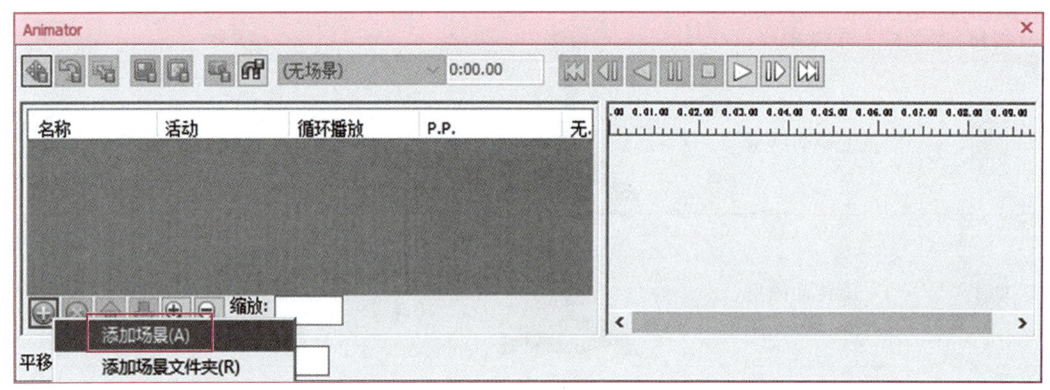

图 10-37

安装工艺模拟是一个从无到有的过程，而模型现在是处于一个已经完成的状态。所以需要在安装前先把所有风管及吊架全部隐藏，创建一个从无到有的安装效果。先创建一个风管和吊架的集合，选中该集合后，选择“风管安装”→ →“添加动画集”→“从当前选择”选项，把这个集合添加到场景动画的第一个动画集当中，如图 10-38 所示。

使用“平移动画集”按钮 ，将风管及吊架向下移出模型场景外，并捕捉关键帧，这样才可以为后期的安装过程提供一个可用的初始环境，如图 10-39、图 10-40 所示。

（3）吊杆安装：制作吊杆安装动画时，选中吊杆，从当前选择创建动画集“吊杆安装”。单击“平移动画集”按钮 ，在零秒先捕捉一个关键帧，然后将时间轴上的滑块拖动至合适的时间点，再将吊杆向上移到原位置，捕捉一个关键帧。按照以上方法继续完成后面吊杆安装动画，如图 10-41 所示。

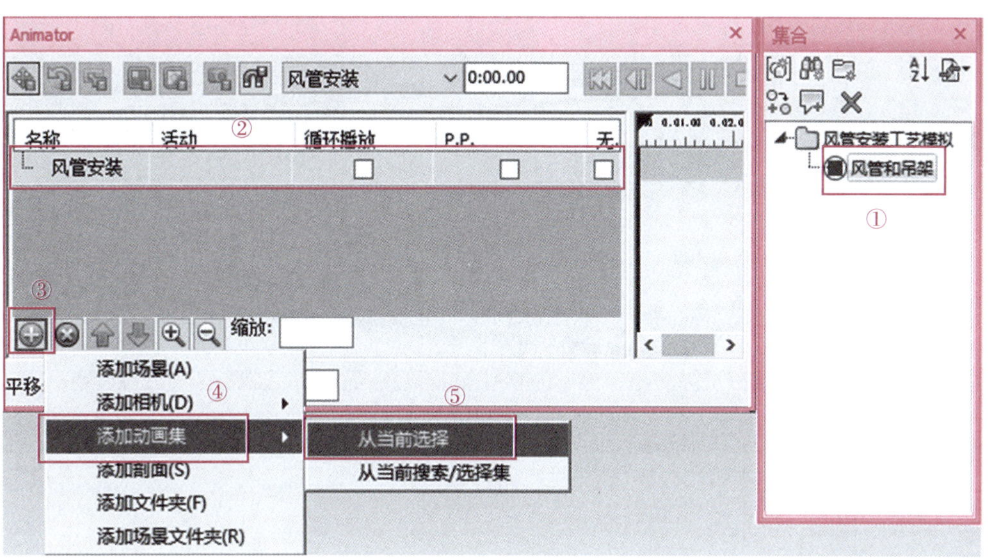

图 10－38

图 10－39

（4）风管排列拼接：实际施工过程中，风管首先需要在地面拼接，再通过滑轮吊装到规定标高安装。制作风管拼接动画，首先选中单节风管（已进行分段），创建动画集，单击“平移动画集”按钮，捕捉关键帧，将其平移到地下室底板上方。可在“平移”面板中手动输入 Z 轴的平移高度，方便后面风管拼接时能够保证在同一高度。平移好第一节风管后，捕捉关键帧，接着选中第二节风管，再创建一个动画集，重复之前的步骤，平移到与第一节风管同一高度，捕捉关键帧。以同样的方法制作后面风管的拼接动画，如图 10－42、图 10－43所示。

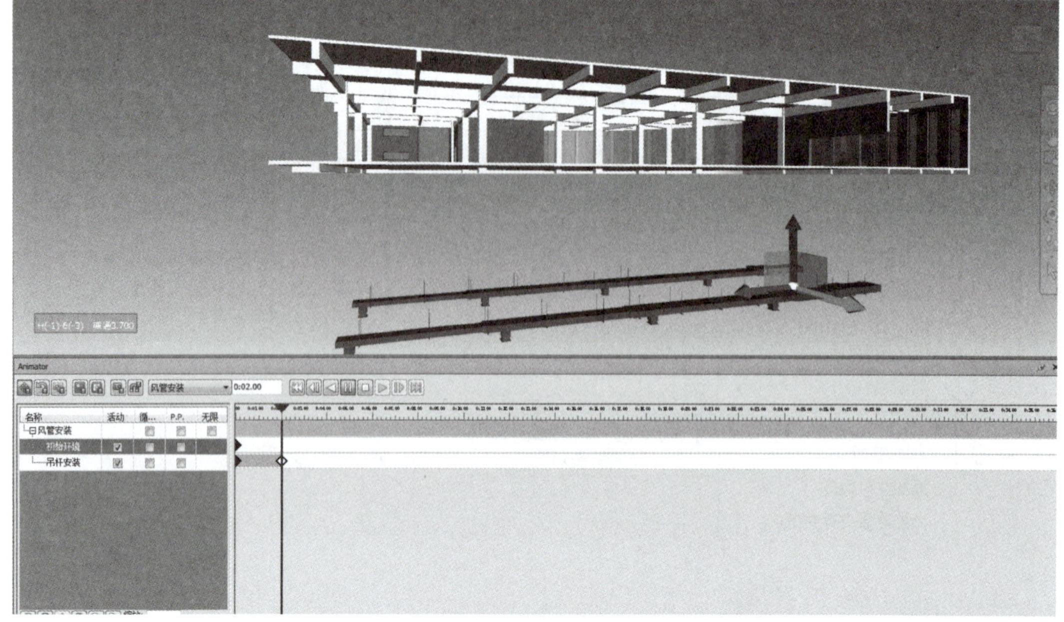

图 10－40

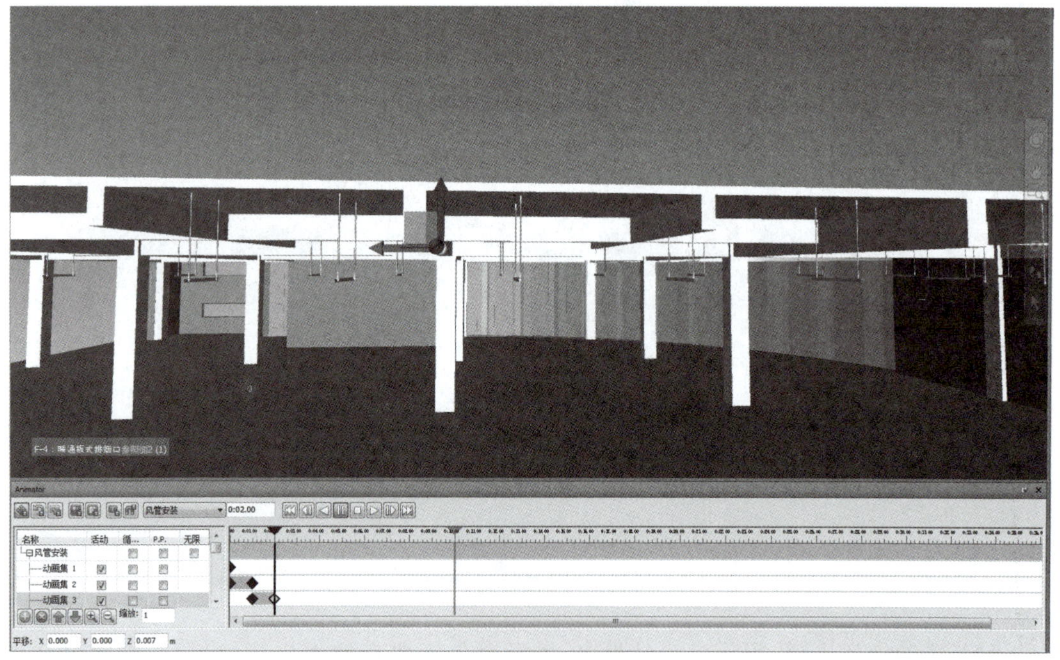

图 10－41

（5）风管吊装：风管拼接完成后，可制作模拟风管吊装动画。选中全部拼接好的风管，并创建动画集，单击“平移动画集”按钮，首先捕捉关键帧，设置动画时间，再向上平移到安装高度，捕捉关键帧，如图 10－44、图 10－45 所示。

（6）运用相同的方法将剩下的风管、风口按顺序添加动画集来模拟安装过程。

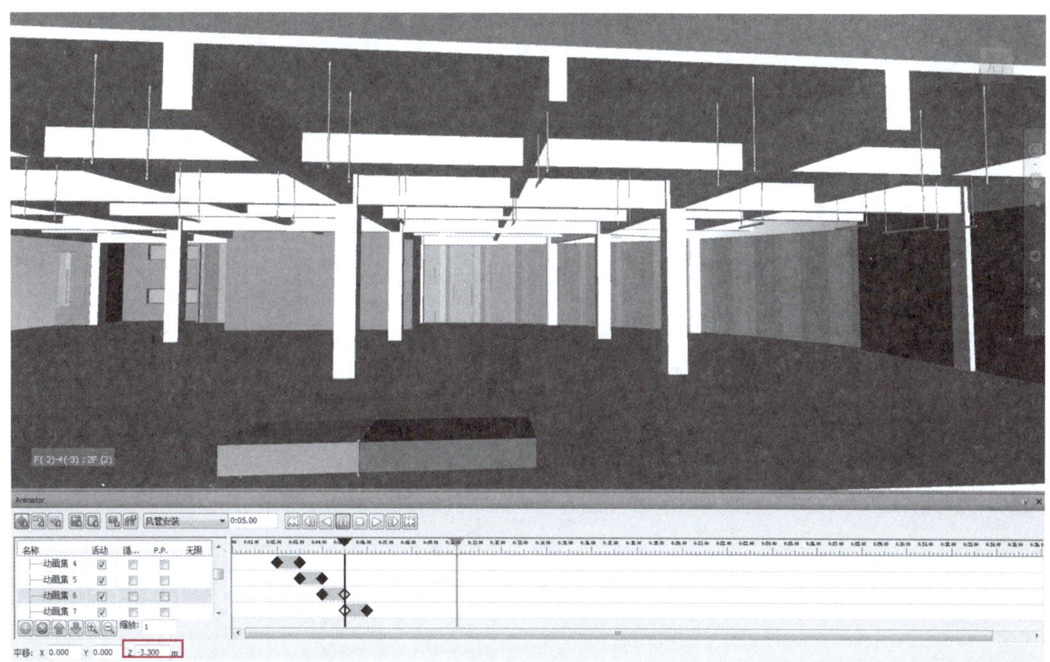

图 10－42

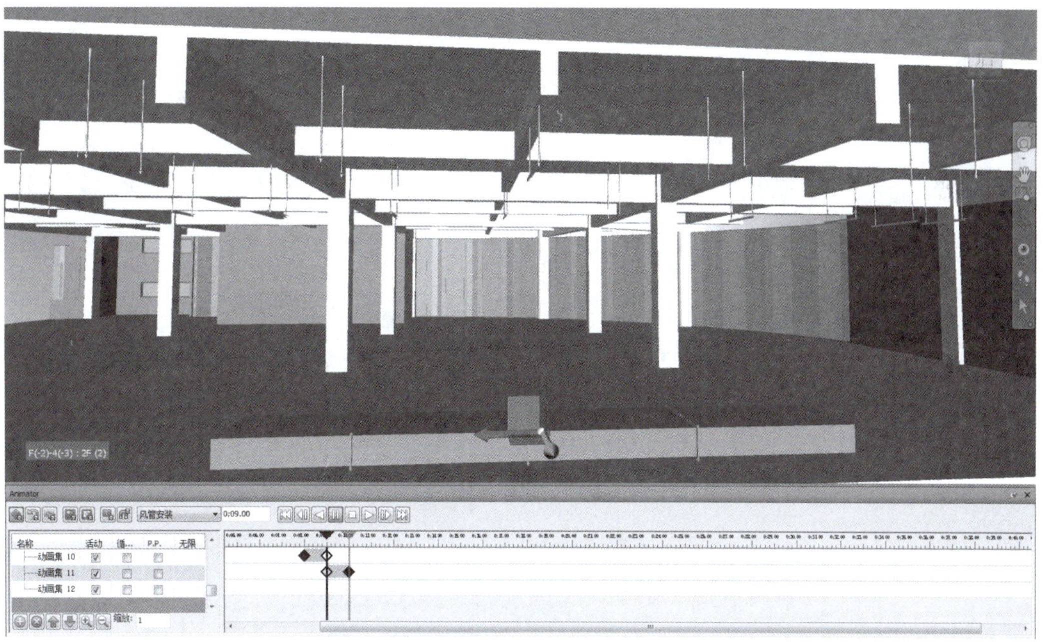

图 10－43

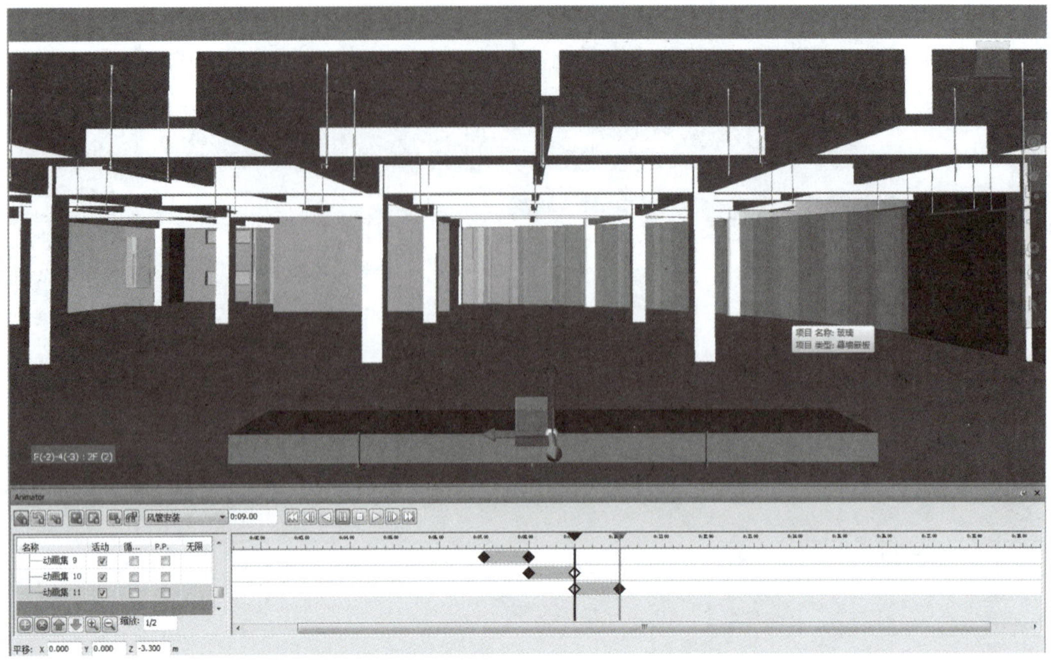

图 10－44

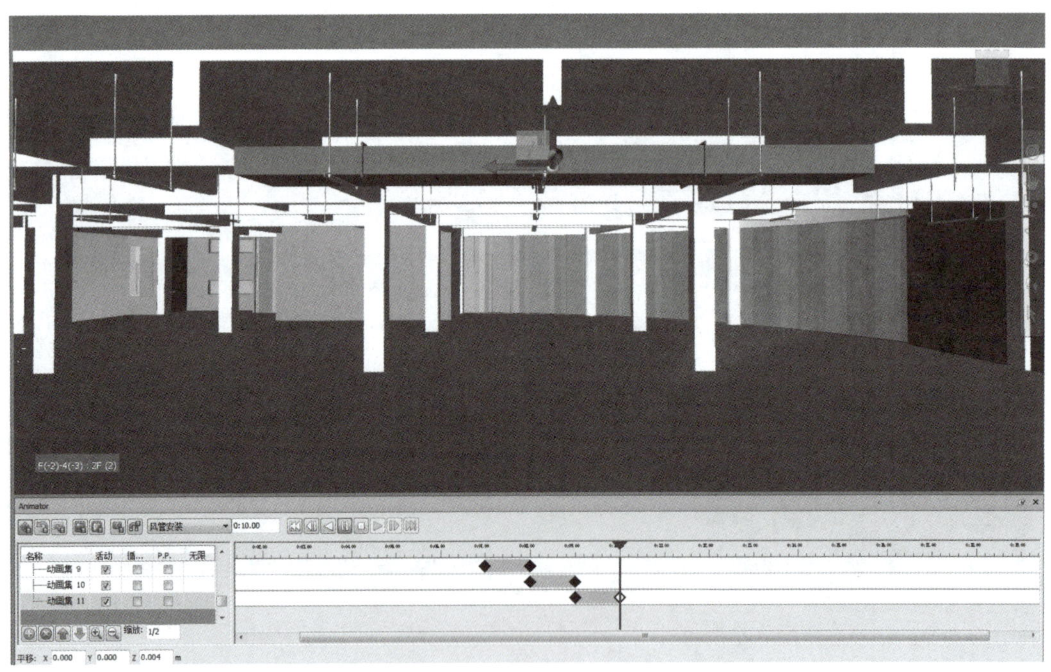

图 10－45

10. 4. 2　导出动画

导出动画步骤与本学习情境任务 2 中的导出动画步骤相同，这里不赘述。唯一不同就是在“源”下拉列表中选择“当前 Animator 场景”选项，如图 10－46、图 10－47 所示。

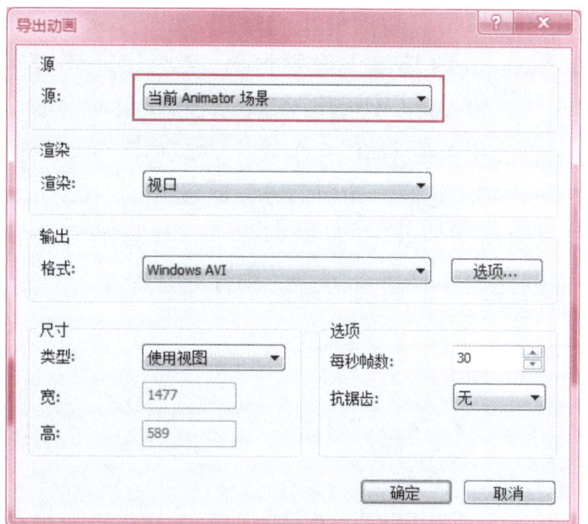

图 10－46

图 10－47

10.5　任务 4：模型渲染

任务信息

使用 Navisworks 的渲染功能进行模型渲染的流程如下：

(1) 将材质应用于模型几何图形(材质集合,即以模型材质规则分类的选择集或搜索集)；

(2) 将仿真光源和自然光源添加到模型；

(3) 自定义曝光设置；

(4) 渲染图像；

(5) 保存或导出渲染的图像。

将材质应用于模型之前,为了保证工作效率,需要创建出一些与材质分类相关的选择集或搜索集，而且还要保证这些模型图形能被正确选中，例如喷淋管、排水管、风管等集合。

材质设置不只是在 Navisworks 环境中设置材质，某些设计环境本身设定的材质也可以传递到 Navisworks 环境中来，如 AutoCAD、3ds Max 以及 Revit 等软件。一些材质设置工作可以在设计过程中完成，这样会提高后面的工作效率，如在 Revit 环境当中设置的材质，因为它们引用的材质库和 Navisworks 是同一个，所以从 Revit 导出 Navisworks 后，会在 Navisworks 的自定义材质库里发现提取出来的 Revit 材质列表。这样做的好处是从这些已经提取出来的材质列表里，可以快速创建这些材质所对应的构件的选择集。

任务实施

10.5.1 材质设置

下面以渲染卫生间为例进行介绍。

(1) 在 Navisworks 中打开项目模型文件，找到模型中需要渲染的区域，如图 10－48 所示(卫生间隔墙已隐藏)。

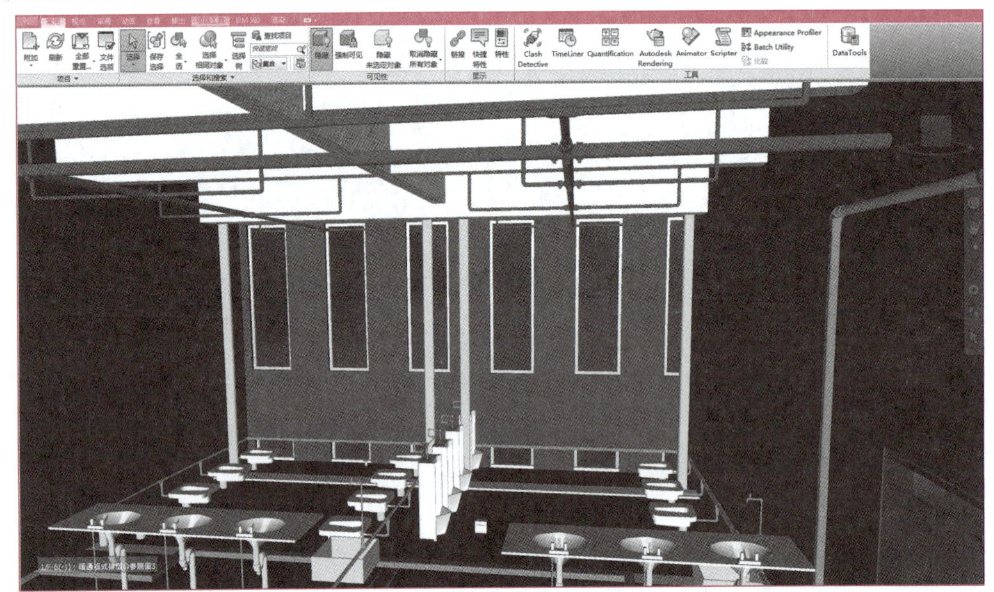

图 10－48

(2) 进入“渲染”选项卡，选择“Autodesk Rendering”选项，弹出“Autodesk Rendering”窗口。在“Autodesk 库”中，选择“油漆”选项，在右侧材质列表中选择“白色”选项，单击向上箭头按钮，将材质添加到文档材质中，如图 10－49 所示。

(3) 用鼠标双击刚才添加到文档材质中的“白色”选项，弹出“材质编辑器”窗口，将颜色改为红色，并重命名为“红色油漆”，如图 10－50 所示。

(4) 选中需要添加同一种材质的设备管线，如一段喷淋管道。再进入“常用”选项卡，选择“选择相同对象”→“选择相同的材质”选项，即可选中所有相同材质的设备管线。单击 Autodesk Rendering 窗口“材质”选项卡中的“红色油漆”选项，管线表面材质便更改为所选择的材质，效果如图 10－51 所示。

(5) 按照以上方法可以根据项目要求与实际情况，为全部构件添加材质。

Autodesk Rendering
材质贴图
创建光源
太阳
曝光
位置
材质
材质贴图
照明
环境
设置
搜索
文档材质
名称
类别
M_灯外环的材质_027 (1)
金属漆
M_灯罩的材质_027 (1)
玻璃
M_铬镍合金镀层_007
默认
Autodesk 库
油漆
石料
塑料
陶瓷
屋顶
现场工作
液体
油漆
织物
砖石
Autodesk ...
白色
白色 - 刨片
防火
粉红色
黑色
黑色 - 刨片
木材 - 漆成白色
将材质添加到文档中。

图 10－49

Autodesk Rendering
材质贴图
创建光源
太阳
曝光
位置
材质
材质贴图
照明
环境
设置
搜索
文档材质
名称
类别
灯管
默认
隔音扣板 - 外露网格 2x2 白色粒状
其他
红色油漆
油漆
Autodesk 库
油漆
墙面装饰面层
墙漆
石料
塑料
陶瓷
屋顶
现场工作
液体
油漆
织物
砖石
白色
白色 - 刨片
防火
粉红色
黑色
黑色 - 刨片
木材...白色
材质编辑器
外观
信息
常规
颜色
RGB 255 0 0
图像
(未选定图像)
图像褪色
100
光泽度
0
高光
非金属
反射率
透明度
剪切
自发光
凹凸
染色

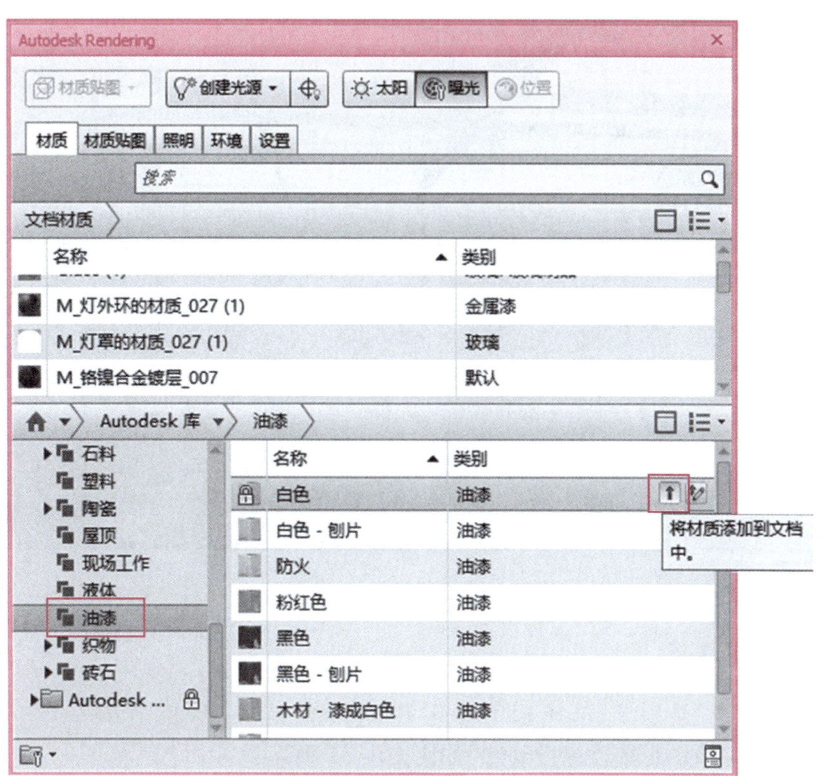

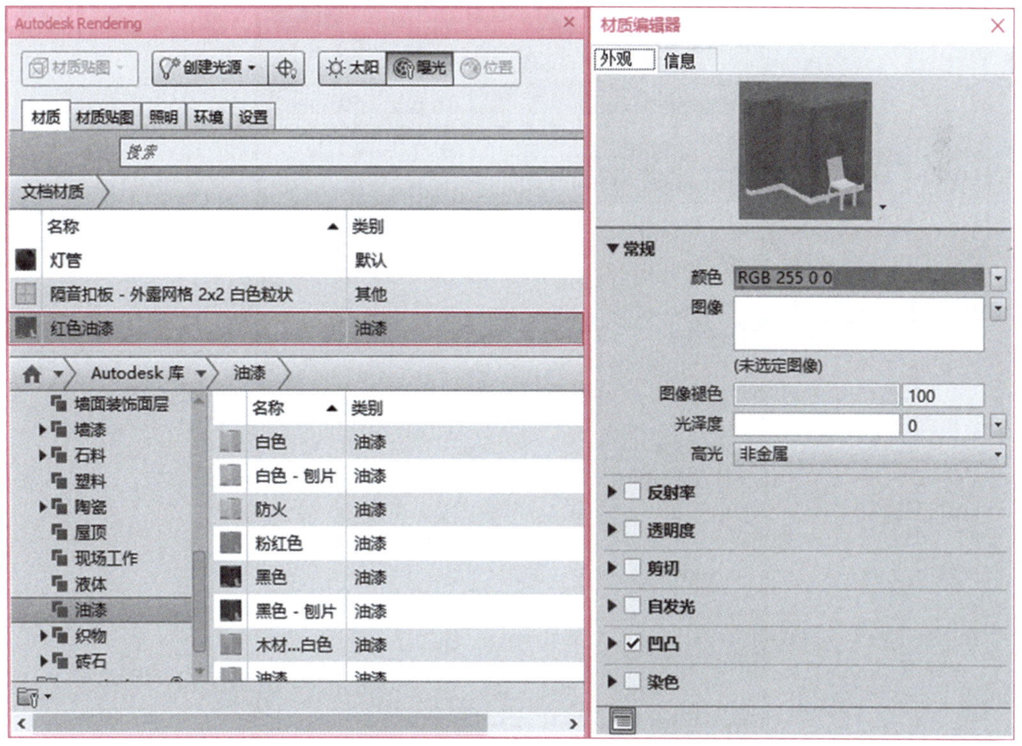

图 10－50

图 10－51

10.5.2 渲染

（1）进入“渲染”选项卡，选择“Autodesk Rendering”选项，弹出“Autodesk Rendering”窗口，可对照明、环境等渲染参数进行设置，如图 10－52 所示。

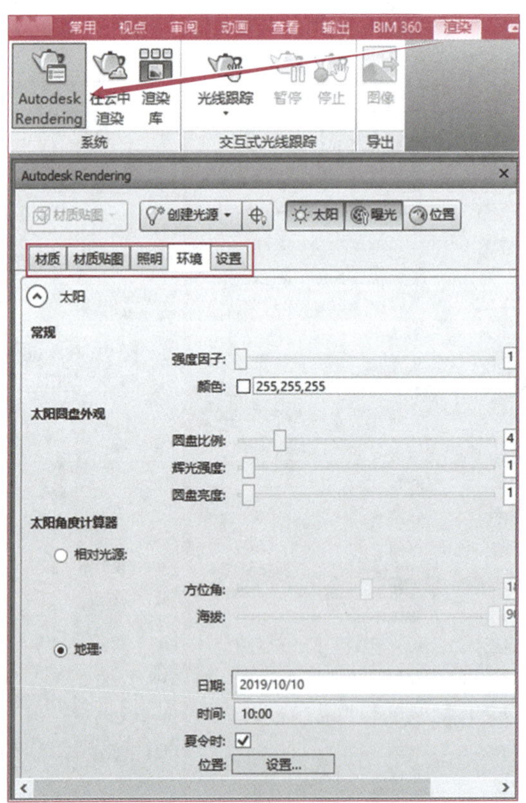

图 10－52

如果不想使用自定义设置，可以在“光线跟踪”下拉列表中对 6 个软件自带渲染样式进行选择，以控制渲染输出的质量和速度，如图 10－53 所示。

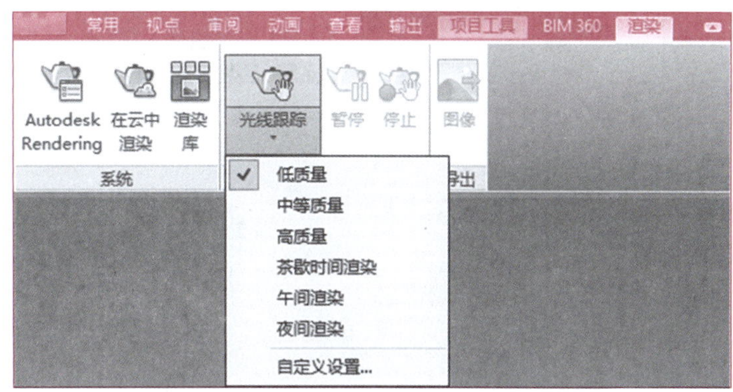

图 10－53

（2）通过单击“渲染”选项卡中的按钮，可在场景视图中直接进行渲染。渲染时，渲染的过程和结果将直接显示在场景视图中。在渲染过程中会看到渲染进度指示器，如图 10－54所示。渲染后的效果如图 10－55 所示。

15.73% | 级别 0，共 5 个级别(78.65%) | 00:02:38

图 10－54

图 10－55

在渲染过程中，可以随时暂停渲染进度和导出渲染成果，可进入“渲染”选项卡，选择“图像”选项，导出生成图片并进行保存，如图 10－56 所示。

常用
视点
审阅
动画
查看
输出
BIM 360
渲染
Autodesk Rendering
在云中渲染
渲染库
光线跟踪
暂停
停止
图像
系统
交互式光线跟踪
导出

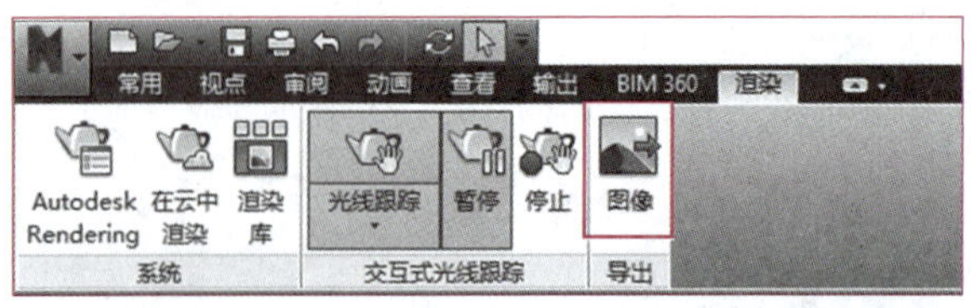

图 10－56

模块四

成果输出

学习情境 11　统计明细表

11.1　学习情境描述

11.1.1　学习目标

1. 掌握 BIM 软件中创建明细表的方法；
2. 掌握 BIM 软件中编辑明细表的方法；
3. 掌握 BIM 软件中导出明细表的方法。

11.1.2　学习任务

序号	学习任务	任务驱动
1	创建明细表	1. 掌握给排水构件明细表创建的方法； 2. 掌握暖通空调构件明细表创建的方法； 3. 掌握电气构件明细表创建的方法
2	编辑明细表	掌握“明细表属性”中各选项的设置操作方法
3	导出明细表	掌握导出明细表所需的选择保存路径、外观及输出选项的操作方法

11.2　任务 1：创建明细表

任务信息

明细表是模型的另一种视图，是显示项目中任意类型图元的列表。明细表以表格形式显示信息，这些信息是从项目中的图元属性中提取的。明细表可以列出要编制明细表的图元类型的每个实例，包括其数量和材质提取等信息，以确定并分析在项目中使用的构件和材质。

明细表作为模型文档,属于一种工作成果。需根据工程的功能、质量等方面的要求,提交到建筑全生命周期的下一环节。

可以在设计过程中的任何时候创建明细表。如果对项目的修改会影响明细表,明细表将自动更新以反映这些修改。

可以将明细表添加到图纸中以及将明细表导出到其他软件程序中,如电子表格程序。“明细表”有以下几种类型。

(1) 明细表/数量:用于创建关键字明细表或建筑构件的明细表。使用关键字明细表,可以定义关键字,以便为明细表自动填充某些信息。

(2) 图形柱明细表:为项目创建图形柱明细表。通过图形柱明细表,可以包括不在轴网上的柱、过滤要查看的特定柱、将相似的柱位置分组,以及将明细表应用到图纸。

(3) 材质提取:用于创建所有 Revit 族类别的子构件和材质的列表。材质提取明细表具有其他明细表视图的所有功能和特征,但通过它可以了解组成构件部件的材质数量。

(4) 图纸列表:用于创建明细表,其中列有项目中的图形。还可以将图纸列表用作施工图文档集的目录。

(5) 注释块:用于创建使用“符号”工具添加的“注释”的明细表。使用注释块可以列出应用于项目中的图元的符号的文字说明。

(6) 视图列表:用于创建项目中的视图的明细表。在视图列表中,可按类型、标高、图纸或其他参数对视图进行排序和分组。如果需要,可在图纸中包含视图列表。

这里以明细表/数量为主进行讲解。

任务实施

11.2.1 给排水构件明细表创建

给排水专业明细表一般包括:“管件明细表”“管道附件明细表”和“管道明细表”三个部分,这里以“管道明细表”为例介绍。

(1) 要打开“新建明细表”对话框,可采用以下两种方式。

进入“视图”选项卡,选择“明细表”→“明细表/数量”选项,如图 11-1 所示。

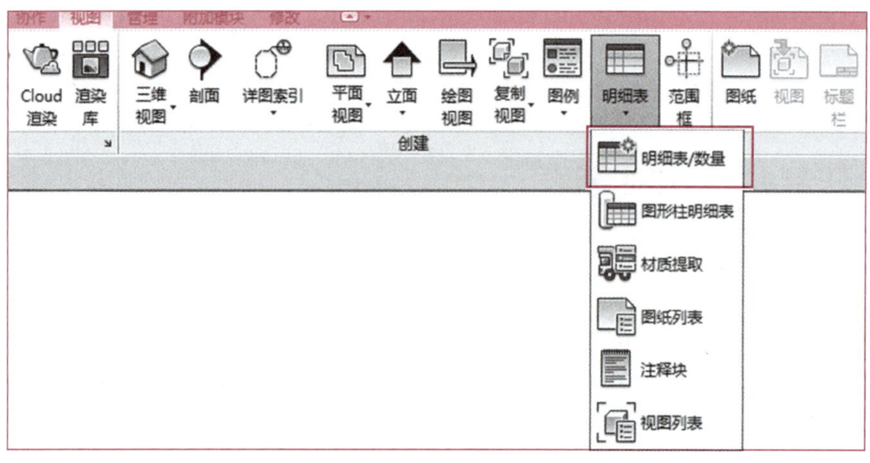

图 11-1

或者进入“分析”选项卡，选择“明细表/数量”选项，如图 11－2 所示。

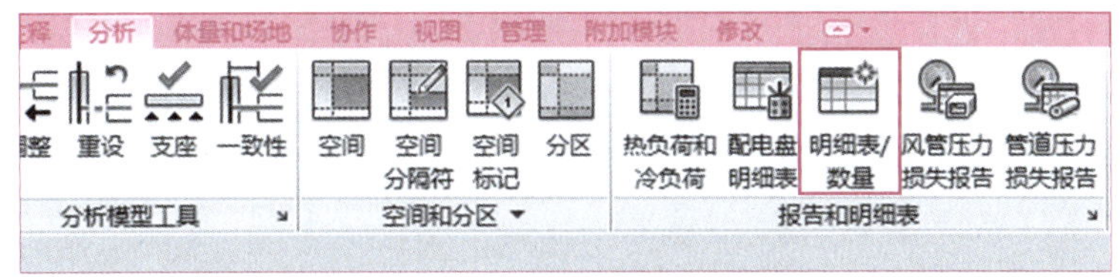

图 11－2

（2）创建明细表，进入“新建明细表”对话框，选择所需的类别。在这里需要统计的是管道明细表，此处的“类别”选择“管道”，如图 11－3 所示，“名称”中可以默认为“管道明细表”，用户可以根据需求进行修改。

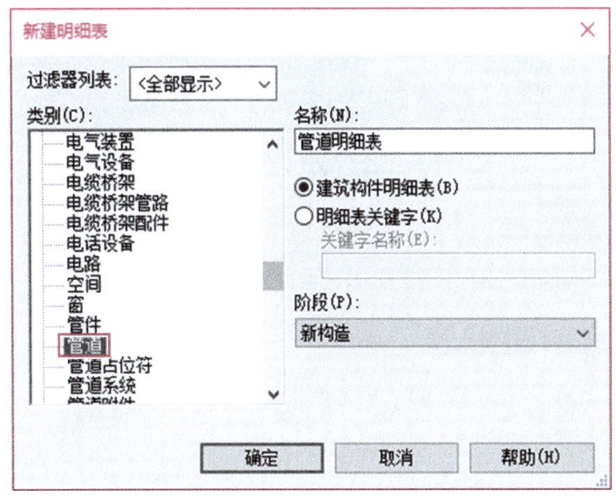

图 11－3

11.2.2　暖通空调构件明细表创建

暖通空调构件明细表创建步骤与给排水相同，在“新建明细表”对话框中选择相应构件即可，如风管或风管管件等，如图 11－4 所示。

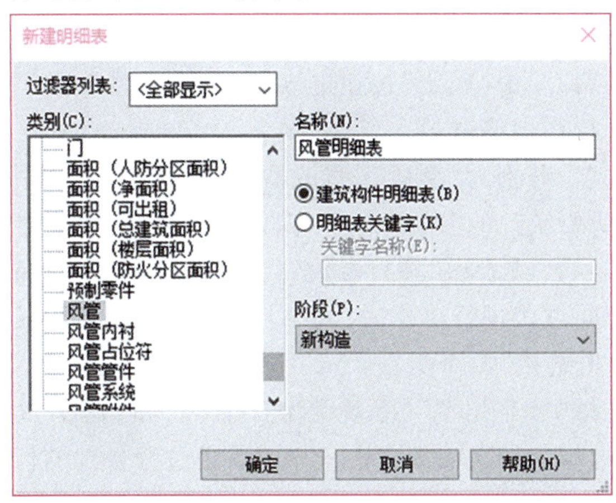

图 11－4

11.2.3 电气构件明细表创建

电气构件明细表创建步骤与给排水相同，在“新建明细表”对话框中选择相应构件即可，如电缆桥架或者电缆桥架配件等，如图 11－5 所示。

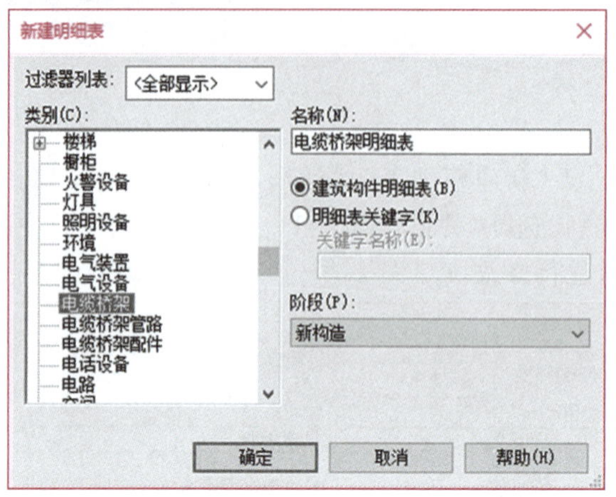

图 11－5

11.3 任务2：编辑明细表

任务信息

指定所需的明细表类型后，需要指定明细表上要包含的信息及信息的显示方式，即编辑明细表。给排水、暖通空调、电气专业的明细表编辑操作内容均相同，可根据需要选择字段。

在“明细表属性”对话框中设置明细表属性，在明细表创建过程中，此对话框会自动显示。随后若要访问该对话框，可在“项目浏览器”下拉列表窗口中单击明细表名称，然后在“属性”选项板上，单击“其他”类别中任何参数所对应的“编辑”。

任务实施

指定明细表的类别后，单击“确定”按钮进入“明细表属性”对话框，在“明细表属性”对话框中可以对明细表进行详细编辑。

顶部分别有五个选项，分别为“字段”“过滤器”“排序/成组”“格式”与“外观”。

(1) 字段：明细表所要统计的参数。这个字段可以是该软件自带的参数，用户也可以通过为某类族添加“共享参数”或添加“项目参数”，增加该类别在明细表中统计的字段。

在以链接模型的协同方式进行工作时，如果用户勾选“包含链接中的图元”复选框，就增加“项目信息”和“RVT 链接”两个类别。

在这里字段分别选择“族与类型”“系统类型”“直径”和“长度”，如图 11－6 所示。

(2) 过滤器：根据过滤条件在明细表中只显示满足过滤条件的信息，添加过滤约束。

(3) 排列/成组：根据已添加的字段设置明细表排序。

勾选“页眉”“页脚”复选框，可以为根据字段排序后的明细表添加页眉、页脚。

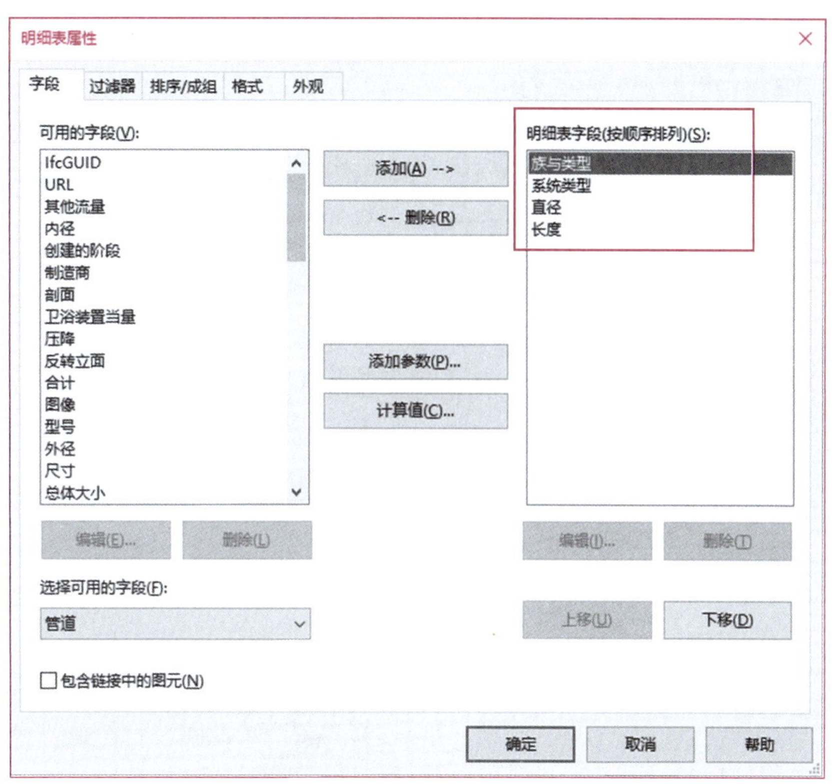

图 11－6

勾选“总计”复选框，可显示图元的总数。

勾选“逐项列举每个实例”复选框，可显示某类图元的每个实例，取消勾选该复选框可将实例属性相同的图元层叠在某一行。

排序方式先按照“族与类型”进行升序排列，然后按照“系统类型”进行升序排列，最后按照“直径”进行升序排列，“总计”处勾选并选择“标题、合计和总数”，“逐项列举每个实例”在这里不选择，因为此案例不需要明细表按每个实例排列，如图 11－7 所示。

设置好的管道明细表效果（部分）如图 11－8 所示。

（4）格式：编辑已选用“字段”的格式。

在“格式”选项卡中可以对选用的“字段”的标题和对齐方式进行编辑，还可以使用“条件格式”功能定义某一字段特定条件下的显示，帮助用户在明细表中快速定位符合条件的图元。

假如当前需要在管径中筛选出 100mm 直径的管进行着重显示，可以通过单击“条件格式”按钮，进入“条件格式”对话框，“字段”选择“直径”，“测试”选择“等于”，“值”选择“100 mm”，背景颜色选择红色，单击“确定”按钮，并勾选“格式”选项卡中“在图纸上显示条件格式”复选框，如图 11－9 所示。设置完成后，明细表中直径等于 100mm 的管段都会着重显示，效果如图 11－10 所示。

其中要使得“长度”列项显示长度，需要在“格式”选项卡中选择“长度”字段，并勾选“计算总数”复选框，如图 11－11 所示。效果如图 11－12 所示。

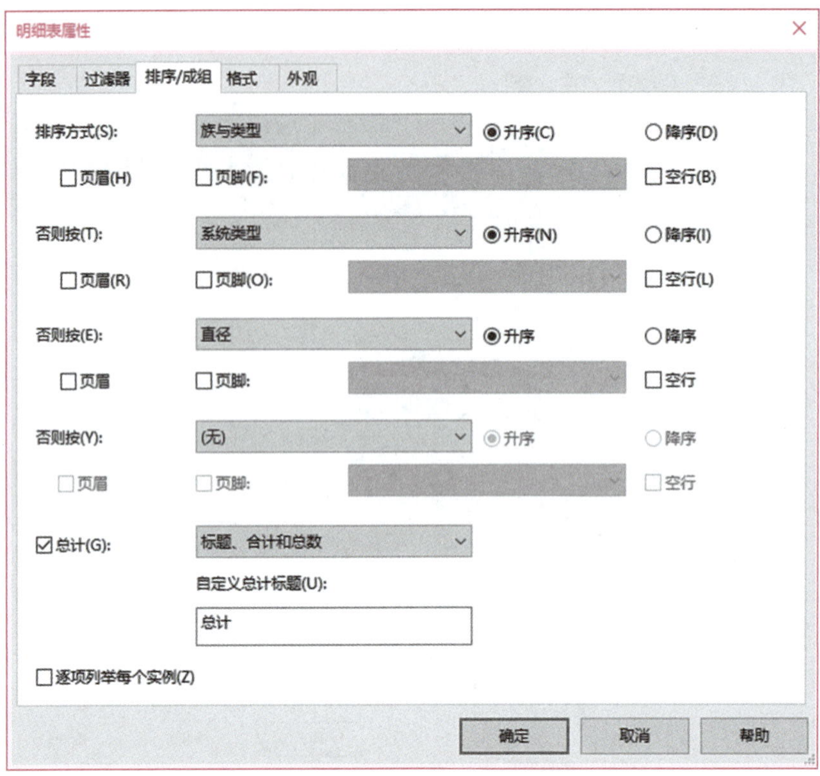

图 11－7

<管道明细表>			
A	B	C	D
族与类型	系统类型	直径	长度
管道类型: J_给水_PPR-热熔	J_给水系统	15.0 mm	
管道类型: J_给水_PPR-热熔	J_给水系统	20.0 mm	
管道类型: J_给水_PPR-热熔	J_给水系统	25.0 mm	
管道类型: J_给水_PPR-热熔	J_给水系统	32.0 mm	
管道类型: J_给水_PPR-热熔	J_给水系统	40.0 mm	
管道类型: J_给水_PPR-热熔	J_给水系统	50.0 mm	
管道类型: J_给水_PPR-热熔	J_给水系统	65.0 mm	
管道类型: J_给水_铝合金衬塑复合管	J_给水系统	20.0 mm	
管道类型: J_给水_铝合金衬塑复合管	J_给水系统	25.0 mm	
管道类型: J_给水_铝合金衬塑复合管	J_给水系统	32.0 mm	
管道类型: J_给水_铝合金衬塑复合管	J_给水系统	40.0 mm	
管道类型: J_给水_铝合金衬塑复合管	J_给水系统	50.0 mm	
管道类型: J_给水_铝合金衬塑复合管	J_给水系统	63.0 mm	
管道类型: J_给水_铝合金衬塑复合管	J_给水系统	90.0 mm	
管道类型: J_给水_铝合金衬塑复合管	J_给水系统	110.0 mm	
管道类型: P_排水_UPVC-承插粘接	F_废水系统	50.0 mm	
管道类型: P_排水_UPVC-承插粘接	F_废水系统	65.0 mm	
管道类型: P_排水_UPVC-承插粘接	F_废水系统	80.0 mm	
管道类型: P_排水_UPVC-承插粘接	F_废水系统	100.0 mm	
管道类型: P_排水_UPVC-承插粘接	F_废水系统	110.0 mm	
管道类型: P_排水_UPVC-承插粘接	F_废水系统	160.0 mm	
管道类型: P_排水_UPVC-承插粘接	F_废水系统	200.0 mm	
管道类型: P_排水_UPVC-承插粘接	KN空调凝结水	25.0 mm	
管道类型: P_排水_UPVC-承插粘接	KN空调凝结水	32.0 mm	
管道类型: P_排水_UPVC-承插粘接	KN空调凝结水	40.0 mm	
管道类型: P_排水_UPVC-承插粘接	KN空调凝结水	50.0 mm	

图 11－8

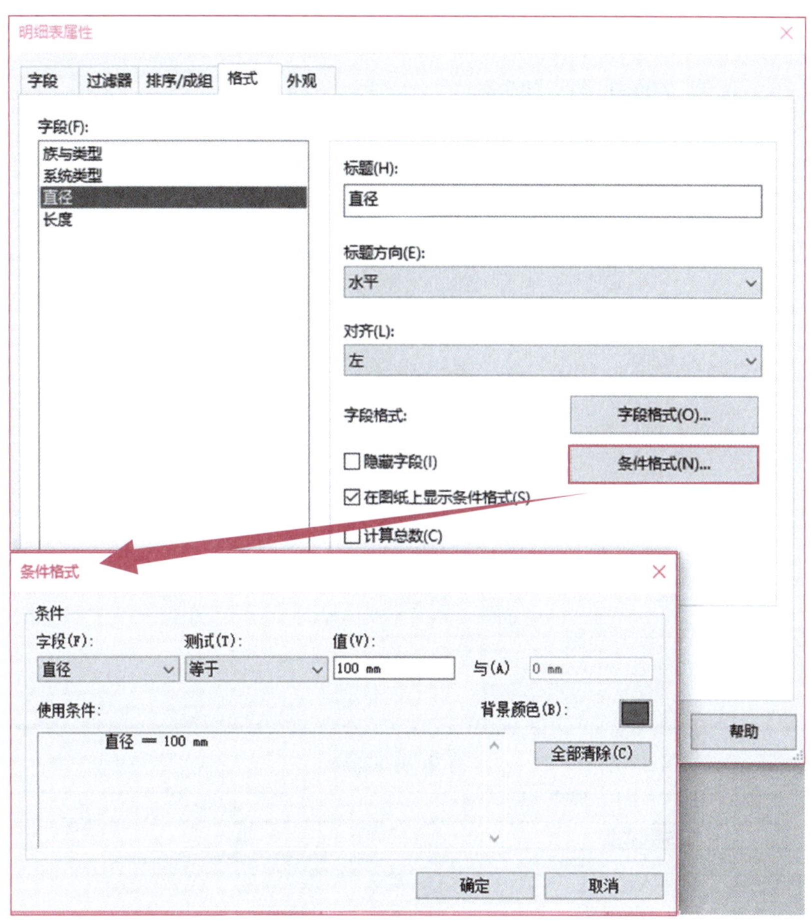

图 11 - 9

管道类型: P_排水_UPVC-承插粘接	F_废水系统	65.0 mm	
管道类型: P_排水_UPVC-承插粘接	F_废水系统	80.0 mm	
管道类型: P_排水_UPVC-承插粘接	F_废水系统	100.0 mm	
管道类型: P_排水_UPVC-承插粘接	F_废水系统	110.0 mm	
管道类型: P_排水_UPVC-承插粘接	F_废水系统	160.0 mm	
管道类型: P_排水_UPVC-承插粘接	F_废水系统	200.0 mm	
管道类型: P_排水_UPVC-承插粘接	KN空调凝结水	25.0 mm	
管道类型: P_排水_UPVC-承插粘接	KN空调凝结水	32.0 mm	
管道类型: P_排水_UPVC-承插粘接	KN空调凝结水	40.0 mm	
管道类型: P_排水_UPVC-承插粘接	KN空调凝结水	50.0 mm	
管道类型: P_排水_UPVC-承插粘接	W_污水系统	50.0 mm	
管道类型: P_排水_UPVC-承插粘接	W_污水系统	75.0 mm	
管道类型: P_排水_UPVC-承插粘接	W_污水系统	100.0 mm	
管道类型: P_排水_UPVC-承插粘接	W_污水系统	110.0 mm	
管道类型: P_排水_UPVC-承插粘接	W_污水系统	160.0 mm	
管道类型: P_排水_UPVC-承插粘接	Y_雨水系统	50.0 mm	
管道类型: P_排水_UPVC-承插粘接	Y_雨水系统	75.0 mm	
管道类型: P_排水_UPVC-承插粘接	Y_雨水系统	110.0 mm	
管道类型: P_排水_UPVC-承插粘接	Y_雨水系统	160.0 mm	
管道类型: P_排水_UPVC-承插粘接	卫生设备	32.0 mm	
管道类型: X_消防_内外热镀锌无缝钢	LDG空调冷冻	200.0 mm	16000
管道类型: X_消防_内外热镀锌无缝钢	LDH空调冷冻	200.0 mm	16000
管道类型: X_消防_内外热镀锌无缝钢	XH_消火栓系	65.0 mm	2528
管道类型: X_消防_内外热镀锌钢管	XH_消火栓系	65.0 mm	
管道类型: X_消防_内外热镀锌钢管	XH_消火栓系	100.0 mm	
管道类型: X_消防_内外热镀锌钢管	XH_消火栓系	150.0 mm	
管道类型: X_消防_内外热镀锌钢管	ZP_自动喷淋	25.0 mm	

图 11 - 10

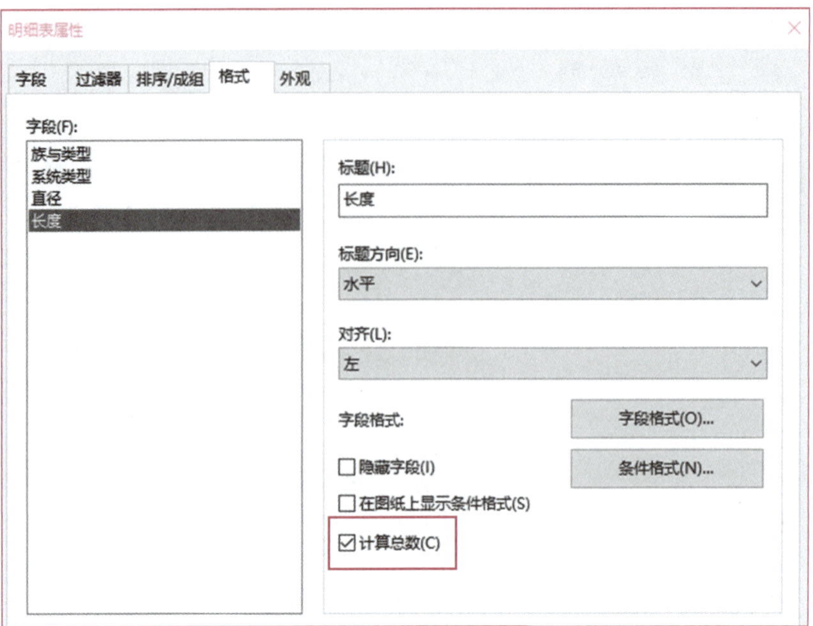

图 11－11

<管道明细表>

A	B	C	D
族与类型	系统类型	直径	长度
管道类型: J_给水_PPR-热熔	J_给水系统	15.0 mm	29968
管道类型: J_给水_PPR-热熔	J_给水系统	20.0 mm	22214
管道类型: J_给水_PPR-热熔	J_给水系统	25.0 mm	18190
管道类型: J_给水_PPR-热熔	J_给水系统	32.0 mm	22803
管道类型: J_给水_PPR-热熔	J_给水系统	40.0 mm	14797
管道类型: J_给水_PPR-热熔	J_给水系统	50.0 mm	11951
管道类型: J_给水_PPR-热熔	J_给水系统	65.0 mm	12156
管道类型: J_给水_铝合金衬塑复合管	J_给水系统	20.0 mm	13558
管道类型: J_给水_铝合金衬塑复合管	J_给水系统	25.0 mm	119528
管道类型: J_给水_铝合金衬塑复合管	J_给水系统	32.0 mm	67396
管道类型: J_给水_铝合金衬塑复合管	J_给水系统	40.0 mm	71364
管道类型: J_给水_铝合金衬塑复合管	J_给水系统	50.0 mm	60725
管道类型: J_给水_铝合金衬塑复合管	J_给水系统	63.0 mm	32132
管道类型: J_给水_铝合金衬塑复合管	J_给水系统	90.0 mm	63745
管道类型: J_给水_铝合金衬塑复合管	J_给水系统	110.0 mm	10895
管道类型: P_排水_UPVC-承插粘接	F_废水系统	50.0 mm	22626
管道类型: P_排水_UPVC-承插粘接	F_废水系统	65.0 mm	14259
管道类型: P_排水_UPVC-承插粘接	F_废水系统	80.0 mm	52381
管道类型: P_排水_UPVC-承插粘接	F_废水系统	100.0 mm	1375
管道类型: P_排水_UPVC-承插粘接	F_废水系统	110.0 mm	123710
管道类型: P_排水_UPVC-承插粘接	F_废水系统	160.0 mm	265979
管道类型: P_排水_UPVC-承插粘接	F_废水系统	200.0 mm	30791
管道类型: P_排水_UPVC-承插粘接	KN空调凝结水	25.0 mm	170617
管道类型: P_排水_UPVC-承插粘接	KN空调凝结水	32.0 mm	270737
管道类型: P_排水_UPVC-承插粘接	KN空调凝结水	40.0 mm	87131
管道类型: P_排水_UPVC-承插粘接	KN空调凝结水	50.0 mm	119236

图 11－12

（5）外观：设置明细表显示，如方向和对齐、网格线、轮廓线和字体样式等。明细表的外观部分设置的变化要在图纸视图中才能看到。下面以“管道明细表”为例介绍明细表外观的设置。

勾选“网格线”复选框可以为表格添加网格，同时还有“细线”“宽线”“中粗线”等选择，明细表显示效果对比如图 11－13、图 11－14 所示。

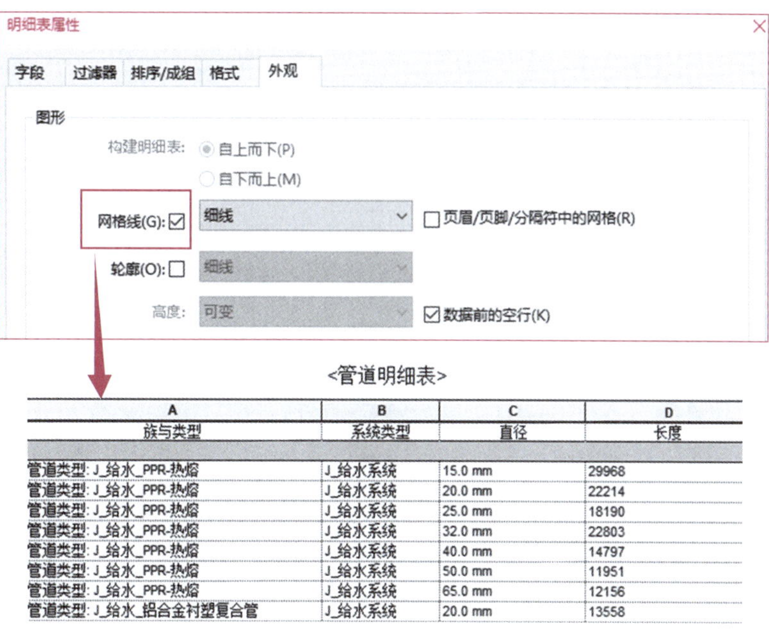

A	B	C	D
族与类型	系统类型	直径	长度
管道类型：J_给水_PPR-热熔	J_给水系统	15.0 mm	29968
管道类型：J_给水_PPR-热熔	J_给水系统	20.0 mm	22214
管道类型：J_给水_PPR-热熔	J_给水系统	25.0 mm	18190
管道类型：J_给水_PPR-热熔	J_给水系统	32.0 mm	22803
管道类型：J_给水_PPR-热熔	J_给水系统	40.0 mm	14797
管道类型：J_给水_PPR-热熔	J_给水系统	50.0 mm	11951
管道类型：J_给水_PPR-热熔	J_给水系统	65.0 mm	12156
管道类型：J_给水_铝合金衬塑复合管	J_给水系统	20.0 mm	13558

图 11－13

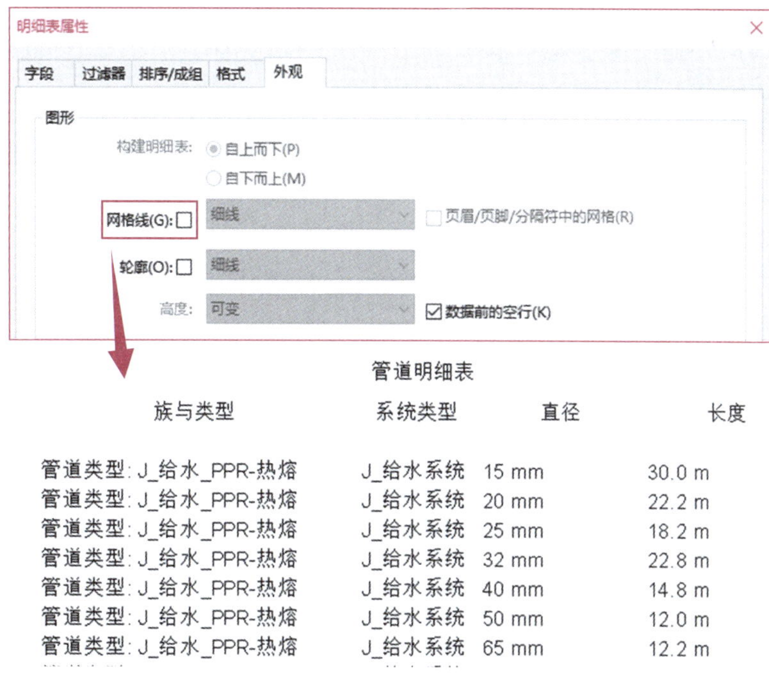

族与类型	系统类型	直径	长度
管道类型：J_给水_PPR-热熔	J_给水系统	15 mm	30.0 m
管道类型：J_给水_PPR-热熔	J_给水系统	20 mm	22.2 m
管道类型：J_给水_PPR-热熔	J_给水系统	25 mm	18.2 m
管道类型：J_给水_PPR-热熔	J_给水系统	32 mm	22.8 m
管道类型：J_给水_PPR-热熔	J_给水系统	40 mm	14.8 m
管道类型：J_给水_PPR-热熔	J_给水系统	50 mm	12.0 m
管道类型：J_给水_PPR-热熔	J_给水系统	65 mm	12.2 m

图 11－14

勾选“轮廓”复选框可以对表格最外圈轮廓进行编辑，“轮廓”下拉列表中有“细线”“宽线”“中粗线”等选项，明细表显示效果对比如图 11 – 15、图 11 – 16 所示。

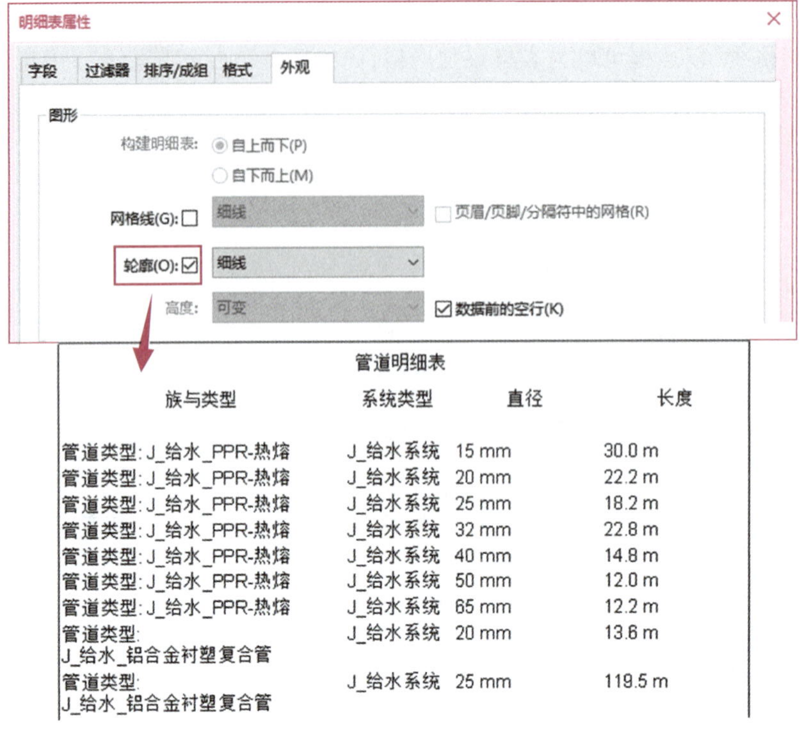

管道明细表

族与类型	系统类型	直径	长度
管道类型: J_给水_PPR-热熔	J_给水系统	15 mm	30.0 m
管道类型: J_给水_PPR-热熔	J_给水系统	20 mm	22.2 m
管道类型: J_给水_PPR-热熔	J_给水系统	25 mm	18.2 m
管道类型: J_给水_PPR-热熔	J_给水系统	32 mm	22.8 m
管道类型: J_给水_PPR-热熔	J_给水系统	40 mm	14.8 m
管道类型: J_给水_PPR-热熔	J_给水系统	50 mm	12.0 m
管道类型: J_给水_PPR-热熔	J_给水系统	65 mm	12.2 m
管道类型: J_给水_铝合金衬塑复合管	J_给水系统	20 mm	13.6 m
管道类型: J_给水_铝合金衬塑复合管	J_给水系统	25 mm	119.5 m

图 11 – 15

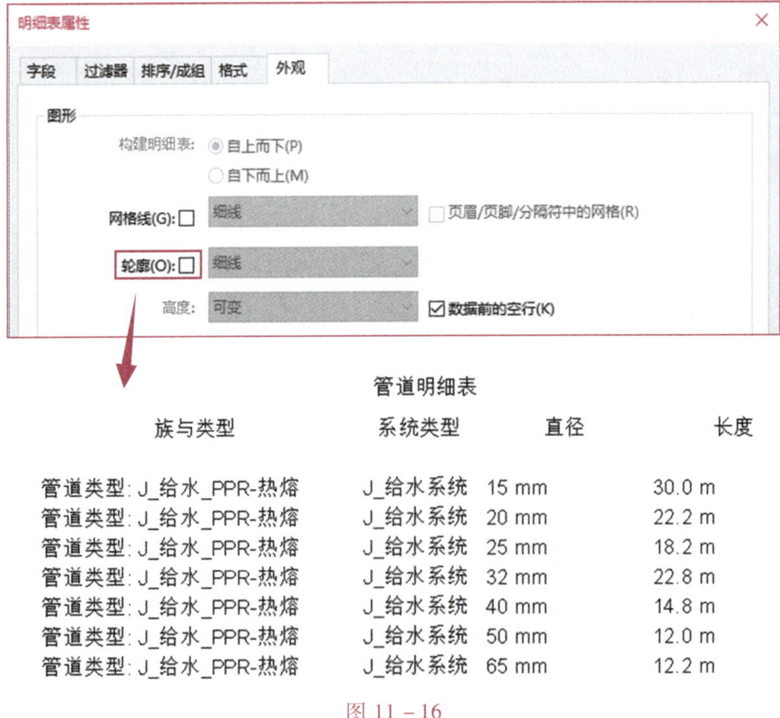

管道明细表

族与类型	系统类型	直径	长度
管道类型: J_给水_PPR-热熔	J_给水系统	15 mm	30.0 m
管道类型: J_给水_PPR-热熔	J_给水系统	20 mm	22.2 m
管道类型: J_给水_PPR-热熔	J_给水系统	25 mm	18.2 m
管道类型: J_给水_PPR-热熔	J_给水系统	32 mm	22.8 m
管道类型: J_给水_PPR-热熔	J_给水系统	40 mm	14.8 m
管道类型: J_给水_PPR-热熔	J_给水系统	50 mm	12.0 m
管道类型: J_给水_PPR-热熔	J_给水系统	65 mm	12.2 m

图 11 – 16

此外还有“管件明细表”和“管路附件明细表”。其中“管件明细表”字段选择：族与类型、尺寸、系统类型、类型、合计。“管路附件明细表”字段选择：族、族与类型、尺寸、系统类型、合计。

在文字区域可以对“标题文本”“标题”“正文”以及“标题”“页眉”是否显示进行编辑。可以通过是否勾选“显示标题”和“显示页眉”复选框实现显示或隐藏标题或页眉，如图 11－17、图 11－18 所示。

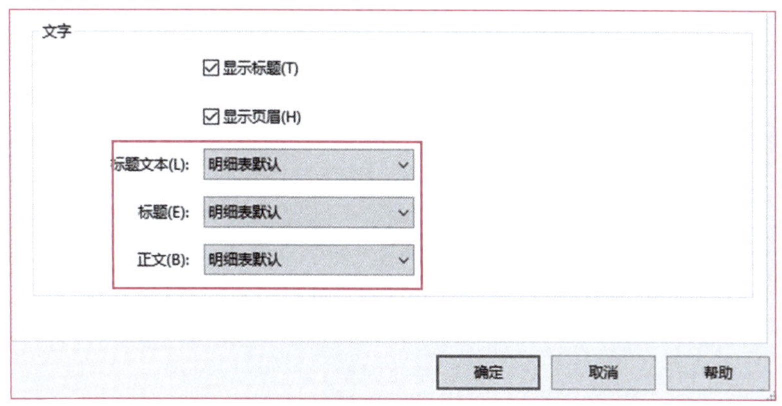

图 11－17

<管道明细表>　标题文本

A	B	C	D
族与类型	系统类型	直径	长度
管道类型: J_给水_PPR-热熔	J_给水系统	15.0 mm	30.0 m
管道类型: J_给水_PPR-热熔	J_给水系统	20.0 mm	22.2 m
管道类型: J_给水_PPR-热熔	J_给水系统	25.0 mm	18.2 m
管道类型: J_给水_PPR-热熔	J_给水系统	32.0 mm	22.8 m
管道类型: J_给水_PPR-热熔	J_给水系统	40.0 mm	14.8 m
管道类型: J_给水_PPR-热熔	J_给水系统	50.0 mm	12.0 m
管道类型: J_给水_PPR-热熔	J_给水系统	65.0 mm	12.2 m
管道类型: J_给水_铝合金衬塑复合管	J_给水系统	20.0 mm	13.6 m
管道类型: J_给水_铝合金衬塑复合管	J_给水系统	25.0 mm	119.5 m
管道类型: J_给水_铝合金衬塑复合管	J_给水系统	32.0 mm	67.4 m
管道类型: J_给水_铝合金衬塑复合管	J_给水系统	40.0 mm	71.4 m
管道类型: J_给水_铝合金衬塑复合管	J_给水系统	50.0 mm	60.7 m
管道类型: J_给水_铝合金衬塑复合管	J_给水系统	63.0 mm	32.1 m
管道类型: J_给水_铝合金衬塑复合管	J_给水系统	90.0 mm	63.7 m
管道类型: J_给水_铝合金衬塑复合管	J_给水系统	110.0 mm	10.9 m
管道类型: P_排水_UPVC-承插粘接	F_废水系统	50.0 mm	22.6 m

标题栏　正文

图 11－18

11.4　任务 3：导出明细表

任务信息

Revit 可以将明细表数据转换成电子文本文件，也可以将明细表添加到“项目浏览器”下拉列表窗口的“图纸”中，将其导出为 CAD 格式。

任务实施

在明细表视图选择 →“导出”→“报告”→“明细表”→需要导出明细表的保存路径。选择保存后弹出“导出明细表”对话框，如图 11－19 所示，用户根据需求选择导出明细表的外观及输出选项，选择完成后单击“确定”按钮。

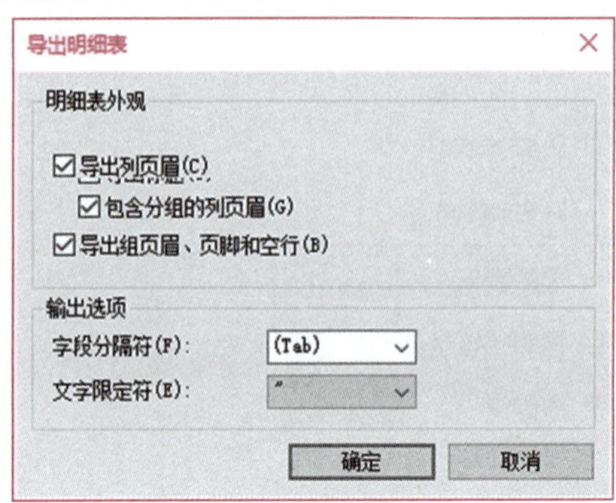

图 11－19

学习情境 12 施工图出图

12.1 学习情境描述

12.1.1 学习目标

1. 掌握 BIM 软件中图纸布图的方法；
2. 掌握 BIM 软件中打印与图纸导出的方法。

12.1.2 学习任务

序号	学习任务	任务驱动
1	图纸布图	1. 掌握建筑设备各专业施工图出图原则及出图标准； 2. 掌握创建图纸并向图纸中添加视图的方法
2	打印与图纸导出	1. 掌握将建筑设备模型导出 CAD 图形文件的操作； 2. 掌握将建筑设备模型打印 PDF 图纸文件的操作

12.2 任务 1：图纸布图

任务信息

出图前需自检 BIM 模型及视图的错漏碰缺，即错误、遗漏、碰撞、缺陷。

错误是指图纸或模型搭建的错误。

遗漏是指图纸未交代内容的或模型搭建时遗漏的构件。

碰撞是指不同专业间及本专业上的冲突，此类问题管综过后均要解决。

缺陷是指图纸的不完整。

出图时需保证无错漏碰缺等问题。

1. 出图原则

(1) 管线平面定位尺寸宜标注为与结构墙和柱子之间的距离。

（2）平面标注时各类管线标高需按照风管和桥架底、压力水管中心标高、重力水管管内底标高标注，标注时可以用 BL＋××××和 CL＋××××来区分。

（3）所有标注尺寸中不允许出现个位数结尾的标高或定位尺寸，均需修改为个位数为零的数值，优先将十位数定为 0 或 5，如管综时放置不下，才考虑其他数值。如 CL＋2522 应改为 CL＋2500（优先）或 CL＋2520。

（4）管综平面图中的管线宜采用带颜色填充的样式，在复杂位置应有剖面图和三维轴测图同时展示。

（5）每张图纸中应包含注释和图例说明，同一项目出图时注释和图例位置应尽量保持一致，出图时尽量在 BIM 软件中操作，避免在 CAD 中操作，节约由于修改造成重新出图调整的时间。

2. 出图标准

审查要点如下。

（1）建筑给排水系统

① 是否完整表达主要给排水设备设施的平面布置和定位尺寸。如成品水箱、水泵、水处理设备等。

② 主要给排水设备的性能参数是否明确，如水泵流量、扬程、功率。

③ 各系统干管及主要支管是否完整。

④ 是否包含干管及支管的标高、规格尺寸信息、系统分类。

⑤ 是否表达给排水主干管的附件。

⑥ 是否表达卫浴装置及其附属支管的布置及定位（适用于精装修项目）。

⑦ 是否表达需预留预埋的孔洞及套管（适用于装配式建筑）。

⑧ 是否设置主要楼层给排水平面视图，并与二维设计图纸名称对应一致。

（2）建筑暖通空调系统

① 是否完整表达主要暖通空调设备设施的平面布置和定位尺寸。如制冷机房、空调机房、热交换站中的设备和防排烟风机、冷却塔等。

② 主要暖通空调设备的性能参数是否明确，如能效等级、风机类型、风压、效率。

③ 通风及空调风路系统、防排烟系统的干管及支管、供暖系统、空调水系统的干管及主要支管是否完整，布置是否与二维设计图纸一致。

④ 是否包含干管及支管的标高、规格尺寸信息、系统分类。

⑤ 是否表达消防防排烟系统的管道附件。

⑥ 是否表达风口布置（适用于精装修项目）。

⑦ 是否表达需预留预埋的孔洞及套管（适用于装配式建筑）。

⑧ 是否设置主要楼层暖通空调平面视图，并与二维设计图纸名称对应一致。

（3）建筑电气系统

① 是否完整表达主要电气设备的平面布置和定位尺寸。如高低压开关柜、变压器、发电机等。

② 高低压开关柜、变压器、发电机的设备型号、编号、容量等基本信息是否明确。

③ 各系统干线及主要支线电缆桥架、梯架、线槽、母线是否完整，布置是否同二维设计图纸一致。

④ 是否包含桥架、梯架、线槽、母线的标高、规格尺寸信息、系统分类。

⑤ 是否表达主要电气装置、照明设备、消防装置及智能化装置的模型(适用于精装修项目)。

⑥ 是否表达需预留预埋的孔洞及套管(适用于装配式建筑)。

⑦ 是否设置电气设备用房平面视图及主要楼层电气平面视图,并与二维设计图纸名称对应一致。

任务实施

12.2.1　新建图纸

在项目中新建图纸的方法有以下两种。

(1) 进入"视图"选项卡,选择"图纸"选项,弹出"新建图纸"对话框,如图 12－1 所示。单击"载入"按钮,根据项目需要选择图框类型,如图 12－2 所示。

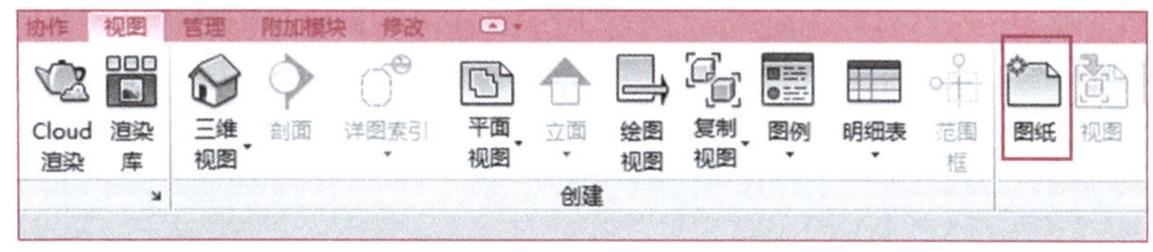

图 12－1

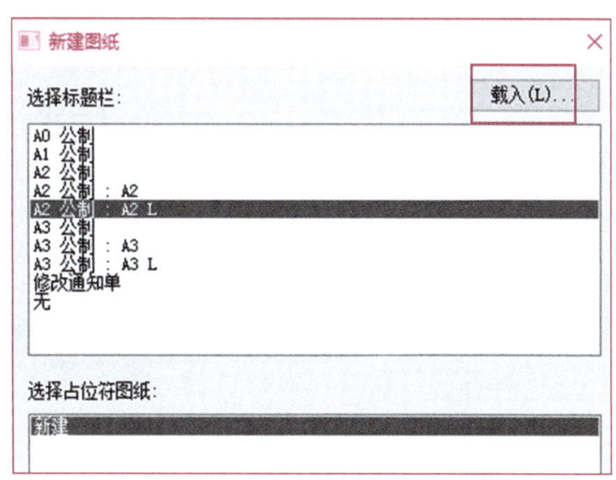

图 12－2

(2) 在"项目浏览器"下拉列表窗口中使用鼠标右键单击"图纸"选项,在弹出的快捷菜单中选择"新建图纸"选项,根据项目需要选择图框类型,如图 12－3 所示。

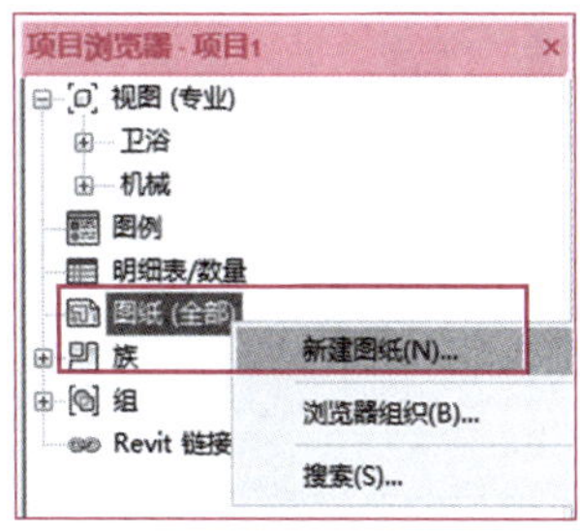

图 12－3

12.2.2 添加图纸视图

1. 添加方法

打开新建的图纸,使用以下方法可将视图添加到图纸上。

在"项目浏览器"下拉列表窗口中,直接以拖拽的方法将视图拖拽到图纸中,如图 12-4 所示。

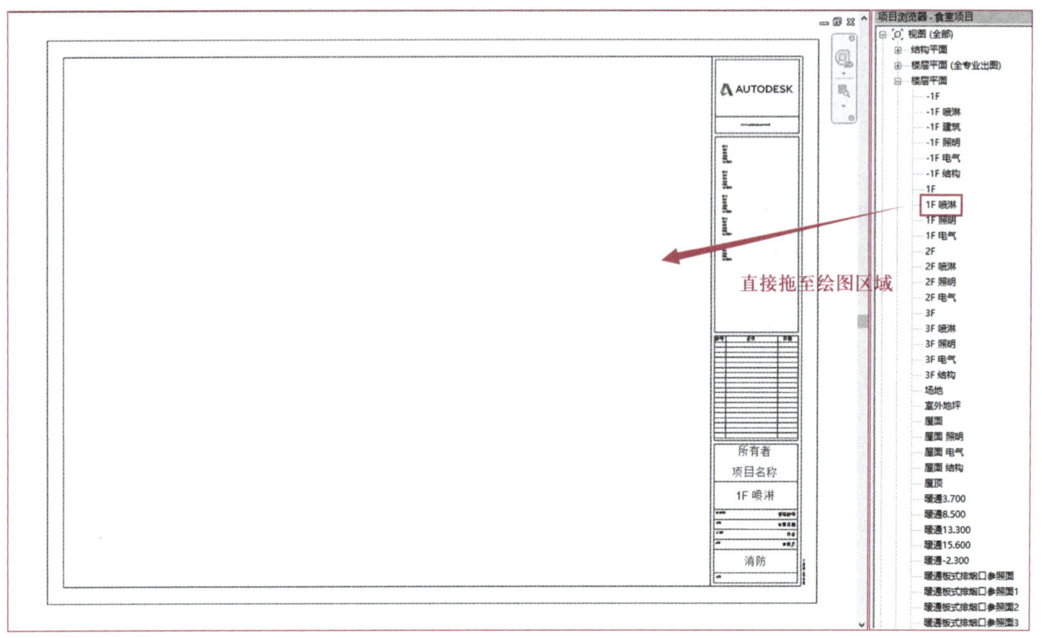

图 12-4

或者在图纸视图中,进入"视图"选项卡,选择"视图"选项,弹出"视图"对话框,选择所要添加的视图,如"楼层平面:1F 喷淋",单击"在图纸中添加视图"按钮,如图 12-5 所示。

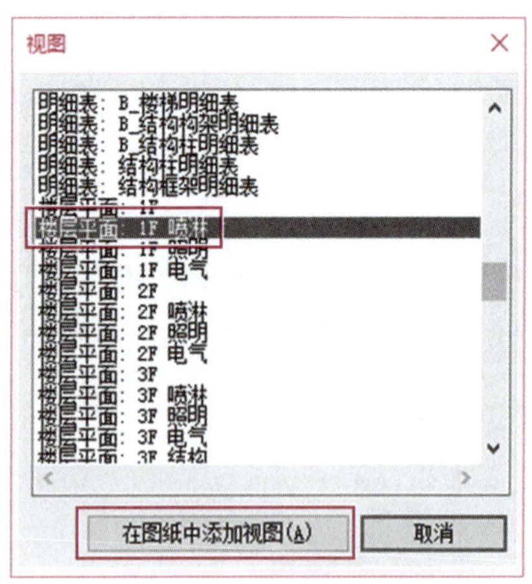

图 12-5

2. 视口与视图标题

视图放置在图纸上，称为视口。视口与窗口相似，通过视口可以看到相应的视图。每添加一个视图，将自动为该视图添加一个视图标题，视图标题显示视图名称、缩放比例以及编号信息，如图 12－6 所示。

单击视口，使用“修改|视口”选项卡中“激活视图”命令可以直接进入视图窗口编辑该视图，如尺寸标注、添加文字等。

单击视口，将标题栏中蓝色的“圆点”激活，如图 12－6 所示，通过拖动视图标题栏蓝色的“圆点”可以修改标题延伸线长度。

图 12－6

单击标题栏，出现“移动”符号✥，可对标题栏进行拖动移动。

注意：一个视图只能添加到一张图纸上。如果要将同一视图添加到多张图纸上，可以使用视图复制，将复制的视图添加到所需图纸上。

3. 锁定视图

单击视口，使用“锁定”命令可以锁定视图在图纸中的位置。

4. 拆分视图

当项目较大时，可将视图分割为多个部分，布置在多张图纸上。下面以“1F 喷淋”视图为例，介绍拆分视图功能。

（1）复制相关视图：在“项目浏览器”→“楼层平面”视图列表中，使用鼠标右键单击“1F 喷淋”选项，在弹出的快捷菜单中选择“复制视图”下的“复制作为相关”选项，根据要求复制的两个相关视图，分别命名为“1F 喷淋－a”和“1F 喷淋－b”，如图 12－7 所示。

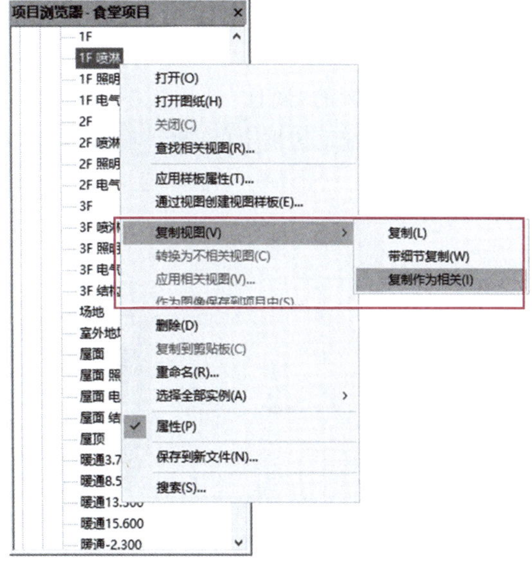

图 12－7

（2）添加拼接线：在楼层平面“1F 喷淋”中，进入“视图”选项卡，选择“拼接线”选项，添加拼接线，确保上下拆分视图的对接，如图 12－8 所示。

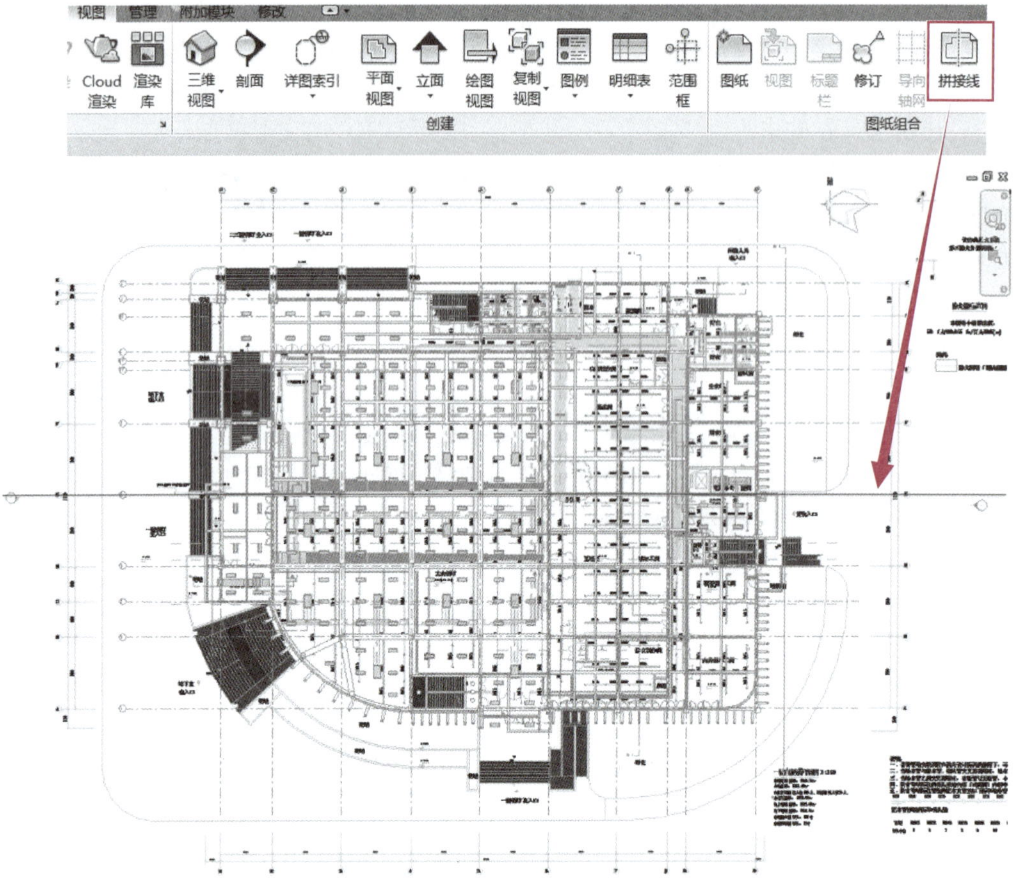

图 12-8

（3）裁剪拆分视图：在两个拆分视图的“属性”选项板中勾选“裁剪视图”及“裁剪区域可见”复选框后，单击视图边框，可以直接拖动边框上的蓝色“圆点”裁剪视图，如图 12-9 所示。

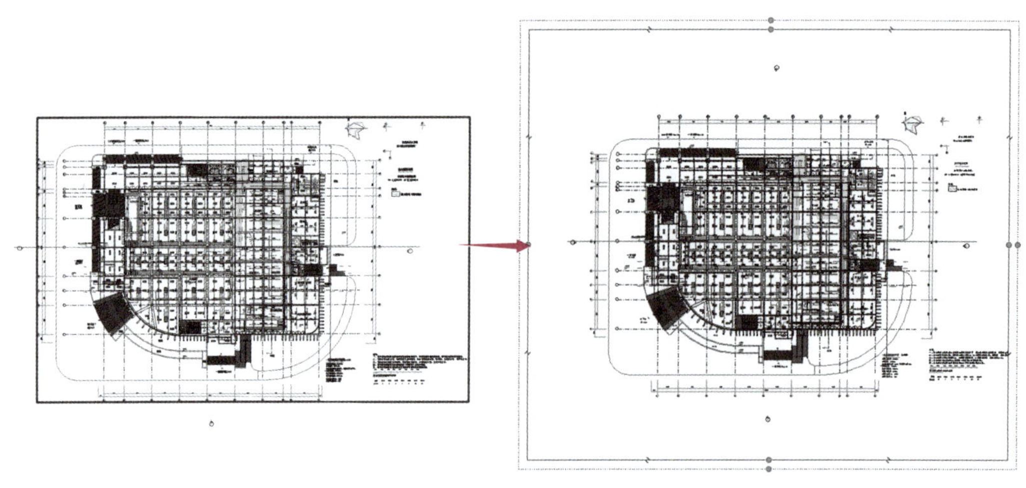

图 12-9

在两个拆分视图中，调整裁剪区域至拼接线，如图 12－10 所示，将拆分后的两张视图分别添加到图纸上，生成相关联的视图。

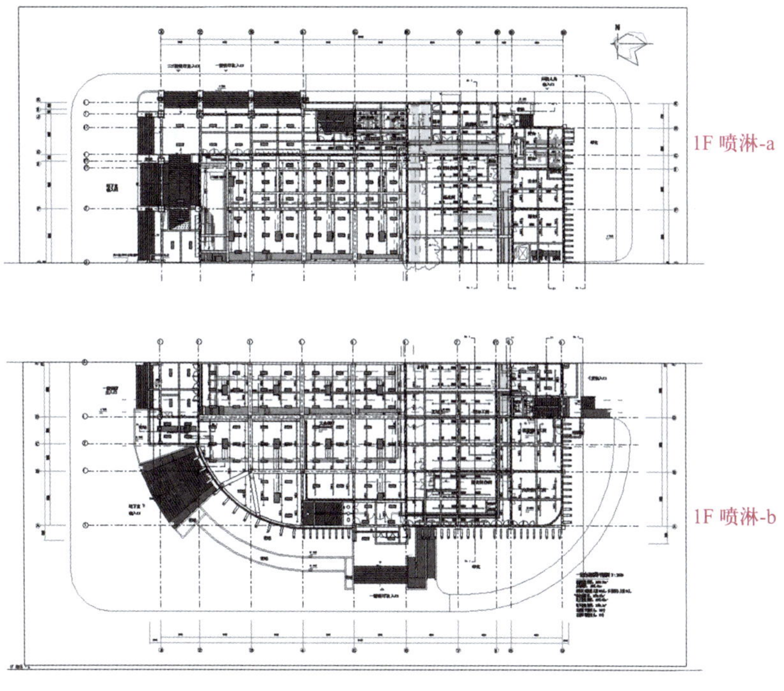

图 12－10

（4）锁定视图：单击视口，进入“修改|视口”选项卡，选择“锁定”选项，可将视图锁定在图纸中的位置。

12.3　任务 2：打印与图纸导出

任务信息

图纸导出能将选定的视图、图纸以及建筑模型中的信息转换为不同格式，以在其他软件中使用。

（1）Revit 支持将模型导出为多种计算机辅助设计（CAD）格式。

① DWG（绘图）格式是 AutoCAD® 和其他 CAD 应用程序所支持的格式。

② DXF（数据传输）是一种开放的矢量数据格式。AutoCAD® 与其他 CAD 应用程序进行 CAD 数据交换的 CAD 数据通用文件格式。

③ DGN 是奔特力（Bentley）工程软件系统有限公司的 MicroStation 和 Intergraph 公司的 Interactive Graphics Design System（IGDS）CAD 程序所支持的文件格式。

④ SAT 是 ACIS 的存储格式，它是一种受众多 CAD 应用程序支持的实体模型格式。

（2）为与其他团队成员共享施工图文档，用于打印和在线查看，可将文档保存为 PDF 格式。

任务实施

12.3.1 导出 CAD 图形文件

(1) 选择左上角→“导出”→“CAD 格式”→“DWG”选项,如图 12－11 所示。

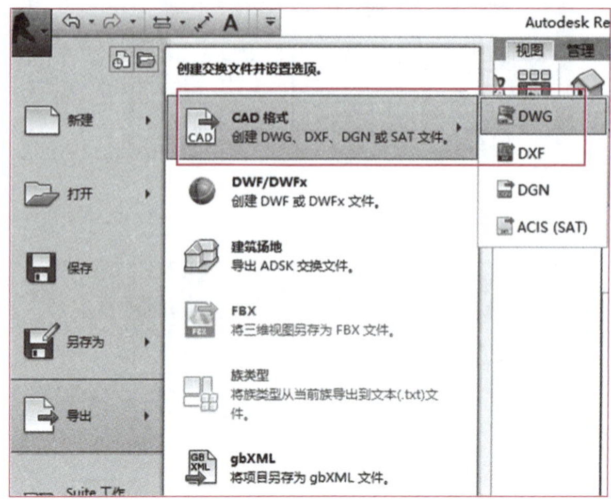

图 12－11

(2) 进入“DWG 导出”对话框,单击“新建”按钮,弹出“新建集”对话框,输入名称后单击“确定”按钮,返回“DWG 导出”对话框,如图 12－12 所示。在“按列表显示(S)”下拉列表中选择“模型中的图纸”选项,勾选需要导出 DWG 文件的视图,如图 12－13 所示。

(3) 单击“下一步”按钮,选择保存目标文件路径,单击“确定”按钮,保存导出文件。

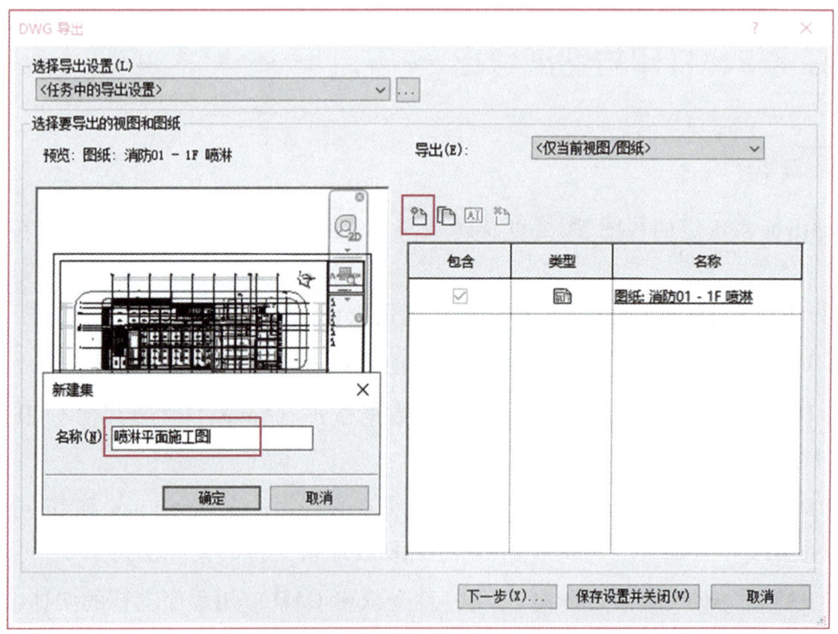

图 12－12

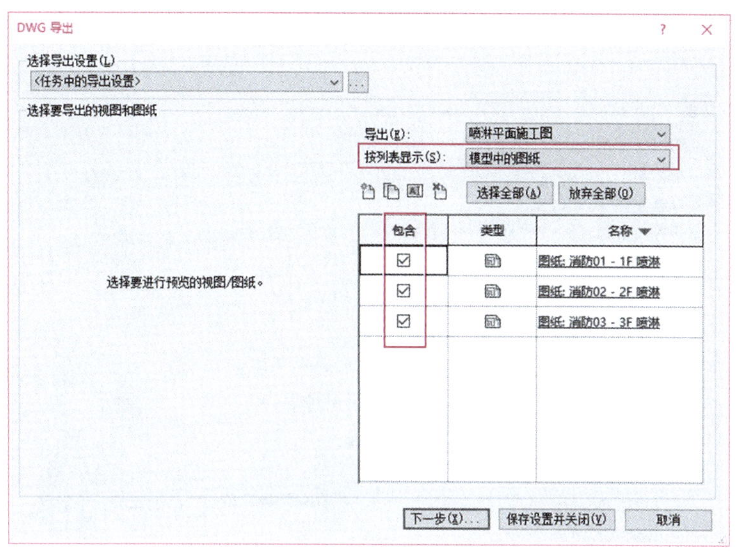

图 12－13

12.3.2　打印 PDF 图纸文件

（1）选择左上角→“打印”→“打印”选项，如图 12－14 所示。

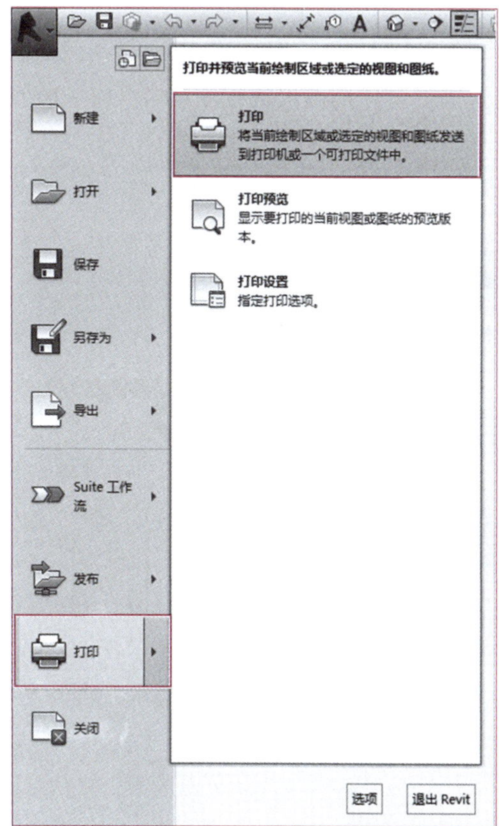

图 12－14

(2) 打开"打印"对话框,在打印机名称下拉列表中选择与"PDF"有关的打印方式,如图 12－15 所示。

图 12－15

(3) 在"打印范围"中选中"所选视图/图纸"单选按钮,单击"选择"按钮,在弹出的"视图/图纸集"对话框中勾选需要打印的图纸或视图,如图 12－16 所示。单击"确定"按钮,保存打印的 PDF 文件。

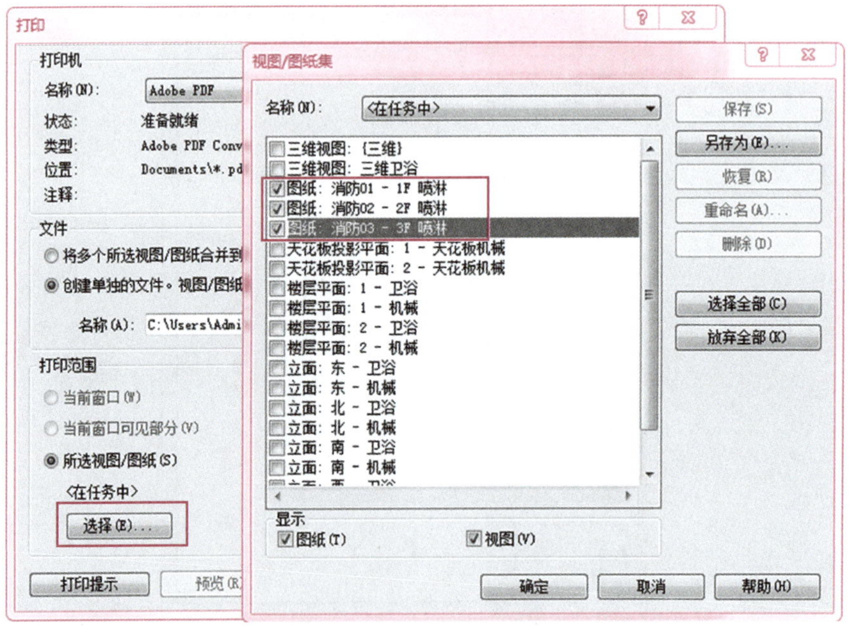

图 12－16

参考文献

[1] 中华人民共和国住房和城乡建设部. 建筑信息模型应用统一标准:GB/T 51212—2016[S]. 北京:中国建筑工业出版社,2017.

[2] 中华人民共和国住房和城乡建设部. 建筑信息模型分类和编码标准:GB/T 51269—2017[S]. 北京:中国建筑工业出版社,2017.

[3] 中华人民共和国住房和城乡建设部. 建筑信息模型施工应用标准:GB/T 51235—2017[S]. 北京:中国建筑工业出版社,2017.

[4] 中华人民共和国住房和城乡建设部. 建筑信息模型设计交付标准:GB/T 51301—2018[S]. 北京:中国建筑工业出版社,2018.

[5] 中华人民共和国住房和城乡建设部. 建筑工程设计信息模型制图标准:JGJ/T 448—2018[S]. 北京:中国建筑工业出版社,2018.

[6] 中华人民共和国住房和城乡建设部. 暖通空调制图标准:GB/T 50114—2010[S]. 北京:中国建筑工业出版社,2010.

[7] 王广斌,刘守奎. 建设项目 BIM 实施策划[J]. 时代建筑,2013(2):48-51.

[8] 王广斌,向乃姗. 多学科设计优化在建筑工程设计中的应用[J]. 东南大学学报(自然科学版),2010,40(S2):235-241.

[9] 刘保石. 机电总承包项目 BIM 运用初探[J]. 工程质量,2013,31(6):16-19.

[10] 李云贵. 建筑工程设计 BIM 应用指南[M].2 版. 北京:中国建筑工业出版社,2017.

[11] 李云贵. 建筑工程施工 BIM 应用指南[M].2 版. 北京:中国建筑工业出版社,2017.

[12]《建筑施工手册(第五版)》编委会. 建筑施工手册[M].5 版. 北京:中国建筑工业出版社,2012.

[13] 清华大学 BIM 课题组,上安集团 BIM 课题组. 机电安装企业 BIM 实施标准指南[M]. 北京:中国建筑工业出版社,2015.

[14] 张健. 建筑给水排水工程[M]. 4 版. 北京:中国建筑工业出版社,2018.

[15] 陆亚俊. 暖通空调[M]. 3 版. 北京:中国建筑工业出版社,2015.

[16] 齐俊峰,江萍. 建筑设备概论(下)[M]. 武汉:武汉理工大学出版社,2008.